全国高等职业院校食品类专业第二轮规划教材

（供食品营养与健康、食品检验检测技术、食品质量与安全专业用）

食品添加剂

第2版

主　编　林　真

副主编　刘娜丽　李伟娜　豆海港　冀国强

编　者　（以姓氏笔画为序）

刘娜丽（山西药科职业学院）

李　慧（湖南食品药品职业学院）

李伟娜（长春医学高等专科学校）

豆海港（周口职业技术学院）

林　真（福建生物工程职业技术学院）

柯加法（福建卫生职业技术学院）

滕　蓉（福建生物工程职业技术学院）

冀国强（山东药品食品职业学院）

中国健康传媒集团
中国医药科技出版社 · 北京

内 容 提 要

本教材为"全国高等职业院校食品类专业第二轮规划教材"之一，根据本套教材的编写指导思想和原则要求，结合专业人才培养目标和本课程的教学目标、教学任务和教学特点编写而成。本教材介绍了食品添加剂的概念、作用、安全性评估与应用要求，并详细介绍了食品防腐剂、食品抗氧化剂、食品调味剂、食品乳化剂、食品增稠剂等各类食品添加剂具体物种的性状性能、毒性和应用。本教材为书网融合教材，即纸质教材有机融合电子教材、教学配套资源（PPT、微课、视频、图片等）、题库系统、数字化教学服务（在线教学、在线作业、在线考试）。

本教材主要供高等职业院校食品营养与健康、食品检验检测技术、食品质量与安全专业师生教学使用，也可作为培训教材和食品研发者的参考用书。

图书在版编目（CIP）数据

食品添加剂/林真主编. —2 版. —北京：中国医药科技出版社，2024.4（2025.6 重印）.
全国高等职业院校食品类专业第二轮规划教材
ISBN 978 – 7 – 5214 – 4565 – 7

Ⅰ.①食… Ⅱ.①林… Ⅲ.①食品添加剂 – 高等职业教育 – 教材 Ⅳ.①TS202.3

中国国家版本馆 CIP 数据核字（2024）第 071371 号

美术编辑 陈君杞
版式设计 友全图文

出版 **中国健康传媒集团** | 中国医药科技出版社
地址 北京市海淀区文慧园北路甲 22 号
邮编 100082
电话 发行：010 – 62227427 邮购：010 – 62236938
网址 www. cmstp. com
规格 889mm × 1194mm $\frac{1}{16}$
印张 13 $\frac{1}{4}$
字数 380 千字
初版 2019 年 1 月第 1 版
版次 2024 年 4 月第 2 版
印次 2025 年 6 月第 2 次印刷
印刷 北京侨友印刷有限公司
经销 全国各地新华书店
书号 ISBN 978 – 7 – 5214 – 4565 – 7
定价 **45. 00 元**

获取新书信息、投稿、为图书纠错，请扫码联系我们。

为了贯彻党的二十大精神，落实《国家职业教育改革实施方案》《关于推动现代职业教育高质量发展的意见》等文件精神，对标国家健康战略、服务健康产业转型升级，服务职业教育教学改革，对接职业岗位需求，强化职业能力培养，中国健康传媒集团中国医药科技出版社在教育部、国家药品监督管理局的领导下，通过走访主要院校，对 2019 年出版的"全国高职高专院校食品类专业'十三五'规划教材"进行广泛征求意见，有针对性地制定了第二轮规划教材的修订出版方案，并组织相关院校和企业专家修订编写"全国高等职业院校食品类专业第二轮规划教材"。本轮教材吸取了行业发展最新成果，体现了食品类专业的新进展、新方法、新标准，旨在赋予教材以下特点。

1.强化课程思政，体现立德树人

坚决把立德树人贯穿、落实到教材建设全过程的各方面、各环节。教材编写将价值塑造、知识传授和能力培养三者融为一体。深度挖掘提炼专业知识体系中所蕴含的思想价值和精神内涵，科学合理拓展课程的广度、深度和温度，多角度增加课程的知识性、人文性，提升引领性、时代性和开放性。深化职业理想和职业道德教育，教育引导学生深刻理解并自觉实践行业的职业精神和职业规范，增强职业责任感。深挖食品类专业中的思政元素，引导学生树立坚持食品安全信仰与准则，严格执行食品卫生与安全规范，始终坚守食品安全防线的职业操守。

2.体现职教精神，突出必需够用

教材编写坚持"以就业为导向、以全面素质为基础、以能力为本位"的现代职业教育教学改革方向，根据《高等职业学校专业教学标准》《职业教育专业目录 (2021)》要求，进一步优化精简内容，落实必需够用原则，以培养满足岗位需求、教学需求和社会需求的高素质技能型人才，体现高职教育特点。同时做到有序衔接中职、高职、高职本科，对接产业体系，服务产业基础高级化、产业链现代化。

3.坚持工学结合，注重德技并修

教材融入行业人员参与编写，强化以岗位需求为导向的理实教学，注重理论知识与岗位需求 相结合，对接职业标准和岗位要求。在不影响教材主体内容的基础上保留第一版教材中的"学习目标""知识链接""练习题"模块，去掉"知识拓展"模块。进一步优化各模块内容，培养学生理论联系实践的综合分析能力；增强教材的可读性和实用性，培养学生学习的自觉性和主动性。在教材正文适当位置插入"情境导入"，起到边读边想、边读边悟、边读边练的作用，做到理论与相关岗位相结合，强化培养学生创新思维能力和操作能力。

4.建设立体教材，丰富教学资源

提倡校企"双元"合作开发教材，引入岗位微课或视频，实现岗位情景再现，激发学生学习兴趣。依托"医药大学堂"在线学习平台搭建与教材配套的数字化资源(数字教材、教学课件、图片、视频、动画及练习题等)，丰富多样化、立体化教学资源，并提升教学手段，促进师生互动，满足教学管理需要，为提高教育教学水平和质量提供支撑。

本套教材的修订出版得到了全国知名专家的精心指导和各有关院校领导与编者的大力支持，在此一并表示衷心感谢。希望广大师生在教学中积极使用本套教材并提出宝贵意见，以便修订完善，共同打造精品教材。

数字化教材编委会

主　编　林　真

副主编　刘娜丽　李伟娜　豆海港　冀国强

编　者　（以姓氏笔画为序）

刘娜丽（山西药科职业学院）

李　慧（湖南食品药品职业学院）

李伟娜（长春医学高等专科学校）

豆海港（周口职业技术学院）

林　真（福建生物工程职业技术学院）

柯加法（福建卫生职业技术学院）

滕　蓉（福建生物工程职业技术学院）

冀国强（山东药品食品职业学院）

前言

食品添加剂是食品、保健食品生产中最活跃、最有创造力的因素，已经成为现代食品工业不可或缺的一部分，被誉为现代食品工业的灵魂。食品添加剂课程是食品类专业的专业基础课，要求学生了解食品添加剂的使用意义；认知食品添加剂对提高食品质量的意义，掌握食品添加剂的相关应用技术和理论，为今后工作打下基础。自本教材第一版出版以来，得到了许多院校老师和同学们的认可和支持，鞭策我们在原有的基础上再接再厉，对教材和相关的教学资源进行不断的完善和更新，以适应职业教育教学改革的需要。

本次修订基本保持了第一版的总体框架和结构，但以国家现行法律法规、标准和公告为依据，针对高等职业院校生源变化及高职课改面临的一些新情况、新问题，对原有内容进行了更新、完善和拓展。经过修订，新版教材在"知识目标和能力目标"的基础上增加了"素质目标"；在绪论中增加"食品添加剂与食品安全"内容；在部分章节中（如"食品乳化剂""食品增稠剂"等章节）增加情景导入、知识链接等内容，并自然融入课程思政；调整、优化部分实验实训内容，如"食品乳化剂""食品酶制剂"章节；本版将"食品营养强化剂"和"其他食品添加剂"章节对调，把"其他食品添加剂"放在最后一章，更符合逻辑，同时也体现食品添加剂物种丰富，不断更新迭代。经过修订，本教材具有以下3个特点。

（1）凸显实用性和应用性　该教材与食品类相关专业知识相对接，实用性强。除了必要的理论知识外，书中的情境导入、目标检测、实验实训等内容与食品类专业知识或生活实际相关，可用于各类食品制作的场合。

（2）呈现方式多元化　根据职业教育的特色和教改要求，进一步结合理论教学和实践教学，将项目化教学融入教学过程，创建了数字化课程资源库，提供 PPT、微课、题库等，使学习方式多样化、趣味化，激发学生的学习兴趣和热情。

（3）加强课程思政　本教材努力做到与时俱进，拓展了食品安全、营养健康等知识内容，分析探讨了食品添加剂相关的热点问题，强化对学生关心社会、服务社会等思政素养的培育。

本教材由林真主编，具体编写分工如下：第一章由冀国强编写；第二章、第十三章由滕蓉编写；第三章、第十二章由林真编写；第四章、第六章由柯加法编写；第五章、第九章由刘娜丽编写；第七章、第八章由李伟娜编写；第十章由豆海港编写；第十一章由李慧编写。

本教材在编写过程中，得到了编者及编者所在单位的鼎力支持，在此表示衷心感谢！由于食品添加剂种类繁多、性质各异，新的食品添加剂的研究和应用层出不穷，加之水平与经验有限，书中难免存在疏漏和不足之处，恳请广大读者批评指正，以便我们不断修订完善。

编　者
2024 年 1 月

目录

第一章 ● 绪论 1

第一节 食品添加剂的概念、分类与作用 ……………………………………… 1
一、食品添加剂的概念 …………………………………………………… 1
二、食品添加剂的分类 …………………………………………………… 2
三、食品添加剂的作用 …………………………………………………… 4

第二节 食品添加剂的安全性评估与应用要求 ……………………………… 5
一、安全性评估的意义 …………………………………………………… 5
二、毒理学评价程序 ……………………………………………………… 6

第三节 食品添加剂的管理法规与标准 ……………………………………… 11
一、食品添加剂相关的管理法规与标准概述 ………………………… 11
二、《食品安全国家标准 食品添加剂使用标准》 ………………… 12
三、食品添加剂的使用原则 …………………………………………… 14

第四节 食品添加剂生产和使用的现状与发展 …………………………… 15
一、国内外食品添加剂生产和使用的现状 ………………………… 15
二、食品添加剂的发展趋势 …………………………………………… 16

第五节 食品添加剂与食品安全 …………………………………………… 17
一、违规使用食品添加剂 ……………………………………………… 17
二、滥用非法添加物 …………………………………………………… 17
三、食品包装标识不当 ………………………………………………… 18
四、正确认识和使用食品添加剂 …………………………………… 19

实训1 《食品添加剂使用标准》的检索 ………………………………… 19

第二章 ● 食品防腐剂 21

第一节 食品防腐剂概述 …………………………………………………… 21
一、微生物引起的食品腐败变质 …………………………………… 21
二、食品防腐剂的概念与作用机制 ………………………………… 22

第二节 常用的食品防腐剂 ………………………………………………… 22
一、有机酸类的防腐剂 ………………………………………………… 23
二、酯类防腐剂 ………………………………………………………… 26
三、其他化学防腐剂 …………………………………………………… 27
四、生物类防腐剂 ……………………………………………………… 28
五、常用果蔬保鲜防腐剂 …………………………………………… 30

第三节　食品防腐剂的使用技术 …………………………………………………………… 31

一、防腐剂的添加方式 ……………………………………………………………………… 31

二、防腐剂的使用注意事项 ………………………………………………………………… 31

第四节　食品防腐剂应用中存在的问题及规范措施 …………………………………… 32

一、防腐剂使用中存在的问题 ……………………………………………………………… 32

二、规范防腐剂使用的措施 ………………………………………………………………… 33

第五节　食品防腐剂应用新技术的开发 ………………………………………………… 34

一、天然防腐剂的发展 ……………………………………………………………………… 34

二、复合防腐剂的发展 ……………………………………………………………………… 36

三、防腐剂生产技术的发展 ………………………………………………………………… 36

第六节　食品防腐剂的发展趋势 ………………………………………………………… 37

一、向毒性更低、更安全方向发展 ………………………………………………………… 37

二、向天然防腐剂发展 ……………………………………………………………………… 37

三、向复合防腐剂方向发展 ………………………………………………………………… 37

四、向方便使用方向发展 …………………………………………………………………… 37

实训 2　防腐剂对果汁腐败变质的影响 ………………………………………………… 38

实训 3　食品中防腐剂的测定 …………………………………………………………… 39

第三章　食品抗氧化剂　42

第一节　食品抗氧化剂概述 ……………………………………………………………… 42

一、食品抗氧化剂的概念和分类 …………………………………………………………… 43

二、食品的氧化变质 ………………………………………………………………………… 43

三、食品抗氧化剂的作用机制 ……………………………………………………………… 44

第二节　常用的食品抗氧化剂 …………………………………………………………… 46

一、油溶性抗氧化剂 ………………………………………………………………………… 46

二、水溶性抗氧化剂 ………………………………………………………………………… 50

第三节　食品抗氧化剂的使用注意事项 ………………………………………………… 52

一、充分了解食品抗氧化剂的性能 ………………………………………………………… 52

二、正确掌握食品抗氧化剂的添加时机 …………………………………………………… 52

三、选择合适的添加量 ……………………………………………………………………… 53

四、食品抗氧化剂的复配及增效剂的合理使用 …………………………………………… 53

五、分布均匀 ………………………………………………………………………………… 53

六、控制影响抗氧化剂效果的因素 ………………………………………………………… 53

实训 4　食品抗氧化剂在果蔬片中的应用 ……………………………………………… 54

实训 5　食品抗氧化剂在油脂中的应用 ………………………………………………… 55

实训 6　几种食品抗氧化剂的抗氧化性能对比 ………………………………………… 56

第四章　食品着色剂　59

第一节　食品着色剂概述 ………………………………………………………………… 59

一、着色剂的发色机制 ……………………………………………………………………… 59

二、食品着色剂的概念与应用 61

第二节　常用的食品着色剂 62

一、合成着色剂 62

二、天然着色剂 66

第三节　食品着色剂的使用注意事项 73

一、食品合成着色剂的使用原则和注意事项 73

二、食品天然着色剂的特点及使用注意事项 74

实训 7　色调选择与调配 75

第五章　食品调味剂　78

第一节　食品调味剂概述 78

一、味的类别 78

二、呈味机制 79

第二节　甜味剂 79

一、甜味剂的概念和甜味化学 79

二、天然甜味剂 81

三、化学合成甜味剂 82

四、甜味剂在食品中的使用注意事项 85

第三节　酸度调节剂 85

一、酸度调节剂的概念、酸味的影响因素及其应用 85

二、酸度调节剂的使用注意事项 87

三、常用的酸度调节剂 88

第四节　增味剂 90

一、增味剂的概念和分类 90

二、常用的鲜味剂 91

实训 8　酸度调节剂的性能比较与甜酸比确定试验 94

第六章　食品护色剂与漂白剂　98

第一节　食品护色剂 98

一、食品护色剂的概念与护色机制 98

二、常见的食品护色剂 99

三、常见的食品护色助剂 101

四、食品护色剂的使用及注意事项 101

第二节　食品漂白剂 101

一、食品漂白剂的概念和作用机制 101

二、常见的漂白剂 102

实训 9　亚硫酸氢钠对马铃薯切片的护色作用 104

第七章　食品乳化剂　106

第一节　食品乳化剂概述 106

一、乳化现象与乳化剂的概念 107

二、乳化剂的结构及作用机制 ⋯⋯⋯⋯⋯⋯⋯ 107
三、乳化剂的 HLB 值及其与用途的关系 ⋯⋯⋯ 108
四、乳浊液的类别与制备技术 ⋯⋯⋯⋯⋯⋯⋯ 109

第二节 常用的食品乳化剂 110
一、单甘油脂肪酸酯 ⋯⋯⋯⋯⋯⋯⋯⋯⋯⋯ 110
二、蔗糖脂肪酸酯 ⋯⋯⋯⋯⋯⋯⋯⋯⋯⋯⋯ 111
三、磷脂 ⋯⋯⋯⋯⋯⋯⋯⋯⋯⋯⋯⋯⋯⋯ 112
四、司盘系列乳化剂 ⋯⋯⋯⋯⋯⋯⋯⋯⋯⋯ 112
五、吐温系列乳化剂 ⋯⋯⋯⋯⋯⋯⋯⋯⋯⋯ 113

实训 10 食品乳化剂在乳饮料加工中的应用 ⋯⋯⋯⋯⋯⋯ 115

第八章 食品增稠剂 117

第一节 食品增稠剂概述 ⋯⋯⋯⋯⋯⋯⋯⋯⋯⋯⋯⋯ 117
一、增稠剂的概念及其在食品加工中的作用 ⋯⋯ 117
二、增稠剂作用效果的影响因素 ⋯⋯⋯⋯⋯⋯ 119

第二节 常用的食品增稠剂 120
一、动物类增稠剂 ⋯⋯⋯⋯⋯⋯⋯⋯⋯⋯⋯ 120
二、植物类增稠剂 ⋯⋯⋯⋯⋯⋯⋯⋯⋯⋯⋯ 122
三、微生物类增稠剂 ⋯⋯⋯⋯⋯⋯⋯⋯⋯⋯ 124
四、其他来源增稠剂 ⋯⋯⋯⋯⋯⋯⋯⋯⋯⋯ 125

实训 11 食品增稠剂在果酱加工中的应用 ⋯⋯⋯⋯⋯⋯⋯ 126

第九章 食品稳定剂和凝固剂与被膜剂 129

第一节 食品稳定剂和凝固剂 ⋯⋯⋯⋯⋯⋯⋯⋯⋯⋯ 129
一、稳定剂和凝固剂的概念与分类 ⋯⋯⋯⋯⋯ 129
二、常见的稳定剂和凝固剂 ⋯⋯⋯⋯⋯⋯⋯⋯ 130

第二节 食品被膜剂 ⋯⋯⋯⋯⋯⋯⋯⋯⋯⋯⋯⋯⋯⋯ 132
一、被膜剂的概念与作用 ⋯⋯⋯⋯⋯⋯⋯⋯⋯ 132
二、常见的被膜剂 ⋯⋯⋯⋯⋯⋯⋯⋯⋯⋯⋯ 133

实训 12 食品稳定剂和凝固剂在豆腐制作中的应用 ⋯⋯⋯ 134

第十章 食品香料与香精 138

第一节 食品香料与香精概述 ⋯⋯⋯⋯⋯⋯⋯⋯⋯⋯ 138
一、香料与香精的概念与分类 ⋯⋯⋯⋯⋯⋯⋯ 139
二、香味的分类和香气的强度 ⋯⋯⋯⋯⋯⋯⋯ 139

第二节 食用香料 ⋯⋯⋯⋯⋯⋯⋯⋯⋯⋯⋯⋯⋯⋯⋯ 140
一、食用香料的分类 ⋯⋯⋯⋯⋯⋯⋯⋯⋯⋯ 140
二、常见的食品香料 ⋯⋯⋯⋯⋯⋯⋯⋯⋯⋯ 142

第三节 食用香精的调配与常见种类 ⋯⋯⋯⋯⋯⋯⋯⋯ 142
一、香精的分类 ⋯⋯⋯⋯⋯⋯⋯⋯⋯⋯⋯⋯ 143
二、与香精有关的常用术语 ⋯⋯⋯⋯⋯⋯⋯⋯ 144

三、香精的基本组成 ……………………………………… 144

四、常见香精的调配步骤 ………………………………… 145

五、常见香精种类的制作与应用 ………………………… 146

实训 13　食用香精对冰淇淋调香效果的影响 ……………… 148

实训 14　食用香精对戚风蛋糕调香效果的影响 …………… 149

第十一章　食品酶制剂　152

第一节　食品酶制剂概述 …………………………………… 152

一、酶的概念与作用特点 ………………………………… 152

二、常见酶制剂的类别 …………………………………… 153

第二节　淀粉酶 ……………………………………………… 155

一、淀粉酶的概念 ………………………………………… 155

二、常见的淀粉酶 ………………………………………… 156

第三节　蛋白酶 ……………………………………………… 160

一、蛋白酶的概念、作用及分类 ………………………… 160

二、常见的蛋白酶 ………………………………………… 161

第四节　其他酶制剂 ………………………………………… 162

一、果胶酶 ………………………………………………… 162

二、纤维素酶 ……………………………………………… 163

三、脂肪酶 ………………………………………………… 163

四、谷氨酰胺转氨酶 ……………………………………… 164

实训 15　果胶酶在澄清果汁中的应用 ……………………… 164

实训 16　测定 α - 淀粉酶活力 …………………………… 165

第十二章　食品营养强化剂　168

第一节　食品营养强化剂概述 ……………………………… 168

一、食品营养强化剂的概念与作用 ……………………… 168

二、营养强化剂的使用要求和强化方法 ………………… 169

第二节　维生素类强化剂 …………………………………… 170

一、维生素 A …………………………………………… 170

二、B 族维生素 ………………………………………… 170

三、维生素 C …………………………………………… 172

四、维生素 D …………………………………………… 172

五、左旋肉碱 ……………………………………………… 173

第三节　氨基酸类强化剂 …………………………………… 173

一、赖氨酸 ………………………………………………… 174

二、牛磺酸 ………………………………………………… 174

第四节　矿物质类强化剂 …………………………………… 174

一、钙盐 …………………………………………………… 175

二、铁盐 …………………………………………………… 175

三、锌盐 …………………………………………………… 177

四、碘盐 ………………………………………………………… 177

第五节 其他营养强化剂 …………………………………… 178

一、脂肪酸类 …………………………………………………… 178

二、碳水化合物类 ……………………………………………… 179

三、其他类营养强化剂 ………………………………………… 179

实训 17 铁元素的营养调查与评价（询问法） ……………… 180

第十三章 ⊙ 其他食品添加剂 183

第一节 膨松剂 …………………………………………… 183

一、膨松剂的概念、作用 ……………………………………… 183

二、膨松剂的分类 ……………………………………………… 184

第二节 助滤剂 …………………………………………… 186

一、助滤剂的概念 ……………………………………………… 186

二、常见的助滤剂 ……………………………………………… 187

第三节 抗结剂 …………………………………………… 188

一、抗结剂的概念、特点 ……………………………………… 188

二、常见的抗结剂 ……………………………………………… 188

第四节 水分保持剂 ……………………………………… 190

一、水分保持剂的概念、特点 ………………………………… 190

二、常见的水分保持剂 ………………………………………… 190

第五节 消泡剂 …………………………………………… 192

一、消泡剂的概念、特点 ……………………………………… 192

二、常见的消泡剂 ……………………………………………… 192

第六节 胶姆糖基础剂 …………………………………… 194

一、胶姆糖基础剂的概念 ……………………………………… 194

二、常见的胶姆糖基础剂 ……………………………………… 194

实训 18 膨松剂在蛋糕加工中的应用 …………………… 195

参考文献 ⊙ 199

第一章

绪　论

 学习目标

知识目标

1. 掌握 食品添加剂的概念；食品添加剂的安全性评估与应用要求和食品添加剂使用原则；《食品安全国家标准　食品添加剂使用标准》（GB 2760—2024）主要内容。

2. 熟悉 食品添加剂的概念、分类、作用；食品添加剂使用原则。

3. 了解 食品添加剂的管理法规和标准体系；国内外食品添加剂生产和使用的现状和发展。

能力目标

1. 正确使用《食品安全国家标准　食品添加剂使用标准》（GB 2760—2024）。

2. 能熟练分辨食品的添加剂。

素质目标

1. 能正确理解食品添加剂与现代食品工业和食品安全的关系，培养思辨精神，以及分析问题、解决问题的能力。

2. 树立正确的职业道德观和诚信尚德守法的责任意识。

第一节　食品添加剂的概念、分类与作用

PPT

　　食品添加剂是现代食品工业发展的产物。而人类使用食品添加剂的历史与人类文明史一样悠久。我国食品添加剂的使用历史可以追溯到 6000 年前的大汶口文化时期，当时酿酒用酵母中的转化酶（蔗糖酶）就是食品添加剂，属于食品用酶制剂；明朝李时珍在《本草纲目》中也说："豆腐之法，始于前汉淮南王刘安。"相传刘安在不经意间把手中的豆浆泼到了供炼丹的一小块石膏上，不多时液体的豆浆却变成了一摊白生生、嫩嘟嘟的豆腐。实质上石膏就是一种食品添加剂，属于食品凝固剂。唐代鉴真和尚东渡日本时便把豆腐制作技术一并传了过去，宋朝时该技术传入朝鲜，19 世纪初逐步传入欧洲、非洲和北美，使豆腐逐步成为世界性食品，成为中华饮食文化对外传播的一大典范。随着我国经济社会的飞跃发展，人们对食品的品种和质量提出更高的要求，要求食品具有营养、安全、美味和功能等四大品质要求。因此，食品添加剂在食品加工中起着十分重要的作用，并在现代工业和科学技术的促进下快速发展为一项独立领域。

一、食品添加剂的概念

　　世界各国还没有统一食品添加剂的概念。世界卫生组织（WHO）和联合国粮农组织（FAO）联合组成的国际食品法典委员会（CAC）规定：食品添加剂是指本身不作为食品消费，也不是食品特有成分的任何物质，而不管其有无营养价值，他们在食品的生产、加工、调制、处理、装填、包装、运输、储

存等过程中，由于技术（包括感官）的目的，有意加入食品中或者预期这些物质或其副产物会（直接或间接）成为食品的一部分，或者改善食品的性质。它不包括污染物或者为保持、提高食品营养价值而加入食品的物质。

《中华人民共和国食品安全法》明确规定：食品添加剂是为改善食品品质和色、香、味以及为防腐、保鲜和加工工艺的需要而加入食品中的人工合成或者天然物质，包括营养强化剂。

《食品安全国家标准 食品添加剂使用标准》（GB 2760—2024）将食品添加剂定义为：为改善食品品质和色、香、味，以及为防腐和加工工艺的需要而加入食品中的化学合成或者天然物质。食品用香料、胶基糖果中的基础剂物质、食品工业用加工助剂、营养强化剂也包括在内。其中，食品用香料是指能够用于调配食品香精并使食物增香的物质；加工助剂是指能使食品加工顺利进行的各种物质，本身与食品原有成分无关，如助滤、澄清、吸附、润滑、脱模、脱色、蜕皮、提取溶剂、发酵用营养物质等，一般应在食品成品中除去而不应成为最终食品成分或仅有残留。

值得注意的是，食品添加剂一定不包括污染物。所谓污染物是指不是有意加入食品中，而是生产、加工、调制、处理、装填、包装、运输和保藏等过程中，或者是因环境污染而带入食品中的任何非可食用物质。残留的农药和兽药是污染物。

未列入我国食品添加剂［《食品安全国家标准 食品添加剂使用标准》（GB 2760—2024）及国务院卫生行政主管部门食品添加剂公告］、营养强化剂品种名单［《食品安全国家标准 食品营养强化剂使用标准》（GB 14880—2012）及国务院卫生行政主管部门食品添加剂公告］的，或不属于传统上认为是食品原料的、不属于批准使用的新资源食品的、不属于卫生行政主管部门公布的食药两用或作为普通食品管理物质的以及其他我国法律法规允许使用物质之外的物质，一般被判定为可能违法添加的非食用物质，而不是食品添加剂。

二、食品添加剂的分类

食品添加剂种类繁多，可根据其来源、功能及安全性评价等级等进行分类。

（一）按来源划分

可分为天然食品添加剂和化学合成食品添加剂。天然食品添加剂是指利用动植物或微生物的代谢产物等为原料，经提取获得的天然物质。化学合成食品添加剂是指借助化学手段，利用氧化、还原、缩合、聚合、成盐等各种化学反应制备的物质。其又可以分为一般化学合成品与人工合成天然等同物，如我国使用的 β – 胡萝卜素、叶绿素铜钠是利用化学方法制造的天然等同色素。

（二）按功能划分

因不同国家、地区及不同国际组织对食品添加剂的定义不同，因而对食品添加剂的功能分类有很多不同，现列举部分国家及国际组织分类情况，见表1–1。

我国在《食品安全国家标准 食品添加剂使用标准》（GB 2760—2024）中，将食品添加剂分为23类，每类添加剂中所包含的种类不同，少则几种（如抗结剂5种），多则达千种（如食用香料），总数达2000多种，采用清单（或列表）管理方式。

表1–1　部分国家及国际组织食品添加剂按功能分类列表

序号	中国	食品法典委员会	欧盟	美国
1	酸度调节剂	酸	着色剂	抗结剂和自由流动
2	抗结剂	酸度调节剂	防腐剂	抗微生物剂

续表

序号	中国	食品法典委员会	欧盟	美国
3	消泡剂	抗结剂	抗氧化剂	抗氧剂
4	抗氧化剂	消泡剂	乳化剂	着色剂和护色剂
5	漂白剂	抗氧化剂	乳化盐	腌制和酸渍剂
6	膨松剂	填充剂	增稠剂	面团增强剂
7	胶基糖果中基础剂物质	着色剂	凝胶剂	干燥剂
8	着色剂	护色剂	稳定剂	乳化剂和乳化盐
9	护色剂	乳化剂	增味剂	酶类
10	乳化剂	乳化用盐	酸度调节剂	固化剂
11	酶制剂	固化剂	抗结剂	风味增强剂
12	增味剂	增味剂	改性淀粉	香味料及其辅料
13	面粉处理剂	面粉处理剂	甜味剂	小麦粉处理剂
14	被膜剂	发泡剂	膨松剂	成型助剂
15	水分保持剂	凝胶剂	消泡剂	熏蒸剂
16	营养强化剂	上光剂	抛光剂	保湿剂
17	防腐剂	保湿剂	面粉处理剂	膨松剂
18	稳定剂和凝固剂	防腐剂	固化剂	润滑和脱模剂
19	甜味剂	推进剂	保湿剂	非营养甜味剂
20	增稠剂	膨松剂	螯合剂	营养增补剂
21	食品用香料	稳定剂	酶制剂	营养性甜味剂
22	食品工业用加工助剂	甜味剂	填充剂	氧化剂和还原剂
23	其他	增稠剂	推进气体和包装气体	pH调节剂
24				加工助剂
25				气雾推进剂、充气剂和气体
26				螯合剂
27				溶剂和助溶剂
28				稳定剂和增稠剂
29				表面活性剂
30				表面光亮剂
31				增效剂
32				组织改进剂

（三）按安全性评价等级划分

联合国食品添加剂法规委员会（CCFA）曾在FAO/WHO食品添加剂联合专家委员会（JECFA）讨论的基础上将其分为A、B、C三类，其中，每一类再细分为两类。

1. A类　即JECFA已制定人体每日允许摄入量（ADI）和暂定ADI者。

（1）A1类　经JECFA评价认为毒理学资料清楚，已制定出ADI值或者认为毒性有限无需规定ADI值者。

（2）A2类　JECFA已制定暂定ADI值，但毒理学资料不够完善，暂时许可用于食品者。

2. B类　即JECFA曾进行过安全性评价，但未建立ADI值，或者未进行过安全性评价者。

（1）B1类　JECFA曾进行过评价，因毒理学资料不足未制定ADI者。

（2）B2 类　JECFA 未进行过评价者。

3. C 类　即 JECFA 认为在食品中使用不安全或应该严格限制某些食品的特殊用途者。

（1）C1 类　JECFA 根据毒理学资料认为在食品中使用不安全者。

（2）C2 类　JECFA 认为应严格限制在某些食品中作特殊应用者。

由于食品添加剂的安全性随着毒理学及分析技术等的发展有可能发生变化，因此其所在的安全性评价类别也可能发生变化。例如糖精，原属 A1 类，后因报告可使大鼠致癌，经 JECFA 评价，暂定 ADI 为 0～2.5 mg/kg（体重），而改为 A2 类。直到 1993 年再次对其进行评价时，认为对人类无生理危害，制定 ADI 为 0～5 mg/kg（体重），又转为 A1 类。

三、食品添加剂的作用

（一）提高食品的品质

1. 改善食品风味，增加食品的花色品种　食品风味是由食品的色、香、味、形态和质地等构成，是衡量食品品质的重要指标之一。而食品在加工、储存及运输过程中，食品的色、香、味、形及质地往往会发生变化，如何将风味的变化控制在要求的范围内是食品加工制造的关键技术之一。在现代食品工业中，适当地使用着色剂、甜味剂、抗氧化剂、食用香料、乳化剂、增稠剂和增味剂等添加剂，可以在一定程度上实现对食品风味的控制，显著提高食品的感官性状和质量。如着色剂可赋予食品需要的色泽，酸味剂可为不同的食品呈现特征酸感，增稠剂可赋予饮料和糖果要求的不同质感，乳化剂可实现油水体系的混溶等。

在提升食品风味的同时，添加不同的食品添加剂能获得不同花色、口味的食品，使得食品生产企业能够不断开发出新的、档次多样的食品品种，不仅能增加商品附加值，提高经济效益，还能更好地满足广大群众的生活需求。如高分子食品添加剂的运用，促使果冻、软糖等新型花色食品的出现。

2. 延长食品的保质期，防止腐败变质　由于绝大多数食品都以植物、动物为原料。而这些生鲜原料在采收或屠宰后，可能会因不能及时加工或加工不当，出现腐败变质，致使食品失去应有的营养价值，更重要的是还可能会产生有毒有害成分，不仅造成食品的浪费和经济损失，还会严重威胁食用者的生命安全。适当使用食品添加剂可防止食品的败坏，延长其保质期。如保鲜剂可以提高果蔬在储存期的鲜度；不同的防腐剂可以阻止不同的微生物引起的食品腐败变质，同时一定程度上防止了因微生物污染引起的食物中毒现象；抗氧化剂有抑制油脂自动氧化反应的性质，可阻止或延缓食品的氧化变质；利用亚硝酸盐抑制微生物的增殖，可延长肉制品的货架期等。

3. 提高食品的营养价值，防止营养不良或营养缺乏　营养价值是食品质量的重要指标之一。由于食品加工制造过程中常常会造成一定程度的营养损失，如在粮食加工精制过程中会导致维生素 B_1 的大量损失，果蔬加工过程中会造成水溶性维生素的流失等。因此，在加工食品中适当地添加某些属于天然营养素范围的食品营养强化剂，可以弥补加工过程的营养损失。

4. 增强食品的保健功效，满足不同人群的特定需求　不同年龄、不同性别和不同职业人群及不同疾病患者对食品有不同的保健需求。在研究开发可以满足不同人群的营养需要的保健食品过程中，需要借助各种食品营养强化剂。例如，可用甜味剂如三氯蔗糖、纽甜、甜叶菊糖等甜味剂来代替蔗糖，为糖尿病患者加工专用食品。用碘强化剂生产碘强化食盐，供给缺碘地区人群可预防碘缺乏病。二十二碳六烯酸（DHA）是组成脑细胞的重要营养物质，牛磺酸会影响婴幼儿视网膜和小脑的发育，若将其添加到儿童食品中，如乳制品、罐头、米粉等食品，有利于儿童的健康成长。

随着人们对健康的重视程度不断提升，功能性食品越来越受到关注。研究表明，天然着色剂中叶黄素具有护眼的功能、番茄红素消除自由基抗氧化活性比维生素 E 高 100 倍；甜味剂中糖醇类具有改善肠道功能、调节血糖、促进矿物质吸收和防龋齿等的功能。增稠剂中，高甲氧基果胶不仅能带走食物中的胆固醇，而且能抑制内源性胆固醇的生成，降解的瓜尔豆胶能调节血脂，黄原胶具有抗氧化和免疫功能。功能性食品添加剂除了发挥食品添加剂作用外，还具有特殊的保健功能，加工制造具有不同保健功能的食品可以满足不同人群的特殊需要。

（二）满足食品工业工艺技术发展的需要

1. 促进食品工业生产的机械化、连续化和自动化的发展，提高生产效率 在食品的加工中使用食品添加剂，往往有利于实现不同的食品加工制造工艺。如不同的膨松剂可以满足面包和饼干加工工艺的不同需要；用葡萄糖酸-δ-内酯代替盐卤作豆腐的凝固剂，可以实现豆腐生产的机械化和自动化；消泡剂可以避免豆腐中孔洞的形成，提高豆腐的品质；采用酶水解蛋白工艺可以避免酸碱水解的高温和污染；制糖过程中添加乳化剂，可消除泡沫，提高过饱和溶液的稳定性，使晶粒分散均匀，并降低糖膏的黏度，提高热交换系数，从而提高设备使用效率和糖品的产量与质量，降低能耗和成本。

2. 加大食品资源的有效利用，推动新产品的开放 目前，市场已有多达20000种以上的加工食品供消费者选择。但是随着经济的发展，生活和工作发生深刻的变化大大促进了食品新品种的开发和发展。同时，许多天然植物都已被重新评价，尚有丰富的野生植物资源亟待开发利用。自然界中已发现的可食性植物有8万多种，我国仅蔬菜品种就超过1.7万种，可食用的昆虫就有500多种，还有大量的动物、矿物资源。新产品的开发和资源的有效利用都离不开各种食品添加剂，以其制成的营养丰富、品种齐全的新型食品，可满足人类发展的需要。

第二节 食品添加剂的安全性评估与应用要求

目前，国际上公认的食品安全原则为：危险性评估、危险性管理和危险性交流。安全性评估是利用毒理学的基本手段，通过动物实验和对人的观察，阐明某一化学物的毒性及其潜在危害，以便为人类使用这些化学物质的安全性作出有效评价，为制订预防措施特别是卫生标准提供理论依据。

一、安全性评估的意义

食品添加剂对于改善食品色、香、味、形态或质地，食品的保质、保鲜，提高食品的营养价值，保证食品加工工艺的顺利进行，推动新产品开发等，都发挥着极为重要的作用。食品添加剂的本质是化学合成或者天然存在的物质，它与食品中天然存在物质不同，食品添加剂是在食品生产加工过程中有意添加到食品中去的。所以，对食品添加剂的安全性进行科学的评估十分必要和重要。

食品添加剂的使用最重要的是确保食用的安全性，避免消费者生命和健康受损害。理想的食品添加剂最好是有益无害的物质。特别是化学合成的食品添加剂大多数有一定的毒性，所以使用时要严格控制使用量。毒性是指某种物质对机体造成损害的能力。毒性除与物质本身的化学结构与理化性质有关外，还与其有效浓度或剂量、作用时间及次数、接触途径与部位、物质的相互作用与机体的机能状态等条件有关。因此，不论食品添加剂的毒性强弱、剂量大小，对人体均有剂量与效应的关系，即物质只有达到一定浓度或剂量水平，才显现毒害作用。为确保食品添加剂安全和人体健康，每一种食品添加剂的许可使用都需要进行安全性毒理学评价。

食品添加剂的安全性评估是对食品添加剂进行安全性和毒性鉴定，采用动物实验进行试验研究，以确定该食品添加剂在食品中安全无害的最大使用量，对有害物质提出禁用或放弃的理由，并采取法律措施，保护消费者免受危害。食品添加剂安全性评估在食品安全性研究、监控和管理方面具有重要意义。食品添加剂安全性评估需要进行毒理学评价。

二、毒理学评价程序

（一）毒理学评价的方法

1. 动物毒性试验　是目前取得毒理学评价资料最重要的手段。动物毒性试验通常包含开展急性毒性试验、亚急性或亚慢性毒性试验、慢性毒性试验、蓄积毒性试验、繁殖试验、致畸试验、致突变试验、代谢试验等。

2. 人体观察　因各种原因已有人体摄取某物质的情况下，应尽可能收集来自人体的直接观察资料，并通过流行病学调查方法，来取得该物质对人体无害的数据资料。

（二）毒理学评价内容

1. 毒理学试验　《食品安全国家标准　食品安全性毒理学评价程序》（GB 15193.1—2014）是检验机构进行毒理学试验的主要标准依据。它适用于评价食品生产、加工、保藏、运输和销售过程中所涉及的可能对健康造成危害的化学、生物和物理因素的安全性；检验对象包括食品添加剂、食品原料、辐照食品、食品相关产品以及食品污染物等。

2. 受试物的要求

（1）应提供受试物的名称、批号、含量、保存条件、原料来源、生产工艺、质量规格标准、人体推荐（可能）摄入量等有关资料。

（2）对于单一的化学物质，应提供受试物（必要时包括其杂质）的物理、化学性质（包括化学结构、纯度、稳定性等）。对于混合物（包括配方产品），应提供受试物的组成，必要时应提供受试物各组成成分的物理、化学性质（包括化学名称、化学结构、纯度、稳定性、溶解度等）有关资料。

（3）若受试物是配方产品，应是规格化产品，其组成成分、比例及纯度应与实际应用的相同。若受试物是酶制剂，应该使用在加入其他复配成分以前的产品作为受试物。

3. 毒理学评价试验内容

（1）急性经口毒性试验　《食品安全国家标准　急性经口毒性试验》（GB 15193.3—2014）明确指出：急性经口毒性是指一次或在 24 小时内多次经口给予实验动物受试物后，动物在短时间内出现的毒性效应，包括中毒体征和死亡。急性经口毒性试验是检测和评价受试物毒性作用最基本的一项试验，该试验可提供在短期内受试物经口接触受试物所产生的健康危害信息；作为急性毒性分级的依据；为进一步毒性试验提供剂量选择和观察指标的依据；初步估测毒作用的靶器官和可能的毒作用的机制。通常用半数致死剂量（LD_{50}）表示。

半数致死剂量（LD_{50}）是指经口一次或在 24 小时内多次给予受试物后，能够引起动物死亡率为 50% 的受试物剂量。该剂量为经过统计得出的计算值。其单位是每千克体重所摄入受试物质的毫克数或克数，即 mg/kg（体重）或 g/kg（体重）。急性毒性经口 LD_{50} 分级情况见表 1-2。

表 1-2　急性毒性经口 LD_{50} 分级表

级别	大鼠口服 LD_{50} [mg/kg（体重）]	相当于人的致死量	
		mg/kg（体重）	g/kg（体重）
极毒	<1	稍尝	0.05
剧毒	1~50	500~4000	0.5
中等毒	51~500	4000~30000	5
低毒	501~5000	30000~250000	50
实际无毒	>5000	250000~500000	500

急性毒性试验结果的判定：如 LD_{50} 小于人的推荐（可能）、摄入量的 100 倍，则一般应放弃该受试物用于食品，不再继续进行其他毒理学试验。

（2）遗传毒性试验　能检出被认为是可遗传效应基础的 DNA 损伤及其损伤的固定，主要用于致癌性预测。试验内容包括细菌回复突变试验、哺乳动物红细胞微核试验、哺乳动物骨髓细胞染色体畸变试验、小鼠精原细胞或精母细胞染色体畸变试验、体外哺乳类细胞 TK 基因突变试验、体外哺乳类细胞 HGPRT 基因突变试验、体外哺乳动物细胞染色体畸变试验、啮齿动物显性致死试验、果蝇伴性隐性致死试验、体外哺乳动物细胞 DNA 损伤修复试验。

遗传毒性试验组合应遵循原核细胞与真核细胞、体内试验与体外试验相结合的原则。遗传毒性试验组合主要有以下组合形式。①细菌回复突变试验：哺乳动物红细胞微核试验或哺乳动物骨髓细胞染色体畸变试验；小鼠精原细胞或精母细胞染色体畸变试验或啮齿类动物显性致死试验。②细菌回复突变试验：哺乳动物红细胞微核试验或哺乳动物骨髓细胞染色体畸变试验；体外哺乳类细胞染色体畸变试验或体外哺乳类细胞 TK 基因突变试验。③其他备选遗传毒性试验：果蝇伴性隐性致死试验、体外哺乳类细胞 DNA 损伤修复（非程序性 DNA 合成）试验、体外哺乳类细胞 HGPRT 基因突变试验。

遗传毒性试验组合可能出现以下结果。①遗传毒性试验组合中两项或以上试验阳性，则表示该受试物很可能具有遗传毒性和致癌作用。一般应放弃该受试物应用于食品。②遗传毒性试验组合中一项试验为阳性。则再选两项备选试验（至少一项为体内试验）；如再选的试验均为阴性，则可继续进行下一步的毒性试验；如其中有一项试验阳性，应放弃该受试物应用于食品。③三项试验均为阴性，则可继续进行下一步的毒性试验。

（3）28 天经口毒性试验　适用于评价受试物的短期毒性作用。依据《食品安全国家标准　28 天经口毒性试验》（GB 15193.22—2014）规定，重复剂量 28 天经口毒性是指实验动物连续 28 天经口接触受试物后引起的健康损害效应。

试验目的和原理：确定在 28 天内经口连续接触受试物后引起的毒性效应，了解受试物剂量 - 反应关系和毒作用靶器官，确定 28 天经口最小观察到有害作用剂量（LOAEL）和未观察到有害作用剂量（NOAEL），初步评价受试物经口的安全性，并为下一步较长期毒性和慢性毒性试验剂量、观察指标、毒性终点的选择提供依据。

28 天经口毒性试验能提供受试物在较短时间内重复给予引起的毒性效应，毒作用特征及靶器官等有关资料。若试验中发现有明显毒性作用，尤其是有剂量 - 反应关系时，则考虑进行进一步的毒性试验。

（4）90 天经口毒性试验　适用于评价受试物的亚慢性毒性作用。依据《食品安全国家标准　90 天经口毒性试验》（GB 15193.13—2015）规定，亚慢性毒性是指实验动物在不超过其寿命期限 10% 的时间内（大鼠通常为 90 天），重复经口接触受试物后引起的健康损害效应。

试验目的和原理：确定在 90 天内经口重复接触受试物引起的毒性效应，了解受试物剂量 - 反应关系、毒作用靶器官和可逆性。得出 90 天经口最小观察到有害作用剂量（LOAEL）和未观察到有害作用剂量（NOAEL），初步确定受试物的经口安全性，并为慢性毒性试验剂量、观察指标、毒性终点的选择以及获得"暂定的人体健康指导值"提供依据。

根据未观察到有害作用剂量（NOAEL）进行评价的原则：①未观察到有害作剂量小于或等于人的推荐（可能）摄入量的 100 倍表示毒性较强，应放弃该受试物应用于食品；②未观察到有害作用剂量大于 100 倍而小于 300 倍者，应进行慢性毒性试验；③未观察到有害作用剂量大于或等于 300 倍者，则不必进行慢性毒性试验，可进行安全性评价。

值得注意的是，应根据现代的毒理学和生物学知识，对试验所得阳性结果是否与受试物有关作出肯定和否定的意见；对出现矛盾的结果应作出合理解释，评价结果的生物学意义和毒理学意义。从剂量 - 效应和剂量 - 反应关系的资料，得出 LOAEL 和 NOAEL。同时对是否需要进行慢性毒性试验，以及对慢性毒性试验的剂量、观察指标等提出建议。由于动物和人存在物种差异，试验结果外推到人有一定的局限性，但也能为初步确定人群的允许接触水平提供有价值的信息。

（5）致畸试验 依据《食品安全国家标准 致畸试验》（GB 15193.14—2015）规定，发育毒性是指个体在出生前暴露于受试物、发育成为成体之前（包括胚期、胎期以及出生后）出现的有害作用，表现为发育生物体的结构异常、生长改变、功能缺陷和死亡。致畸性是指受试物在器官发生期间引起子代永久性结构异常的性质。母体毒性是指受试物引起亲代雌性妊娠动物直接或间接的健康损害效应，表现为增重减少、功能异常、中毒体征，甚至死亡。

试验目的和原理：母体在孕期受到可通过胎盘屏障的某种有害物质作用，影响胚胎的器官分化与发育，导致结构异常，出现胎仔畸形。因此，在受孕动物胚胎的器官形成期给予受试物，可检出该物质对胎仔的致畸作用。检测妊娠动物接触受试物后引起致畸的可能性，预测其对人体可能的致畸性。

致畸试验检验动物孕期经口重复暴露于受试物产生的子代致畸性和发育毒性。试验结果应该结合亚慢性、繁殖毒性、毒物动力学及其他试验结果综合解释。若致畸试验结果阳性，则不再继续进行生殖毒性试验和生殖发育毒性试验。在致畸试验中观察到的其他发育毒性，应结合 28 天和（或）90 天经口毒性试验结果进行评价。

（6）生殖毒性试验和生殖发育毒性试验 《食品安全国家标准 生殖毒性试验》（GB 15193.15—2015）和《食品安全国家标准 生殖发育毒性试验》（GB 15193.25—2014）明确指出，生殖毒性试验是评价受试物对雄性和雌性生殖功能或能力的损害和对后代的有害影响。生殖毒性既可发生于雌性妊娠期，也可发生于妊前期和哺乳期。表现为受试物对生殖过程的影响。发育毒性是指个体在出生前暴露于受试物、发育成为成体之前出现的有害作用。表现为发育生物体的结构异常、生长改变、功能缺陷和死亡。

生殖毒性试验目的和原理：凡受试物能引起生殖机能障碍，干扰配子的形成或使生殖细胞受损，其结果除可影响受精卵及其着床而导致不孕外，尚可影响胚胎的发生及发育，如胚胎死亡导致流产、胎仔发育迟缓以及胎仔畸形。如果对母体造成不良影响会出现妊娠、分娩和乳汁分泌的异常，也可出现胎仔出生后发育异常。

生殖发育毒性试验目的和原理：本试验包括三代（F0、F1、F2 代）。F0、F1 代给予受试物，观察生殖毒性，F2 代观察功能发育毒性。提供关于受试物对雄性和雌性生殖功能的影响，如性腺功能、交配行为、受孕、分娩、哺乳、断乳以及子代的生长发育和神经行为情况等。毒性作用主要包括子代出生后死亡的增加，生长与发育的改变，子代的功能缺陷（包括神经行为、生理发育）和生殖异常等。

生殖毒性试验结果评价：逐一比较受试物组动物与对照组动物繁殖指数是否有显著性差异，以评定受试物有无生殖毒性，并确定其生殖毒性的未观察到有害作用剂量（NOAEL）和最小观察到有害作用剂量（LOAEL）。同时还可根据出现统计学差异的指标（如体重、观察指标、大体解剖和病理组织学检查结果等），进一步估计生殖毒性的作用特点。

生殖发育毒性试验结果评价：逐一比较受试物组动物与对照组动物观察指标和病理学检查结果是否有显著性差异，以评定受试物有无生殖发育毒性，并确定其生殖发育毒性的最小观察到有害作用剂量（LOAEL）和未观察到有害作用剂量（NOAEL）。同时还可根据出现统计学差异的指标（如体重、生理指标、大体解剖和病理组织学检查结果等）进一步估计生殖发育毒性的作用特点。

根据试验所得的未观察到有害作用剂量（NOAEL）进行评价的原则是：①未观察到有害作用剂量小于或等于人的推荐（可能）摄入量的 100 倍表示毒性较强，应放弃该受试物应用于食品；②未观察到有害作用剂量大于 100 倍而小于 300 倍者，应进行慢性毒性试验；③未观察到有害作用剂量大于或等于 300 倍者，则不必进行慢性毒性试验，可进行安全性评价。

（7）毒物动力学试验　适用于评价受试物的毒物动力学过程。《食品安全国家标准　毒物动力学试验》（GB 15193.16—2014），毒物动力学是研究受试物在体内吸收、分布、生物转化和排泄等过程随时间变化的动态特性。

试验目的和原理：对一组或几组实验动物分别通过适当的途径一次或在规定的时间内多次给予受试物，然后测定体液、脏器、组织、排泄物中受试物和（或）其代谢产物的量或浓度的经时变化，进而求出有关的毒物动力学参数，探讨其毒理学意义。

根据试验结果，对受试物进入机体的途径、吸收速率和程度，受试物及其代谢产物在脏器、组织和体液中的分布特征，生物转化的速率和程度，主要代谢产物的生物转化通路，排泄的途径、速率和能力，受试物及其代谢产物在体内蓄积的可能性、程度和持续时间作出评价。结合相关学科的知识对各种毒物动力学参数进行毒理学意义的评价。

（8）慢性毒性试验　适用于评价受试物的慢性毒性作用。《食品安全国家标准　慢性毒性试验》（GB 15193.26—2015）规定，慢性毒性是指实验动物经长期重复给予受试物所引起的毒性作用。

试验目的和原理：确定实验动物长期经口重复给予受试物引起的慢性毒性效应，了解受试物剂量 - 反应关系和毒性作用靶器官，确定未观察到有害作用剂量（NOAEL）和最小观察到有害作用剂量（LOAEL），为预测人群接触该受试物的慢性毒性作用及确定健康指导提供依据。慢性毒性未观察到有害作用剂量（NOAEL）和最小观察到有害作用剂量（LOAEL）能为确定人群的健康指导值提供有价值的信息。

（9）致癌试验　适用于评价受试物的致癌性作用。《食品安全国家标准　致癌试验》（GB 15193.27—2015）指出，致癌性是指实验动物长期重复给予受试物所引起的肿瘤（良性和恶性）病变发生。

试验目的和原理：确定在实验动物的大部分生命期间，经口重复给予受试物引起的致癌效应，了解肿瘤发生率、靶器官、肿瘤性质、肿瘤发生时间和每只动物肿瘤发生数，为预测人群接触该受试物的致癌作用以及最终评定该受试物能否应用于食品提供依据。

致癌试验阳性结果的判断采用世界卫生组织（WHO）提出的标准，符合以下任何一条，可判定受试物为对大鼠的致癌物：①肿瘤只发生在试验组动物，对照组中无肿瘤发生；②试验组与对照组动物均发生肿瘤，但试验组发生率高；③试验组与对照组动物肿瘤发生率虽无明显差异，但试验组中发生时间较早；④试验组动物中多发性肿瘤明显，对照组中无多发性肿瘤，或只是少数动物有多发性肿瘤。

由于动物和人存在种属差异，致癌试验结果外推到人或用于风险评估具有一定的局限性。

（三）食品添加剂选择毒性试验的原则

《食品安全国家标准　食品安全性毒理学评价程序》（GB 15193.1—2014）规定了食品添加剂选择毒性试验应遵循以下原则。

1. 香料

（1）凡属世界卫生组织（WHO）已建议批准使用或已制定日容许摄入量者，以及香料生产者协会（FEMA）、欧洲理事会（COE）和国际香料工业组织（IOFI）四个国际组织中的两个或两个以上允许使用的，一般不需要进行试验。

（2）凡属资料不全或只有一个国际组织批准的，先进行急性毒性试验和遗传毒性试验组合中的一项。经初步评价后，再决定是否进行进一步试验。

（3）凡属尚无资料可查、国际组织未允许使用的，先进行急性毒性试验、遗传毒性试验和 28 天经口毒性试验。经初步评价后，决定是否需进行进一步试验。

（4）凡属用动、植物可食部分提取的单一高浓度天然香料，如其化学结构及有关资料并未提示具有不安全性的，一般不要求进行毒性试验。

2. 酶制剂

（1）由具有长期安全食用历史的传统动物和植物可食部分生产的酶制剂，世界卫生组织已公布日容许摄入量或不需规定日容许摄入量者或多个国家批准使用的，在提供相关证明材料的基础上，一般不要求进行毒理学试验。

（2）对于其他来源的酶制剂，凡属毒理学资料比较完整，世界卫生组织已公布日容许摄入量或不需要规定日容许摄入量者或多个国家批准使用，如果质量规格与国际质量规格标准一致，则要求进行急性经口毒性试验和遗传毒性试验。如果质量规格标准不一致，则需增加 28 天经口毒性试验。根据试验结果考虑是否进行其他相关毒理学试验。

（3）对于其他来源的酶制剂，凡属新品种的，需要先进行急性经口毒性试验、遗传毒性试验、90天经口毒性试验和致畸试验。经初步评价后，决定是否需进行进一步试验。凡属一个国家批准使用，世界卫生组织未公布日容许摄入量或资料不完整的，进行急性经口毒性试验、遗传毒性试验和 28 天经口毒性试验，根据试验结果判定是否需要进一步的试验。

（4）通过转基因方法生产的酶制剂按照国家对转基因管理的有关规定执行。

3. 其他食品添加剂

（1）凡属毒理学资料比较完整，世界卫生组织已公布日容许摄入量或不需规定日容许摄入量者或多个国家批准使用，如果质量规格与国际质量规格标准一致，则要求进行急性经口毒性试验和遗传毒性试验。如果质量规格标准不一致，则需增加 28 天经口毒性试验。根据试验结果考虑是否进行其他相关毒理学试验。

（2）凡属一个国家批准使用，世界卫生组织未公布日容许摄入量或资料不完整的，则可先进行急性经口毒性试验、遗传毒性试验、28 天经口毒性试验和致畸试验。根据试验结果判定是否需要进一步的试验。

（3）对于由动、植物或微生物制取的单一组分、高浓度的食品添加剂。凡属新品种的，需要先进行急性经口毒性试验、遗传毒性试验、90 天经口毒性试验和致畸试验。经初步评价后，决定是否需进行进一步试验。凡属有一个国际组织或国家已批准使用的，则进行急性经口毒性试验、遗传毒性试验和28 天经口毒性试验，经初步评价后，决定是否需进行进一步试验。

（四）进行食品安全性评估时需要考虑的因素

《食品安全国家标准　食品安全性毒理学评价程序》（GB 15193.1—2014）中明确提出了进行食品安全性评估需要考虑以下几项因素。

1. 试验指标的统计学意义、生物学意义和毒理学意义　对试验中某些指标的异常改变，应根据试验组与对照组指标是否有统计学差异、其有无剂量–反应关系、同类指标横向比较、两种性别的一致性及与本实验室的历史性对照值范围等，综合考虑指标差异有无生物学意义，并进一步判断是否具毒理学意义。此外，如在受试物组发现某种在对照组没有发生的肿瘤，即使与对照组比较无统计学意义，仍要给予关注。

2. 人的推荐（可能）摄入量　较大的受试物应考虑给予受试物量过大时，可能影响营养素摄入量及其生物利用率，从而导致某些毒理学表现，而非受试物的毒性作用所致。

3. 时间–毒性效应关系　对由受试物引起实验动物的毒性效应进行分析评价时，要考虑在同一剂量水平下毒性效应随时间的变化情况。

4. 特殊人群和易感人群 对妊娠期妇女、哺乳期妇女或儿童食用的食品，应特别注意其胚胎毒性或生殖发育毒性、神经毒性和免疫毒性等。

5. 人群资料 由于存在着动物与人之间的物种差异，在评价食品的安全性时，应尽可能收集人群接触受试物后的反应资料，如职业性接触和意外事故接触等。在确保安全的条件下，可以考虑遵照有关规定进行人体试食试验，并且志愿受试者的毒物动力学或代谢资料对于将动物实验结果推论到人具有很重要的意义。

6. 动物毒性试验和体外试验资料 本标准所列的各项动物毒性试验和体外试验系统是目前管理（法规）毒理学评价水平下所得到的最重要的资料，也是进行安全性评价的主要依据，在试验得到阳性结果，而且结果的判定涉及受试物能否应用于食品时，需要考虑结果的重复性和剂量－反应关系。

7. 不确定系数 即安全系数。将动物毒性试验结果外推到人时，鉴于动物与人的物种和个体之间的生物学差异，不确定系数通常为100，但可根据受试物的原料来源、理化性质、毒性大小、代谢特点、蓄积性、接触的人群范围、食品中的使用量和人的可能摄入量、使用范围及功能等因素来综合考虑其安全系数的大小。

8. 毒物动力学试验的资料 毒物动力学试验是对化学物质进行毒理学评价的一个重要方面，因为不同化学物质、剂量大小，在毒物动力学或代谢方面的差别往往对毒性作用影响很大。在毒性试验中，原则上应尽量使用与人具有相同毒物动力学或代谢模式的动物种系来进行试验。研究受试物在实验动物和人体内吸收、分布、排泄和生物转化方面的差别，对于将动物实验结果外推到人和降低不确定性具有重要意义。

9. 综合评价 在进行综合评价时，应全面考虑受试物的理化性质、结构、毒性大小、代谢特点、蓄积性、接触的人群范围、食品中的使用量与使用范围、人的推荐（可能）摄入量等因素，对于已在食品中应用相当长时间的物质，对接触人群进行流行病学调查具有重大意义，但往往难以获得剂量－反应关系方面的可靠资料；对于新的受试物质，则只能依靠实验动物和其他试验研究资料。然而，即使有资料和一部分人类接触的流行病学研究资料，由于人类的种族和个体差异，也很难作出能保证每个人都安全的评价。所谓绝对的食品安全实际上是不存在的。在受试物可能对人体健康造成的危害以及其可能的有益作用之间进行权衡，以食用安全为前提，安全性评价的依据不仅是安全性毒理学试验的结果，而且与当时的科学水平、技术条件以及社会经济、文化因素有关。因此，随着时间的推移，社会经济的发展、科学技术的进步，有必要对已通过评价的受试物进行重新评价。

第三节 食品添加剂的管理法规与标准

PPT

食品添加剂的种类增多和使用范围的增加，食品添加剂进入人体的机会不断增加，因此食品添加剂的使用安全越来越重要。理想的食品添加剂应是对人身有益无害的物质，但现有食品添加剂大多数是化学合成物质，存在一定的毒性，不仅选用时要格外谨慎，更要严格遵循有关管理法规和标准。

一、食品添加剂相关的管理法规与标准概述

我国于1973年成立"食品添加剂卫生标准科研协作组"，开始有组织、有计划地管理食品添加剂。1977年制定了最早的《食品添加剂使用卫生标准（试行）》（GBn50—1977），1980年在原协作组基础上成立了中国食品添加剂标准化技术委员会，并于1981年制定了《食品添加剂使用卫生标准》（GB 2760—1981），并进行了多次修改，最新版为GB 2760—2024。《中华人民共和国食品安全法》也有对食品添加剂进行管理的相关要求，标准和法律法规的颁布大大加强了我国食品添加剂在生产、经营和使用

中的管理，保障了广大消费者的健康和切身利益。我国现行食品添加剂的管理法规与标准如下。

法律：《中华人民共和国食品安全法》。

法规/规章：《食品添加剂新品种管理办法》《食品标识管理规定》《食品添加剂新品种申报与受理规定》《食品添加剂生产企业卫生规范》等。

标准：《食品安全国家标准 食品添加剂使用标准》（GB 2760—2024）、《食品安全国家标准 食品安全性毒理学评价程序》（GB 15193.1—2014）、《食品安全国家标准 食品营养强化剂使用标准》（GB 14880—2012）、《食品安全国家标准 预包装食品标签通则》（GB 7718—2011）等。

（一）中华人民共和国食品安全法

《中华人民共和国食品安全法》是中华人民共和国第十一届全国人民代表大会常务委员会第七次会议于2009年2月28日通过，2009年6月1日起施行，2015年4月24日进行了修订，2018年12月29日第一次修正，2021年4月29日第二次修正。它是适应新形势发展的需要，为了从制度上解决现实生活中存在的食品安全问题，更好地保证食品安全而制定的，其中确立了以食品安全风险监测和评估为基础的科学管理制度，明确食品安全风险评估结果作为制定、修订食品安全标准和对食品安全实施监督管理的科学依据。

《中华人民共和国食品安全法》中有二十余项条款与食品添加剂生产经营和使用的安全要求及其监督管理有关，如第二条规定，在中华人民共和国境内从事食品添加剂的生产经营；食品生产经营者使用食品添加剂、食品相关产品；对食品、食品添加剂、食品相关产品的安全管理应当遵守本法的规定。

（二）食品添加剂使用标准

《食品安全国家标准 食品添加剂使用标准》（GB 2760—2024）提供了安全使用食品添加剂的定量指标；包括允许使用的食品添加剂的品种、使用范围及最大使用量或残留量。有的还注明了使用方法。规定了食品添加剂的使用原则，适用于所有使用食品添加剂的生产经营和使用者。

（三）食品添加剂新品种管理

为加强食品添加剂新品种管理，根据《中华人民共和国食品安全法》和《食品安全法实施条例》有关规定，卫生部于2010年发布施行《食品添加剂新品种管理办法》。强化食品添加剂管理，防止食品污染，保护消费者身体健康。

为了贯彻《食品添加剂新品种管理办法》，2010年卫生部制定了《食品添加剂新品种申报与受理规定》，对食品添加剂申报材料作了进一步明确要求。

（四）食品营养强化剂使用标准

根据《中华人民共和国食品安全法》的规定，我国实施《食品安全国家标准 食品营养强化剂使用标准》（GB 14880—2012）。标准规定了食品营养强化的主要目的、使用营养强化剂的要求、可强化食品类别的选择要求以及营养强化剂的使用规定。

二、《食品安全国家标准 食品添加剂使用标准》

《食品安全国家标准 食品添加剂使用标准》（GB 2760—2024）是由国家卫生健康委、市场监管总局于2024年2月8日发布，于2025年2月8日实施。

（一）主要内容

《食品安全国家标准 食品添加剂使用标准》（GB 2760—2024）包括前言、范围、术语和定义、食品添加剂的使用原则、食品分类系统、食品添加剂的使用规定、食品用香料、食品工业用加工助剂、食品添加剂的功能类别、附录 A 中食品添加剂使用规定索引、营养强化剂、胶基糖果中基础剂物质等 12 部分内容以及 6 个附录 9 个附表，分别是附录 A 食品添加剂的使用规定、附录 B 食品用香料使用规定、附录 C 食品工业用加工助剂使用规定、附录 D 食品添加剂功能类别、附录 E 食品分类系统、附录 F 附录 A 中食品添加剂使用规定索引和表 A.1 食品添加剂的允许使用品种、使用范围以及最大使用量或残留量、表 A.2 表 A.1 中例外食品编号对应的食品类别、表 B.1 不得添加食品用香料、香精的食品名单、表 B.2 允许使用的食品用天然香料名单、表 B.3 允许使用的食品用合成香料名单、表 C.1 可在各类食品加工过程中使用，残留量不需限定的加工助剂名单（不含酶制剂）、表 C.2 需要规定功能和使用范围的加工助剂名单（不含酶制剂）、表 C.3 食品用酶制剂及其来源名单、表 E.1 食品分类系统。

（二）GB 2760—2024 的修订概况

1. 与 GB 2760—2014 相比调整的内容

（1）纳入了 GB 2760—2014 实施以来国家卫生健康委（原国家卫计委）以公告形式批准使用的食品添加剂品种和使用规定，截至国家卫生健康委 2023 年第 5 号公告。

（2）修改了 2.1 食品添加剂的定义，增加了营养强化剂。

（3）将原标准中 2.5 "国际编码系统（INS）"和 2.6 "中国编码系统（CNS）"合并为 2.5 "食品添加剂编码"，并修改其定义描述。

（4）增加了第 8 章"食品添加剂的功能类别"和第 9 章"附录 A 中食品添加剂使用规定索引"。

（5）删除了附录 A 中消泡剂功能。

（6）修改部分食品添加剂的使用规定。

（7）增加了营养强化剂的编号和定义。

（8）修改了食品用香料的定义。

（9）修改了附录中的其他部分内容。

2. 部分主要修订内容

（1）关于食品添加剂定义的修订　根据 2015 年实施的《食品安全法》，在食品添加剂的定义中增加了包含营养强化剂的内容。新品种许可、复配食品营养强化剂等食品营养强化剂的管理可参考食品添加剂相关管理规定执行。

（2）关于附录 A 的修订　一是修改了附录 A 中食品添加剂使用规定的查询方式。将原标准中表 A.3 的内容体现在表 A.1 和表 A.2 中，原表 A.2 合并入表 A.1。二是基于食品添加剂安全性和工艺必要性的最新评估结果，修订了部分食品添加剂品种和（或）使用规定。例如删除了落葵红、密蒙黄、酸枣色、2,4-二氯苯氧乙酸、海萝胶、偶氮甲酰胺等经过调查不再具有工艺必要性的食品添加剂品种及其使用规定；删除了罐头类食品中防腐剂、食醋中冰乙酸、果蔬汁浆中纳他霉素、蒸馏酒中 β-胡萝卜素和双乙酰酒石酸单双甘油酯等的使用规定。三是修改了部分食品添加剂的使用要求。如增加了阿斯巴甜、安赛蜜与天门冬酰苯丙氨酸甲酯乙酰磺胺酸等在相同食品类别中共同使用时的总量要求；完善了饮料类别中液体饮料与相应的固体饮料食品添加剂使用的对应关系；修订了二氧化硫、卡拉胶、瓜尔胶、脱氢乙酸及其钠盐等的使用规定；将原标准中归类为"其他类"的部分食品类别重新进行了归类，并调整了相应的食品添加剂使用规定等。四是修改了部分食品添加剂的基本信息。例如修改了苯甲酸及其钠盐等食品添加剂的中文名称、中国编码（CNS 号），按照国际食品法典标准等的最新规定，修改了爱德万甜等食品添加剂的英文名称和国际编码（INS 号）等。

（3）关于附录 B 的修订　一是对食品用香料、香精使用原则的修订。为避免食品用香料滥用，在 B.1.4 进一步明确了具有其他食品添加剂功能或其他食品用途的食品用香料的使用要求，如苯甲酸、肉桂醛、瓜拉纳提取物、双乙酸钠、琥珀酸二钠、磷酸三钙、氨基酸类等；明确食品用香料、食品用香精的标签应符合《食品安全国家标准　食品添加剂标识通则》（GB 29924—2013）的规定，凡添加了食品用香料、香精的预包装食品应按照《食品安全国家标准　预包装食品标签通则》（GB 7718—2011）进行标示；明确食品用香料质量规格应符合《食品安全国家标准　食品用香料通则》（GB 29938—2020）及相关香料产品标准的规定。二是修改完善了部分食品用香料品种。梳理了表B.2和表B.3的食品用香料名单，删除了枯茗油等6个香料品种（其中枯茗油、葫芦巴已为香辛料，玫瑰茄、石榴果汁浓缩物、玉米穗丝已为普通食品，3-乙酰基-2,5-二甲基噻吩行业已不再使用）；根据联合国粮农组织/世界卫生组织食品添加剂联合专家委员会（JECFA）、食用香料和提取物制造者协会（FEMA）对于香料管理的变化，将大茴香脑、根皮素调整为合成香料；修改和/或增加了柚苷（柚皮甙提取物）等香料的中英文名称、FEMA编号、编码等。

（4）关于附录C的修订　一是删除了部分食品工业用加工助剂品种。如删除了矿物油，将其使用规定与白油（液体石蜡）的使用规定进行整合；删除了磷酸铵，将其使用规定与磷酸氢二铵和磷酸二氢铵进行整合。二是基于安全性和工艺必要性的最新评估结果，结合行业实际使用情况，修订了部分加工助剂品种和（或）使用规定。例如根据JECFA最新评估结果，同时参考美国、欧盟的规定，删除了1,2-二氯乙烷品种和使用规定；基于工艺必要性原则，删除了β-环状糊精用于巴氏杀菌乳、灭菌乳的规定；明确了过氧化氢作为加工助剂使用时的具体功能和使用范围等。三是规范部分加工助剂的中英文名称表述。例如将6号轻汽油（植物油抽提溶剂）修改为"植物油抽提溶剂"，植物活性炭（稻壳活性炭）修改为"植物活性炭（稻壳来源）"，修改了纤维二糖酶等部分酶名称，修改了埃默森篮状菌Talaromyces emersonii等的菌种名称等。

（5）关于附录D的修订　根据修改后食品添加剂的定义，附录D中增加了营养强化剂的编号D.16，并根据《食品安全国家标准　食品营养强化剂使用标准》（GB 14880—2012）最新修订版的规定增加了营养强化剂的定义。根据《食品安全国家标准　食品用香精》（GB 30616—2020）中关于食品用香料的定义，将D.21食品用香料定义修改为"添加到食品产品中以产生香味、修饰香味或提高香味的物质"。

（6）关于附录E的修订　食品工业的快速发展导致GB 2760—2014中部分食品类别与相关食品行业分类不一致，不能实现对实际食品类别的精准定位。为了使食品分类描述更加科学合理，在对各个食品行业进行广泛调研、征求意见的基础上，进一步规范了部分食品类别的描述。例如，为与相关食品产品的食品安全国家标准保持协调一致，修改了部分食品类别：如根据《食品安全国家标准　酱油》（GB 2717—2018）、《食品安全国家标准　食醋》（GB 2719—2018）、《食品安全国家标准　复合调味料》（GB 31644—2018）等规定，将配制酱油（食品分类号12.04.02）和配制食醋（食品分类号12.03.02）这两类产品归入液体复合调味料（食品分类号12.10.03），将"醋（食品分类号12.03）"修改为"食醋（食品分类号12.03）"等，并对相应的食品添加剂使用规定进行修改。再如：根据行业反馈意见，结合行业现状，修改了部分食品类别，如增加肉丸类食品类别，删除半起泡葡萄酒食品分类，修改了蜜饯凉果的食品分类，调整食糖的食品分类等。

三、食品添加剂的使用原则

GB 2760—2024规定按照本标准使用的食品添加剂应当符合相应的质量规格要求，并同时符合所列各项原则要求，不得仅根据其中一条片面理解使用。

（一）食品添加剂使用时应符合以下基本要求

1. 不应对人体产生任何健康危害。

2. 不应掩盖食品腐败变质。

3. 不应掩盖食品本身或加工过程中的质量缺陷或以掺杂、掺假、伪造为目的而使用食品添加剂。

4. 不应降低食品本身的营养价值。

5. 在达到预期效果的前提下尽可能降低在食品中的使用量。

（二）在下列情况下可使用食品添加剂

1. 保持或提高食品本身的营养价值。

2. 作为某些特殊膳食用食品的必要配料或成分。

3. 提高食品的质量和稳定性，改进其感官特性。

4. 便于食品的生产、加工、包装、运输或者贮藏。

（三）带入原则

1. 在下列情况下食品添加剂可以通过食品配料（含食品添加剂）带入食品中。

（1）根据本标准，食品配料中允许使用该食品添加剂。

（2）食品配料中该添加剂的用量不应超过允许的最大使用量。

（3）应在正常生产工艺条件下使用这些配料，并且食品中该添加剂的含量不应超过由配料带入的水平。

（4）由配料带入食品中的该添加剂的含量应明显低于直接将其添加到该食品中通常所需要的水平。

2. 当某食品配料作为特定终产品的原料时，批准用于上述特定终产品的添加剂允许添加到这些食品配料中，同时该添加剂在终产品中的量应符合本标准的要求。在所述特定食品配料的标签上应明确标示该食品配料用于上述特定食品的生产。

第四节　食品添加剂生产和使用的现状与发展

食品添加剂是现代食品工业的助推剂和基础，被誉为"现代食品工业的灵魂"。它已渗透到食品加工的各个领域，甚至在烹饪行业和普通家庭的一日三餐中，食品添加剂也是必不可少的。食品添加剂的使用改善了食品的感官性状，提高了食品的品质，改善了食品加工条件，延长了食品的保质期。同时，随着食品工业的发展，食品添加剂也随之不断地发展。现在食品添加剂工业已经成为一个重要的精细化工行业，反过来它极大地促进了食品工业的快速发展。

一、国内外食品添加剂生产和使用的现状

一般认为食品添加剂的发展只有一个多世纪，但食品添加剂产业发展却十分迅速，现在全世界食品添加剂已多达25000余种，常用的有5000余种，其中最常用的有600～1000种。食品添加剂的世界市场容量约为200多亿美元。

美国的食品添加剂市场已经超过50亿美元，特别是作为营养强化剂的维生素、增香剂、非营养性甜味剂发展较快，食品添加剂的总体增长速度超过食品工业的发展速度。日本目前已经确认使用的食品添加剂有347种，其在酸味剂、甜味剂、营养强化剂和乳化剂方面有较大的技术优势。我国食品添加剂产业起步较晚，但近年来发展迅速。我国是食品添加剂的生产和使用大国，味精的生产量占世界的70%左右，另有不少品种在世界贸易额中占有一半以上的份额，如柠檬酸、山梨酸等年产量均达到100万吨。我国部分食品添加剂产品质量好，生产成本低，国际竞争力较强。但我国食品添加剂产业仍存在较多的问题，主要表现在以下四个方面。

（一）产品品种少，系列化程度低

世界上常用的食品添加剂有5000余种，而我国仅有2000多种，自己生产的只有千余种；食品工业需求量较大的乳化剂世界允许使用的品种有60多种，年产量3亿千克，我国只有30种，年产量仅有2000多万千克，常用的只有甘油脂肪酸酯、蔗糖酯等5个品种；在高倍甜味剂方面，甜度在1000倍以上的品种较少；我国生鲜肉禽类食品主要采取冷藏防腐，但极易氧化变色，对这类食品的防腐、抗氧化剂我国尚未有生产。

（二）企业生产规模偏小，工艺技术不先进，综合成本高

如我国的木糖醇生产和出口位居世界第一，但多家生产厂商年平均生产能力只有3亿~50亿千克。我国的柠檬酸同样是产量和出口世界第一，只有一家生产厂家年产量达1.2亿千克，其余柠檬酸生产厂家均为中小型企业；一些高新技术如超临界萃取技术、膜分离技术、微胶囊技术等在我国只有少数生产厂商采用。

（三）产品技术指标不高、质量不稳定，功能化、绿色化不强

一些香精的纯度较低，缺少典型的香味，香气不足；食品添加剂多为单一功能，集防腐、乳化、增稠、抗氧化等功能为一体的食品添加剂开发缓慢；因缺少生物技术支持，我国的等同天然食品添加剂生产不能满足食品工业需求。

（四）应用技术和改性技术有待发展

我国制剂化和复配化刚起步，并在改性技术和多种食品添加剂配合使用技术方面进行了有益的探索，但还需要根据实际应用的要求大力开发和研究此类相关技术。

二、食品添加剂的发展趋势

随着人们对于健康的重视程度和营养需求不断提高，食品安全意识得以逐步增强；加上快捷方便食品的盛行和科学技术的进步以及法律法规和监管机制不断健全和完善，食品添加剂出现了新的发展趋势。目前，世界各国都在致力于开发新型的食品添加剂和新的食品添加剂生产技术以满足不断提高的社会需求。

（一）强化食品添加剂的安全性原则

食品的安全性是食品加工产业的永恒话题，尤其是食品添加剂的安全性更受关注。尽管有关国际组织和世界各国对现有的食品添加剂品种进行了严格、细致的安全性评估，并制定了详细的使用标准，但人们对食品添加剂安全性的疑虑一直存在。食品添加剂的安全性已成为食品添加剂产业发展的首要前提。只有通过积极开发安全的食品添加剂，严格控制食品添加剂的使用量和使用范围，规范食品添加剂的生产管理，加大监管执法力度，提高消费者的判断分析能力，共同促进食品添加剂的安全使用。

（二）大力开发天然食品添加剂

在国际社会上，食品添加剂产业出现"回归大自然、天然、营养、低热量、低脂肪"发展趋势，我国在食品添加剂的生产中积极倡导"天然、营养、多功能"的方针。因此，积极开发天然食品添加剂，如天然色素、天然防腐剂、天然抗氧化剂等是食品添加剂产业健康发展的重要基础。

（三）大力发展高效、多功能性食品添加剂

如何在较低使用量的情况下满足食品生产需要，是食品添加剂安全使用的重要保障。因此大力开发高效、多功能的食品添加剂成为食品工业科研的重点。如β-胡萝卜素、番茄红素等类胡萝卜素等可直接从植物中提取（或通过生物技术制造），具有清除自由基抗癌、增强人体免疫力等保健功能，又可作

为抗氧化剂、色素、营养强化剂；竹叶抗氧化物不仅具有很强的抗氧化作用，还能有效地抑制沙门杆菌、金黄色葡萄球杆菌、肉毒梭状芽孢杆菌。这些多功能的食品添加剂正在不断得到开发和应用。

（四）大力开发复配型食品添加剂

要开发食品添加剂的新功能或者要降低食品添加剂的成本，一般采用两种途径：一是开发新化学结构的物质；二是开发复配型、改良型的食品添加剂。复配又分为两种情况：一是两种以上不同的食品添加剂复配起到多功能、多用途的作用，如茶多酚与柠檬酸复配后抗氧化效果显著增强；另一种是同类型两种以上食品添加剂复配以发挥协同、增效的作用，如明胶与 CMC 复配可获得低用量高黏度的特性。

通过复配可使食品添加剂产生增效作用或派生出一些新功能，且在低使用量的情况下达到很好的应用效果，降低成本，保护健康。复配技术的运用还能方便食品添加剂的采购、运输、储存和使用，并能大大缩短食品企业新品开发的周期，降低研发费用。

（五）大力开发高分子化和载体化食品添加剂

食品添加剂高分子化和载体化后，往往可以提高食用安全性、效用耐久性并降低热量。

第五节　食品添加剂与食品安全 @ 微课

食品安全是我国和全世界都高度关注的话题，对食品管理就是贯彻落实"最严谨的标准、最严格的监管、最严厉的处罚、最严肃的问责"四个"最严"等重要指示精神。经过长期有效治理，我国食品安全呈现出稳中向好的态势，但仍有一些消费者对食品添加剂产生了误解，造成了一些消费者"谈添色变"，认为含有添加剂的食品就不是好食品，对食品工业的发展造成了不良的影响。

一、违规使用食品添加剂

（一）食品生产中过量使用食品添加剂

如酱菜中超标使用苯甲酸钠等防腐剂或糖精钠等甜味剂、腌腊肉制品中超标使用亚硝酸盐等。GB 2760 遵循不危害人体健康这一基本原则，即安全范围内的原则，食品添加剂按照 GB 2760 使用标准可以充分发挥其作用，在不影响人体健康的情况下提高食品品质或改善加工工艺，即使长期使用也是安全的。过量的食品添加剂可以造成人体功能代谢紊乱，造成毒物的体内积累，组织器官受损，甚至引起死亡。

（二）食品生产中超范围使用食品添加剂

在 GB 2760 中明确规定了各种添加剂的使用范围，超范围使用食品添加剂可能会带来许多不良后果。"染色馒头""牛肉膏"、罐头食品中添加防腐剂、婴儿食品中添加色素等都属于超范围使用食品添加剂。

二、滥用非法添加物

（一）滥用非食用物质

"三聚氰胺""苏丹红""瘦肉精""吊白块""孔雀石绿"等一些工业化学品在食品中的非法使用经媒体曝光后，不少消费者由于不能正确区分"食品添加剂"和"非法添加物"，导致很多人将矛头指向了食品添加剂，认为它是危害公众食品安全的"罪魁祸首"。全国打击违法添加非食用物质和滥用食品添加剂专项整治领导小组和国务院卫生行政主管部门曾发布过《食品中可能违法添加的非食用物质名单》，其中染料类、富含氮化合物类、邻苯二甲酸酯类等23类非食用物质被纳入该非法添加物的"黑名单"。

（二）使用非食品级原料

由于部分生产人员素质低下、生产技术薄弱，食品生产基础知识不健全，不了解"食品级"的真实含义，本着低成本的初衷，购买同名的工业级原料如使用工业级的过氧化氢、二氧化硅、色素等用于食品的生产。

食品生产经营者，采购食品添加剂，应当查验供货者的许可证或资质证明、产品合格证明，而且还要建立食品添加剂进货查验记录制度，记录并保存购物清单或进供货票据等相关凭证，记录和凭证保存期限不得少于产品保质期满后六个月。

> **知识链接**
>
> **食品添加剂不等于非法添加物**
>
> 按照《食品安全法》规定，我国建立了一系列食品添加剂的管理制度。
>
> 上市前对食品添加剂实行严格的审批制度；生产时对食品添加剂的生产企业实行生产许可制度；使用时建立了食品添加剂的食品安全风险评估制度，并制定了涵盖食品添加剂使用规定、产品要求、生产规范、标签标识、检验方法等在内的700余项强制性食品安全国家标准。
>
> 此外，还建立了食品添加剂生产经营及使用要求和相应的监督管理制度，食品添加剂的进出口管理制度等。
>
> 食品添加剂在合法使用情况下是安全的。迄今为止，我国对人体健康造成危害的食品安全事件没有一起是由于合法使用食品添加剂造成的。超范围、超限量使用食品添加剂和添加非食用物质等"两超一非"的违法行为，才是导致食品安全问题发生的原因。"三聚氰胺"奶粉事件中三聚氰胺不是食品添加剂，"苏丹红鸭蛋"事件中苏丹红也不是食品添加剂，"毒鸭血"事件中福尔马林更不是食品添加剂，它们对食品而言属于非法添加物。我国《食品安全法》中明令禁止生产经营超范围、超限量使用食品添加剂的食品；用非食品原料生产的食品或者添加食品添加剂以外的化学物质和其他可能危害人体健康物质的食品。食品添加剂与非法添加物是完全不同的，消费者不必刻意回避食品添加剂，对其应科学理性看待。为进一步打击在食品生产、销售、餐饮服务中违法添加非食用物质和滥用食品添加剂的行为，全国开展了一系列专项整治，十年来陆续发布六批《食品中可能违法添加的非食用物质和易滥用的食品添加剂名单》，目前相关名录在进一步完善中。

三、食品包装标识不当

一些企业在食品的包装标识上违规标注"本产品不含任何添加剂""不加防腐剂"等字样，会使消费者误认为加了食品添加剂的食品就是不安全的，再加上部分媒体一些不科学的宣传或断章取义的不实报道，更让许多消费者对食品添加剂产生误解，将部分食品安全事件的起因归咎于食品添加剂，使本来食品中不可或缺的食品添加剂成为人们担心的不安全因素，严重损害了整个食品添加剂行业在消费者心目中的形象。

四、正确认识和使用食品添加剂

随着中国特色社会主义进入新时代，人民对美好生活的向往更加强烈，对食品的要求也越来越高。为满足人们对风味、色泽和口感、营养和安全等的要求，食品的花样翻新越来越快，同时食品生产企业的加工工艺也在这个过程中得到进一步的合理改善，产量、保质期大为增加和延长。这一切，都离不开被誉为"现代食品工业灵魂"的食品添加剂。可以说，没有食品添加剂就没有现代的食品工业。

只有正确认识和科学合理地使用食品添加剂才能确保它的安全性，才能使其更好地改善人类的生活品质。这就需要通过政府、行业企业和媒体等各方的共同努力，加强社会共治，向消费者普及食品添加剂的知识，着力创造安全消费、科学消费和明白消费的社会环境。

 实训 1　《食品添加剂使用标准》的检索

一、实训目的

熟悉《食品安全国家标准　食品添加剂使用标准》（GB 2760—2024），并能根据需要进行检索。

二、实训步骤与记录

1. 根据具体的食品添加剂种类在 GB 2760—2024 中检索，查询其允许使用的范围和限量，如山梨酸钾。

表 1-3　×××（具体添加剂的名称，如山梨酸钾）的使用范围与限量

添加剂名称	允许添加的食品种类	食品分类号	最大使用量（g/kg）	备注
山梨酸钾				

2. 根据 GB 2760—2024，检索一种食品（如面包、果酱等）中允许使用的食品添加剂。

表 1-4　×××中允许使用的食品添加剂种类及限量

添加剂名称	功能	最大使用量（g/kg）	备注

3. 到食品超市或食品企业调查 3～4 种食品，对照《食品安全国家标准　食品添加剂使用标准》（GB 2760—2024），调查食品中的添加剂是否符合要求。

答案解析

练习题

一、单项选择题

1. 判断食品添加剂急性毒性的重要指标是（   ）。

    A. LD_{50} B. ADI   C. 最大无作用剂量   D. NOEL

2. 食品添加剂中的 ADI 是（   ）。

    A. 半数致死量   B. 一般公认安全物质

    C. 每日容许摄入量   D. 过氧化苯甲酰

3. 根据我国食品添加剂的规定，下列物质不属于食品添加剂的是（   ）。

    ①三聚氰胺   ②苯甲酸钠   ③盐酸克伦特罗（瘦肉精）   ④苏丹红

    ⑤酱油   ⑥甘油   ⑦白砂糖   ⑧香辛料

    A. ①③④   B. ①③④⑤   C. ①③④⑤⑦   D. ①③④⑤⑦⑧

4. 不法分子在食品中非法使用添加剂的行为不包括（   ）。

    A. 使用非法添加物   B. 超范围超量使用食品添加剂

    C. 使用药食两用物质   D. 使用工业级食品添加剂

5. 下列不符合食品添加剂使用要求的是（   ）。

    A. 不应对人体产生任何健康危害

    B. 不应掩盖食品本身或加工过程中的质量缺陷或以掺杂、掺假、伪造为目的而使用食品添加剂

    C. 达到预期的效果下尽可能降低在食品中的用量

    D. 食品添加剂的用法用量可以由生产企业自主决定

6. 我国最新颁布的《食品添加剂使用标准》版本是（   ）。

    A. GB 2760—1996   B. GB 2760—2007   C. GB 2760—2011   D. GB 2760—2024

二、简答题

1. 简述食品添加剂的选用原则。

2. 食品添加剂使用中的安全问题有哪些？

书网融合……

   本章小结   微课   题库

第二章

食品防腐剂

 学习目标

〈**知识目标**〉

1. **掌握** 常用食品防腐剂的应用范围、使用方法和注意事项。
2. **熟悉** 常用食品防腐剂的特性。
3. **了解** 食品防腐剂的类型及应用。

〈**能力目标**〉

能够根据食品防腐需要，在食品生产中熟练使用食品防腐剂。

〈**素质目标**〉

1. 培养从实际出发，分析问题和解决问题的能力。
2. 培养树立安全使用防腐剂的意识。

第一节　食品防腐剂概述

PPT

一、微生物引起的食品腐败变质 📱微课

食品腐败变质是指食品受到各种内外因素的影响，造成其原有化学性质或物理性质和感官性状发生变质，降低或失去其营养价值和商品价值的过程。造成食品腐败变质的原因较多，有酶作用、非酶作用、微生物作用等，微生物是引起食品腐败变质的主要原因之一。

1. 酶作用 植物性和动物性食品本身都含有一定量的酶，在适宜的条件下，酶促使食品中的蛋白质、脂肪和糖类等物质分解，产生硫化氢、氨等难闻气体和有毒物质，使食品变质而不能食用。

2. 非酶作用 非酶作用引起食品变质包括氧化作用、呼吸作用、机械损伤等。食品因氧化作用而致变质如油脂的酸败，这是油脂与空气中的氧气接触而被氧化，生成醛、酮、醇、酸等，使油脂本身变黏，比重增加，出现难闻的气味和有毒物质。其他如维生素 C、天然色素（如番茄色素等）也会发生氧化，使食品质量降低乃至变质。

3. 微生物作用 微生物几乎存在于自然界的一切领域，一般肉眼是看不到的，要用显微镜才能看见。植物性和动物性食品原料在收获、运输、加工和贮藏过程中，会受到微生物的污染。食品腐败微生物引起食品发生化学或物理性质变化，从而使食品失去原有的营养价值、组织性状及色、香、味，成为不符合食品卫生要求的食品。由于食品性质、来源和加工处理不同，引起食品腐败的微生物也各有差异，通常细菌、霉菌、酵母菌都能引起食品腐败，以细菌和霉菌引起的食品腐败最为常见。

腐败变质食品由于微生物污染严重，增加了致病菌和产毒菌存在的机会，并可使一些致病力弱的细菌得以大量生长繁殖，导致人食用后引起食源性疾病。如某些腐败变质分解产物组胺可引起变态反应，

霉变甘蔗可引起急性中毒，长期食用含有黄曲霉毒素的食物，往往可造成慢性损害。黄曲霉毒素被世界卫生组织划定为1类致癌物，毒性比砒霜大68倍。黄曲霉毒素的危害性在于对人及动物肝脏组织有破坏作用，严重时可导致肝癌甚至死亡。

由于自然界的微生物分布很广，在食品加工或贮藏过程中不可避免地会受到不同类型微生物的污染。而食品不仅可以供给人们营养，它也是大多数微生物的营养基质，当水分、温度、氧、渗透压、pH和光等环境条件适宜时，微生物就会大量地生长繁殖，引起食品的腐败变质。

控制食品所处的环境条件或加入食品防腐剂均可达到食品防腐的目的。过去，人们常用干燥、盐渍、糖渍等改变食品的渗透压来保存食品。此外，有时也用发酵法产生乳酸、乙酸等通过抑制微生物生长繁殖而保存食品。但以上方法易改变食品的色、香、味的感官性状，而防腐剂（又称保存剂）保存食品则可以克服上述缺点。食品防腐方法很多，由于添加食品防腐剂的方法投资少、见效快，不需要特殊仪器和设备，不改变食品的形态品质而被广泛采用。

二、食品防腐剂的概念与作用机制

食品防腐剂是指能防止由微生物引起的食品腐败变质、延长食品保质期的食品添加剂。因兼有防止微生物繁殖引起食品中毒的作用，故又称抗微生物剂。但不包括食盐、糖、醋、香辛料等，这些物质在正常情况下对人体无害，通常被作为调味料对待。

食品防腐剂抑制与杀死微生物的机制十分复杂，目前使用的食品防腐剂对微生物主要有以下几方面的作用。

（1）破坏微生物细胞膜结构，或干扰细胞壁的合成，或改变细胞膜的渗透性，使得微生物体内的物质逸出细胞外，或影响与膜有关的呼吸链电子传递系统，导致微生物正常的生理平衡被破坏而失活。

（2）作用于微生物体内的酶系，抑制酶的活性，干扰其正常代谢。如防腐剂与酶的巯基作用，破坏多种含硫蛋白酶的活性，干扰微生物体的正常代谢，从而影响其生存和繁殖。通常防腐剂作用于微生物的呼吸酶系，如乙酰辅酶A缩合酶、脱氢酶、电子传递酶系等。

（3）作用于遗传物质或遗传微粒结构，进而影响遗传物质的复制、转录、蛋白质的翻译等。

（4）其他作用，包括作用于蛋白质，导致蛋白质部分变性、蛋白质交联而导致其他的生理作用不能进行等。

食品防腐剂按作用分为杀菌剂和抑菌剂两种。具有杀菌作用的食品添加剂称为杀菌剂，而仅有抑菌作用则称为抑菌剂（又称狭义防腐剂）。但杀菌剂和抑菌剂常因浓度高低、作用时间长短和微生物种类等不同而难以区分。无论是杀菌剂还是抑菌剂，其作用机制主要是抑制微生物酶系统的活力，以及破坏微生物细胞的膜结构。

PPT

第二节　常用的食品防腐剂

情境导入

情境　任何正规的食品包装上都会标有该食品的保质期，然而很多人认为食品的保质期越长，添加的防腐剂就越多。

问题　1. 保质期指的是什么？哪些因素决定食品保质期？

　　　　2. 食品保质期越长，防腐剂越多吗？

按来源防腐剂可分为天然防腐剂和化学防腐剂。天然防腐剂通常是从动物、植物和微生物的代谢产物中提取的，如乳酸链球菌素和那他霉素等。化学防腐剂主要分为有机防腐剂与无机防腐剂两大类。有机防腐剂主要包括苯甲酸及其钠盐、山梨酸及其钾盐、对羟基苯甲酸酯类及钠盐、丙酸及其钠盐、钙盐、脱氢醋酸及其钠盐、乳酸钠、富马酸类等；无机防腐剂主要包括二氧化硫、亚硫酸及其盐类、硝酸盐及亚硝酸盐类等。这些无机化合物除有防腐作用外，对食品还有一些其他作用。亚硝酸盐能抑制肉毒梭状芽孢杆菌生长，但它主要作为护色剂使用。亚硫酸盐可抑制微生物活动所需的酶，并具有酸型防腐剂的特性，但主要作为漂白剂使用。

目前世界各国用于食品防腐的化合物种类很多，美国允许使用的约有 50 多种，日本 40 多种，我国《食品安全国家标准　食品添加剂使用标准》（GB 2760—2024）公布的防腐剂有 38 种，以下面介绍几种常用的食品防腐剂。

一、有机酸类的防腐剂

苯甲酸及其钠盐、山梨酸及其钾盐、丙酸及其钠盐等均是通过未解离的分子发挥抗菌作用，它们均需要转变成相应的酸后有效，故称为酸性防腐剂。

（一）苯甲酸及其钠盐

1. 性状　苯甲酸（CNS 号：17.001，INS 号：210）又名安息香酸、苯酸、苯蚁酸，分子式 $C_7H_6O_2$，相对分子质量 122.12，熔点 121～123 ℃，沸点 249.2 ℃。为白色鳞片或针状结晶，纯度高时无臭味，不纯时稍带一点杏仁味。在热空气中微挥发，100 ℃时开始升华，能与水汽同时挥发。易溶于乙醇、乙醚等有机溶剂，常温下难溶于水，溶解度 0.34 g/100 mL（25 ℃），溶于热水，4.55 g/100 mL（90 ℃）。所以通常使用其钠盐——苯甲酸钠。苯甲酸钠（CNS 号：17.002，INS 号：211）为白色粒状或结晶性粉末，味微甜，有收敛性，无臭或略带安息香气味，在空气中十分稳定，易溶于水，53.0 g/100 mL（25 ℃），其水溶液呈碱性。

2. 性能　苯甲酸的防腐作用主要由于其亲油性，容易渗透细胞膜，进入细胞内，从而干扰微生物细胞膜的通透性，抑制细胞膜对氨基酸的吸收。进入细胞体内的苯甲酸分子会被电离，中和细胞内的储存碱，抑制细胞呼吸酶系的活力，阻止乙酰辅酶 A 缩合反应，从而达到食品防腐的目的。苯甲酸钠的防腐机制与苯甲酸相同，通过未解离的苯甲酸分子发挥作用。在偏酸性的环境中具有广泛的抗菌谱，对霉菌、细菌和酵母菌均有抑制作用，但对产酸菌作用较弱，防腐的最适 pH 为 2.5～4.0，一般以 pH 低于 4.5 为宜，在碱性介质中则易失去抑菌作用。苯甲酸的最小抑菌浓度为 0.015%～0.1%。当苯甲酸和苯甲酸钠作为防腐剂添加到食品中时，1 g 苯甲酸和 0.847 g 苯甲酸钠的作用效果相当。

3. 安全性　苯甲酸：大鼠经口 LD_{50} 为 2.7～4.44 g/kg（体重），ADI 为 0～5 mg/kg（体重）。苯甲酸钠：大鼠经口 LD_{50} 为 4.07 g/kg（体重），ADI 为 0～5 mg/kg（体重）。人体摄入少量的苯甲酸后，经小肠吸收进入肝脏内，在酶的催化下大部分与甘氨酸化合生成马尿酸（甘氨酸苯甲酰），剩余部分与葡萄糖醛酸化合形成 1－苯甲酰葡萄糖醛酸而解毒，并全部进入肾脏，最后从尿排出。但如果人体长期大量摄入苯甲酸或苯甲酸钠，会造成肝脏积累性中毒，危害肝脏健康。近年来有报道称苯甲酸及其钠盐可引起过敏性反应，苯甲酸对皮肤、眼睛和黏膜有一定的刺激性。苯甲酸钠可引起肠道不适，且有不良味道（苯甲酸钠的最低阈值为 0.1%），在使用上有争议，虽大部分国家仍允许使用，但应用范围较窄，近年来有逐渐减少使用的趋势。

4. 应用　《食品安全国家标准　食品添加剂使用标准》（GB 2760—2024）规定：碳酸饮料、特殊用途饮料，最大使用量为 0.2 g/kg（以苯甲酸计）；配制酒（仅限预调酒），最大使用量为 0.4 g/kg（以苯甲酸计）；蜜饯凉果，最大使用量为 0.5 g/kg（以苯甲酸计）；复合调味料，最大使用量为 0.6 g/kg

（以苯甲酸计）；果酒和除胶基糖果以外的其他糖果，最大使用量为 0.8 g/kg（以苯甲酸计）；风味冰、冰棍类、果酱（罐头除外）、腌制的蔬菜、调味糖浆、食醋、酱油及酿造酱、半固体复合调味料、液体复合调味料、果蔬汁（肉）饮料（包括发酵型产品等）、蛋白饮料、风味饮料、茶、咖啡、植物饮料类，最大使用量为 1.0 g/kg（以苯甲酸计）；食品工业用浓缩果蔬汁（浆），最大使用量为 2.0 g/kg（以苯甲酸计）。在酱油中，苯甲酸与对羟基苯甲酸酯类有协同增效作用。苯甲酸及其钠盐和其他防腐剂复配使用，可增强防腐效果。

（二）山梨酸及其钾盐

1. 性状　山梨酸（CNS 号：17.003，INS 号：200）又名花楸酸或清凉茶酸，化学名称 2,4 - 己二烯酸，分子式 $C_6H_8O_2$，相对分子质量 112.13，无色针状结晶或白色结晶状粉末，无臭或稍带刺激臭，熔点 132 ~ 135 ℃，沸点 228 ℃（分解），耐光、耐热性好，在 140 ℃下加热 3 小时无变化，长期暴露在空气中则被氧化而变色，从而降低防腐效果。易溶于乙醇等有机溶剂，难溶于水，溶解度为 0.16 g/100 mL（20 ℃），所以多使用其钾盐——山梨酸钾。山梨酸钾（CNS 号：17.004，INS 号：202）为白色鳞片状结晶或结晶性粉末，无臭或微臭，长期暴露在空气中易吸潮、被氧化分解而变色，应密封贮存，避光、避潮。熔点 270 ℃（分解）。山梨酸钾易溶于水，67.6 g/100 mL（20 ℃），也易溶于高浓度蔗糖和食盐溶液。

2. 性能　山梨酸及其钾盐具有相同的防腐效果，它们与微生物的酶系统的巯基相结合，从而破坏许多重要酶系统的作用。此外还能干扰传递功能，如细胞色素 C 对氧的传递，以及细胞膜能量传递的功能，抑制微生物增殖，达到防腐的目的。能有效抑制霉菌、酵母菌和好气性腐败菌的活性，对厌气性细菌和乳酸菌几乎无效。

山梨酸及其钾盐属于酸型防腐剂，其防腐效果随 pH 上升而下降，一般情况下，当 pH 小于 4 时，山梨酸钾的抑菌活性强，当 pH 大于 6 时，抑菌活性降低。山梨酸钾只能抑菌，不能杀菌，微生物数量过高时不起作用。1 g 山梨酸的防腐效果与 1.33 g 山梨酸钾的防腐效果相当。

3. 安全性　大鼠经口 LD_{50} 为 10.5 g/kg（体重），ADI 为 0 ~ 25 mg/kg（体重）（以山梨酸计）。山梨酸是一种不饱和脂肪酸，在体内参与正常的代谢活动，最后被氧化成二氧化碳和水。国际上公认它为无害的食品防腐剂，毒性比苯甲酸（钠）和对羟基苯甲酸酯类低，且无异味，所以目前国内外广泛使用山梨酸及其钾盐作为防腐剂。

4. 应用　《食品安全国家标准　食品添加剂使用标准》（GB 2760—2024）规定：熟肉制品、预制水产品（半成品），最大使用量为 0.075 g/kg（以山梨酸计）；葡萄酒，最大使用量为 0.2 g/kg（以山梨酸计）；配制酒，最大使用量为 0.4 g/kg（以山梨酸计）；风味冰、冰棍类、经表面处理的鲜水果及新鲜蔬菜、蜜饯、加工食用菌和藻类（冷冻食用菌和藻类、食用菌和藻类罐头除外）、饮料类〔包装饮用水、果蔬汁（浆）除外〕、酿造酱、果冻和胶原蛋白肠衣中，最大使用量为 0.5 g/kg（以山梨酸计）；青稞干酒、果酒，最大使用量为 0.6 g/kg（以山梨酸计）；干酪、氢化植物油、人造黄油及其类似品（如黄油和人造黄油混合品）、脂肪含量 80% 以下的乳化制品、果酱、腌渍的蔬菜、豆干再制品、新型豆制品（大豆蛋白膨化食品、大豆素肉等）、除胶基糖果以外的其他糖果、面包、糕点、焙烤食品馅料及表面用挂浆、熟制水产品、其他水产品及制品、调味糖浆、醋、酱油、复合调味料、乳酸菌饮料，最大使用量为 1.0 g/kg（以山梨酸计）；胶基糖果、杂粮灌肠制品、米面灌肠制品、肉灌肠类、蛋制品（改变其物理性状）、脱水蛋制品（如蛋白粉、蛋黄粉、蛋白片、蛋液与液态蛋除外），最大使用量为 1.5 g/kg（以山梨酸计）；食品工业用浓缩果蔬汁（浆）最大使用量为 2.0 g/kg（以山梨酸计）。

山梨酸钾易溶于水，使用方便，但其 1% 水溶液的 pH 为 7 ~ 8，在碳酸饮料中，山梨酸钾用量每增加 0.01%，pH 约升高 0.03。所以，山梨酸钾可导致食品 pH 上升，使用时应予以注意。配料时，应先加山梨酸钾溶液，后加酸液，以免产生絮状物。

（三）丙酸及其钠盐、钙盐

1. 性状 丙酸（CNS 号：17.029，INS 号：280）是无色透明，具有腐蚀性的液体，有特殊的刺激性气味，易溶于水、乙醇及其他有机溶剂。丙酸蒸气能刺激眼睛和呼吸系统，液体能灼烧皮肤和眼睛。作为防腐剂，一般使用丙酸的钠盐和钙盐（CNS 号：17.006，INS 号：281，丙酸钙 CNS 号：17.005，INS 号：282）。

丙酸钠与丙酸钙均为白色结晶、颗粒或粉末，无臭或微带丙酸气味。易溶于水，39.9 g/100 mL（20 ℃），不溶于乙醇。

2. 性能 丙酸钙是酸型食品防腐剂，在酸性条件下，产生游离丙酸，抑制腐败微生物体内 β-丙氨酸的合成而起抗菌作用。其抑菌作用受环境 pH 的影响，最小抑菌浓度在 pH 5.0 时为 0.01%，在 pH 6.5 时为 0.5%。在酸性介质（淀粉、含蛋白质和油脂物质）中对各类真菌、革兰阴性杆菌或好氧芽孢杆菌有较强的抑制作用，还可以抑制黄曲霉素的产生。丙酸钙对酵母菌基本无效，故常用于面包的防霉。在糕点、面包和乳酪中使用丙酸钙可补充食品中的钙质。

3. 安全性 丙酸是食品中正常成分，也是人体代谢的中间产物，进入人体后，依次转变成丙酰 CoA、L-甲基丙二酸单酰 CoA 和琥珀酰 CoA，琥珀酰 CoA 可以进入三羧酸循环彻底氧化分解，或者进入糖异生途径合成葡萄糖或糖原。ADI 不作限制规定。

丙酸钙：大鼠经口 LD_{50} 为 3.34 g/kg（体重）。FAO/WHO 规定，ADI 不作限制规定。

丙酸钠：小鼠经口 LD_{50} 为 5.1 g/kg（体重）。FAO/WHO 规定，ADI 不作限制规定。

4. 应用 《食品安全国家标准 食品添加剂使用标准》（GB 2760—2024）规定：生湿面制品（如面条、饺子皮、馄饨皮、烧麦皮），最大使用量为 0.25 g/kg（以丙酸计）；原粮，最大使用量为 1.8 g/kg（以丙酸计）；豆类制品、面包、糕点、食醋、酱油、液体复合调味料，最大使用量为 2.5 g/kg（以丙酸计）；调理肉制品（生肉添加调理料），熏、烧、烤肉类，最大使用量为 3.0 g/kg（以丙酸计）。

（四）双乙酸钠

1. 性状 双乙酸钠（CNS 号：17.013，INS 号：262ii）又称双乙酸氢钠、二乙酸钠，外观为白色结晶粉末或结晶状固体，带有醋酸气味，易吸湿，极易溶于水，加热至 150 ℃以上分解，可燃，需在 40 ℃以下的阴凉处，密封、防晒、防潮保存。

2. 性能 双乙酸钠主要用于防霉，效果优于丙酸钙，其主要是靠溶于水时释放的分子态乙酸起抗菌作用，乙酸可以透过细胞壁（未解离的乙酸比离子化的乙酸能更有效地渗透霉菌组织的细胞壁），干扰细胞间酶的相互作用，使细胞蛋白质变性，从而抑制霉菌的生长和繁殖，其防霉效果优于苯甲酸钠和山梨酸钾。双乙酸钠对绿色木霉、李斯特菌、黄曲霉和黑根霉有很好的抑制效果。双乙酸钠为酸性防腐剂，其 10% 溶液 pH 为 4.5~5.0，但双乙酸在弱碱性条件下（pH=8）对霉菌的抑制能力也较强。除了抑制霉菌，双乙酸钠对大肠埃希菌、金黄色葡萄球菌、李斯特菌、革兰阴性菌有一定的抑制作用。但它对食品中所需要的乳酸菌、面包酵母几乎不起什么作用，能保护食品的营养成分。

3. 安全性 大鼠经口 LD_{50} 为 4.96 g/kg（体重），ADI 为 0~15 mg/kg（体重）。双乙酸钠安全、无毒。其最终分解为乳酸和乙酸，参与人体新陈代谢产生二氧化碳和水。

4. 应用 《食品安全国家标准 食品添加剂使用标准》（GB 2760—2024）规定：豆干类、豆干再制品、原粮、熟制水产品（可直接食用）、膨化食品，最大使用量为 1.0 g/kg；调味品（盐及代盐制品、香辛料类除外），最大使用量为 2.5 g/kg；预制肉制品、熟肉制品（肉罐头类除外），最大使用量为 3.0 g/kg；粉圆、糕点，最大使用量为 4.0 g/kg；复合调味料，最大使用量为 10.0 g/kg。

双乙酸钠是一种多功能的食用化学品，主要用作食品和饲料工业的防腐剂、防霉剂、螯合剂、调味剂、pH 调节剂、肉制品保存剂，双乙酸钠也是复合型防霉剂的主要原料。双乙酸钠用于粮谷物防霉时，要注意使用环境的温度和湿度。双乙酸钠除具有优良的防霉、防腐、保鲜功效，双乙酸钠还可以增强食欲，促进饲料的转化吸收，提高饲料中蛋白质的利用率。双乙酸钠也用作螯合剂，螯合食品中引起氧化作用的多价金属离子，以保证产品质量和稳定性。

（五）脱氢乙酸及其钠盐

1. 性状　脱氢乙酸（CNS 号：17.009i，INS 号：265）的学名为 $\alpha, \gamma -$ 二乙酰基乙酰乙酸，简称 DHA。脱氢乙酸为无色、白色针状或片状结晶，或为白色结晶性粉末。无臭或略带微臭，无吸湿性；易溶于丙酮等有机溶剂，微溶于乙醇，难溶于水，所以一般多用其钠盐作为防腐剂。脱氢乙酸钠（CNS 号：117.009ii，INS 号：266）为白色结晶性粉末，无臭或略带微臭，易溶于水、丙二醇和甘油，微溶于乙醇和丙醇，对光、热较稳定。

2. 性能　脱氢乙酸是靠其降解产物乙酸起抑菌作用。使细胞质的 pH 发生破坏性改变，细胞内容物失活，细胞膜的渗透压发生改变，影响微生物的生长繁殖。脱氢乙酸钠与脱氢乙酸的防腐机制相同。脱氢乙酸是酸型防腐剂，其抗菌活性随 pH 增高而下降。在酸性条件下，脱氢乙酸抗细菌能力强，有效浓度为 0.4% 即可抑制细菌的生命活动；抗霉菌和酵母菌的能力更强，为苯甲酸钠的 2～10 倍，有效浓度为 0.1% 即可。脱氢乙酸钠防霉作用很强，对细菌、霉菌、酵母菌等，特别是假单胞菌属、葡萄球菌属和大肠埃希菌抑制作用明显。

3. 安全性　脱氢乙酸：大鼠经口 LD_{50} 为 1000 mg/kg（体重）。

脱氢乙酸钠：大鼠经口 LD_{50} 为 570 mg/kg（体重）。脱氢乙酸及其钠盐 ADI 值未作规定。

乙酸中的乙酰基，是碳水化合物和脂肪新陈代谢的中心，是所有生命的基础。脱氢乙酸和脱氢乙酸钠均可安全用于食品。

4. 应用　《食品安全国家标准　食品添加剂使用标准》（GB 2760—2024）规定：腌渍的蔬菜、腌渍的食用菌和藻类和发酵豆制品中，其最大使用量为 0.3 g/kg（脱氢乙酸计）；熟肉制品（肉罐头类除外）和复合调味料中，其最大使用量为 0.5 g/kg（脱氢乙酸计）。

脱氢乙酸的溶解性差，生产中常用其钠盐。用于食品表面防霉时，将脱氢乙酸钠水溶液喷到食品表面即可。

二、酯类防腐剂

（一）对羟基苯甲酸酯类及其钠盐

1. 性状　对羟基苯甲酸酯又名尼泊金酯，常温条件下为无色晶体或结晶性粉末。易溶于醇、醚和丙酮，极微溶于水，沸点 270～280 ℃。尼泊金酯水溶性较差，可以通过合成其钠盐来提高其水溶性。目前我国主要使用的是对羟基苯甲酸甲酯钠、对羟基苯甲酸乙酯及其钠盐（CNS 号：17.032，17.007，17.036；INS 号：219，214，215）。对羟基苯甲酸乙酯又称尼泊金乙酯，为无色细小结晶或白色晶体粉末，有轻微麻舌感涩味，耐光耐热，微溶于水，易溶于乙醇、丙二醇和花生油，遇铁易变色，在强酸、强碱条件下极易分解。

2. 性能　对羟基苯甲酸酯类由于具有酚羟基结构，所以抗细菌性能比苯甲酸、山梨酸都强。对霉菌、酵母有较强的抑制作用；对细菌，同苯甲酸和山梨酸一样，也是由未解的分子发挥抗菌作用，但比这两种酸的抗菌作用强。

3. 安全性　对羟基苯甲酸酯类进入机体后的代谢途径与苯甲酸基本相同，且毒性比苯甲酸低。尼泊金酯的安全性很高，对羟基苯甲酸甲酯、乙酯和丙酯 ADI 为 0～10 mg/kg（体重）。以乙酯为例，其

LD_{50}为 5000 mg/kg，ADI 为 0～10 mg/kg，而苯甲酸的 LD_{50}为 2530 mg/kg，ADI 为 0～5 mg/kg，山梨酸的 LD_{50}为 7630 mg/kg，ADI 为 0～25 mg/kg，由于尼泊金酯的添加量只有山梨酸、苯甲酸的 1/10～1/5，因此其相对安全性比山梨酸高许多。

4. 应用　对羟基苯甲酸酯类在世界各地普遍使用，一般用于饮料、果酱、醋等。《食品安全国家标准　食品添加剂使用标准》（GB 2760—2024）规定：经表面处理的新鲜蔬菜、鲜水果，最大使用量为 0.012 g/kg（以对羟基苯甲酸计）；果酱（罐头除外）、热凝固蛋制品（如蛋黄酪、松花蛋肠）、碳酸饮料，最大使用量为 0.2 g/kg（以对羟基苯甲酸计）；食醋、酱油、酿造酱、液体复合调味料、果蔬汁（肉）饮料（含发酵型产品）、果味饮料，最大使用量为 0.25 g/kg（以对羟基苯甲酸计）；糕点馅及表面用挂浆，最大使用量为 0.5 g/kg（以对羟基苯甲酸计）。

对羟基苯甲酸酯钠溶于水后，不能长时间放置，以免发生水解作用而降低其防腐作用，一般要求现配现用，避免放置过夜。

（二）单辛酸甘油酯

1. 性状　单辛酸甘油酯（CNS 号：17.031）无色至淡黄色，常温下呈液体。无臭，略带椰香气味。不溶于水，与水振摇可分散。能够分散于热水中，可溶于乙醇及热的油脂。

2. 性能　高效广谱防腐剂，对革兰菌、霉菌、酵母均有抑制作用。杀菌能力优于苯甲酸钠、山梨酸钾，并不受其酸碱的影响，毒性低。

3. 安全性　单辛酸甘油酯作为防腐剂进入人体后，在脂肪酶的作用下分解为甘油和脂肪酸，甘油降解后进入 TCA 循环，彻底氧化分解为二氧化碳和水，且供给身体能量。在人体内不会产生不良的蓄积性和特异性反应，是安全性很高的物质。急性毒性试验大鼠口服 LD_{50}为 15 g/kg。其 ADI 值不作限量规定。FDA 批准为 GRAS（一般公认安全的）食品添加剂。

4. 应用　《食品安全国家标准　食品添加剂使用标准》（GB 2760—2024）规定：生湿面制品（如面条、饺子皮、馄饨皮、烧麦皮）、豆馅、糕点，最大使用量为 1 g/kg；肉灌肠，最大使用量为 0.5 g/kg。

国内目前食品中大量应用的防腐剂有苯甲酸钠、丙酸钙、山梨酸等，虽然它们都有防腐杀菌的功能，但都有一定的毒性，使用量受到限制，达不到理想的防腐效果。而单辛酸甘油酯杀菌能力优于前者，并不受其酸碱的影响，毒性低。其优良的乳化性能对稳定食品形态、改善组织结构、优化制品品质有显著帮助，可广泛应用于生湿面制品（如面条、饺子皮、馄饨皮、烧麦皮）、糕点、焙烤食品馅料及肉灌肠类。

三、其他化学防腐剂

（一）二氧化碳、液态二氧化碳

1. 性状　二氧化碳（CNS 号：17.014）常温下无色无味，密度比空气略大，熔点 -56.6 ℃（5270 Pa），沸点 -78.48 ℃，微溶于水，不具有可燃性。气态二氧化碳在一定的温度和压力条件下，可液化成无色液体，即液态二氧化碳（煤气法 CNS 号：17.034），密度为 1.1 g/cm^3。

2. 性能　对霉菌和革兰阴性菌有抑制作用，对乳酸菌和厌氧菌作用不明显。其防腐机制包括两个方面：一方面，二氧化碳分压高，影响需氧微生物对氧的利用，从而终止微生物的呼吸代谢；另一方面，食品中存在大量二氧化碳时，可降低食品表面 pH，改变微生物的生存环境。二氧化碳与山梨酸钾一样，只能抑制微生物生长，不能杀死微生物。

3. 安全性　二氧化碳无毒，FAO/WHO（1985）规定，ADI 不作任何规定。

4. 应用　《食品安全国家标准　食品添加剂使用标准》（GB 2760—2024）规定：二氧化碳可以按

生产需要适量使用于除胶基糖果以外的其他糖果、风味发酵乳、饮料类［饮用纯净水、其他类饮用水、果蔬汁（浆）、浓缩果蔬汁（浆）除外］、配制酒和其他发酵酒类（充气型）。煤气法制备的液态二氧化碳可以按生产需要适量使用于碳酸饮料和其他发酵酒类（充气型）。

（二）二甲基二碳酸盐

1. 性状 二甲基二碳酸盐（CNS号：17.014）商品名为维果灵，室温下为稍有涩味的无色液体，沸点172 ℃。

2. 性能 通常情况下，在饮料灌装过程中加入二甲基二碳酸盐，能有效抑制酵母菌、霉菌和发酵型细菌的增殖。二甲基二碳酸盐在低浓度时，就能杀灭饮料中的腐败菌，而且与一般饮料包装材料，如玻璃、金属、PET、PVC等，具有兼容性。

3. 安全性 急性毒性试验大鼠（雄性）口服 LD_{50} 为497 mg/kg。二甲基二碳酸盐在加入饮料后，迅速完全分解成微量的甲醇和二氧化碳，对饮料的品质（如口味、气味和色泽）无不利影响。

4. 应用 《食品安全国家标准 食品添加剂使用标准》（GB 2760—2024）规定：果蔬汁（浆）饮料、碳酸饮料、风味饮料、特殊用途饮料、茶饮料类和其他饮料类（仅限麦芽汁发酵的非乙醇饮料），最大使用量为0.25 g/kg。

四、生物类防腐剂

（一）乳酸链球菌素

1. 性状 乳酸链球菌素（Nisin）（CNS号：17.019，INS号：234）又称乳酸链球菌肽或音译为尼辛，是由乳酸链球菌所产生的多肽物质，由34个氨基酸组成。为白色或略带黄色的流动性粉末，略带咸味。在水中溶解度依赖于pH，pH 2.5时溶解度为12%，pH 5.0时下降到4%，在中性和碱性条件下不溶于水。乳酸链球菌素的稳定性也与溶液的pH有关。pH为2时耐热性好，pH大于5时，耐热性下降。如溶于pH为6.5的脱脂牛奶中，经85 ℃巴氏灭菌15分钟后，活性仅损失15%，当溶于pH=3的稀盐酸中，经121 ℃15分钟高压灭菌仍保持100%的活性，其耐酸耐热性能优良。pH 8.0时易被蛋白水解酶钝化。乳酸链球菌素在干燥状态下较为稳定，但在食品中可逐渐失活。

2. 性能 乳酸链球菌素能有效抑制引起食品腐败的许多革兰阳性细菌，如乳杆菌、明串珠菌、小球菌、葡萄球菌、李斯特菌等，特别是对金黄色葡萄球菌、溶血链球菌、肉毒梭状芽孢杆菌有很强的抑制作用。但对革兰阴性菌、酵母菌或霉菌的抑制效果明显减弱。目前对Nisin的抑菌机制尚不完全清楚，人们普遍认为，Nisin的作用机制类似于阳离子表面活性剂，影响细菌胞膜以及抑制革兰阳性菌胞壁的形成。

3. 安全性 大鼠经口 LD_{50} 为7000 mg/kg（体重），ADI：0～0.875 mg/kg（体重）。乳酸链球菌素可被消化道蛋白酶降解为氨基酸，无残留，既不会改变肠道内的正常菌群，也不与医用抗生素产生交叉抗药性，安全性高。

4. 应用 《食品安全国家标准 食品添加剂使用标准》（GB 2760—2024）规定：醋，最大使用量为0.15 g/kg；酱油、酿造酱、复合调味料和饮料类［包装饮用水、果蔬汁（浆）、浓缩果蔬汁（浆）除外］，最大使用量为0.2 g/kg；杂粮灌肠制品、方便湿面制品、米面灌肠制品、蛋制品（改变其物理性状）［脱水蛋制品（如蛋白粉、蛋黄粉、蛋片）、蛋液与液态蛋除外］，最大使用量为0.25 g/kg；加工食用菌和藻类（食用菌和藻类罐头除外）、乳及乳制品（巴氏杀菌乳、灭菌乳和高温杀菌乳、发酵乳、乳粉和奶油粉、稀奶油、特殊膳食用食品涉及品种除外）、预制肉制品、熟肉制品（肉罐头除外）、熟制水产品（可直接食用），最大使用量为0.5 g/kg。

乳酸链球菌素作为第一个被批准使用的生物防腐剂，可广泛用于乳制品、肉制品、罐装食品和植物蛋白食品等。在包装食品中添加乳酸链球菌素，可以降低灭菌温度，缩短灭菌时间，降低热加工温度，减少营养成分的损失，改进食品的品质和节省能源，并能有效地延长食品的保藏时间。还可以取代或部分取代化学防腐剂、发色剂（如亚硝酸盐），以满足生产保健食品、绿色食品的需要。

（二）纳他霉素

1. 性状　纳他霉素（CNS 号：17.030，INS 号：235）又称游链霉素，是一种由链霉菌发酵产生的天然抗真菌化合物，属于多烯大环内酯类，商品名称为霉克。白色至乳白色的无臭无味的结晶粉末。纳他霉素微溶于水，溶于稀酸、冰乙酸，难溶于其他有机溶剂。

纳他霉素是一类两性物质，分子中有一个碱性基团和一个酸性基团，等电点为 6.5，熔点为 280 ℃。在 pH 高于 9 或低于 3 时，其溶解度会有所提高，在大多数食品的 pH 范围内非常稳定。纳他霉素具有一定的耐热性，在干燥状态下相对稳定，能耐受短暂高温（100 ℃）；但由于它具有环状化学结构，对紫外线较为敏感，故不宜与阳光接触。

2. 性能　纳他霉素是一种高效、广谱的真菌抑制剂，它是 26 种多烯烃大环内酯类抗真菌剂之一，多烯是一平面大环内酯环状结构，能与甾醇化合物相互作用且具有高度亲和性，对真菌有抑制活性，它能与细胞膜上的甾醇化合物反应，由此引起细胞膜结构改变而破裂，导致细胞内容物的渗漏，使细胞死亡。但对于有些微生物如细胞壁或细胞膜中不存在类甾醇化合物的细菌，纳他霉素没有作用。

纳他霉素既可以广泛有效地抑制各种霉菌、酵母菌的生长，又能抑制真菌毒素的产生，可广泛用于食品防腐保鲜以及抗真菌治疗。纳他霉素对细菌没有抑制作用，因此它不影响酸奶、奶酪、生火腿、干香肠的自然成熟过程。其抑菌谱与乳酸链球菌素的抑菌谱互补，二者使用可增强防腐效果。

与山梨酸钾等常用的防腐剂相比，纳他霉素防腐适应的 pH 范围更广，在 pH 3~9 中具有活性。抑菌作用比山梨酸钾强 50 倍左右。

3. 安全性　大鼠经口 LD_{50} 为 2730 mg/kg（体重），ADI 为 0~0.3 mg/kg（体重）。纳他霉素很难溶于水和油脂，很难被消化吸收，大部分摄入的纳他霉素会随粪便排出。纳他霉素无毒，并且不会致突变、致癌（畸）和致过敏。

4. 应用　《食品安全国家标准　食品添加剂使用标准》（GB 2760—2024）规定：发酵酒（葡萄酒除外）中，其最大使用量 0.01 g/kg；蛋黄酱和沙拉酱，最大使用量为 0.02 g/kg；干酪、糕点、酱卤肉制品类、熏、烧、烤肉类、油炸肉类、西式火腿（熏烤、烟熏、蒸煮火腿）类、肉灌肠类、发酵肉制品类，最大使用量为 0.3 g/kg。残留量≤10 mg/kg；除发酵酒、蛋黄酱和沙拉酱不作要求外，其他均要求表面使用，混悬液喷雾或浸泡。因为其溶解度很低等特点，通常用于食品的表面防腐。

（三）溶菌酶

1. 性状　溶菌酶（CNS 号：17.035，INS 号：1105）又称胞壁质酶或 N－乙酰胞壁质聚糖水解酶，是一种专门作用于微生物细胞壁的水解酶。白色或微白色冻干粉，易溶于水，不溶于乙醚和丙酮，是一种比较稳定的碱性蛋白质，在酸性介质中最稳定，如 pH 为 3 时，能耐 100 ℃加热 4 分钟，96 ℃ 15 分钟后活力保持 87%；中性和碱性条件下耐热较差 pH 为 7，100 ℃处理 10 分钟即失活。

2. 性能　溶菌酶是一种能水解致病菌中黏多糖的碱性酶。主要通过破坏细胞壁中的 N－乙酰胞壁酸和 N－乙酰氨基葡糖之间的 $\beta-1,4$ 糖苷键，使细胞壁不溶性黏多糖分解成可溶性糖肽，导致细胞壁破裂内容物逸出而使细菌溶解。溶菌酶还可与带负电荷的病毒蛋白直接结合，与 DNA、RNA、脱辅基蛋白形成复盐，使病毒失活。因此，该酶具有抗菌、消炎、抗病毒等作用。

3. 安全性　溶菌酶是一种天然蛋白质，FAO/WTO 的食品添加剂协会已经认定溶菌酶在食品中应用是安全的。溶菌酶对人体完全无毒、无副作用，具有抗菌、抗病毒、抗肿瘤的功效，是一种安全的天然防腐剂。

4. 应用 《食品安全国家标准 食品添加剂使用标准》（GB 2760—2024）规定：发酵酒（葡萄酒除外），最大使用量为 0.5 g/kg；干酪及再制干酪及其类似品，按生产需要量添加。

（四）ε-聚赖氨酸

1. 性状 ε-聚赖氨酸（CNS 号：17.037）是由链霉菌属的生产菌产生的代谢产物，经分离，提取而精制得到的发酵产品，为淡黄色粉末、吸湿性强，略有苦味，是赖氨酸的直链状聚合物。它不受 pH 影响，对热稳定（120 ℃，20 分钟），但遇酸性多糖类、盐酸盐类、磷酸盐类、铜离子等可能因结合而使活性降低。由于聚赖氨酸是混合物，所以没有固定的熔点，250 ℃以上开始软化分解。ε-聚赖氨酸溶于水，微溶于乙醇。

2. 性能 ε-聚赖氨酸是一种具有抑菌功效的多肽，抑菌谱广，对 G^+ 菌、G^- 菌、酵母菌、霉菌均有一定的抑菌效果，而且其对耐热性芽孢杆菌和一些病毒也有抑制作用。抑菌的最适 pH 为 5～8，即在中性和微酸性环境中有较强的抑菌性，而在酸性和碱性条件下，抑菌效果不太理想，这可能由于聚赖氨酸作为赖氨酸的聚合物，在酸性和碱性条件下易分解造成的。它能耐高温，在 121 ℃处理 60 分钟后抑菌效果基本不变，可以添加到需要热处理的食品中，达到延长食品保质期的目的。

3. 安全性 ε-聚赖氨酸能在人体内分解为赖氨酸，而赖氨酸是人体必需的 8 种氨基酸之一，也是世界各国允许在食品中强化的氨基酸。因此 ε-聚赖氨酸是一种营养型抑菌剂，安全性高于其他化学防腐剂，其急性口服毒性为 5 g/kg。慢性毒性和致癌性联合试验表明，每日摄取食品的 ε-聚赖氨酸含量在 6500 μg/g，属于极安全的水平，20000 μg/g 无明显的组织病理变化，也观察不到可能的致癌性。

4. 应用 《食品安全国家标准 食品添加剂使用标准》（GB 2760—2024）规定：焙烤食品，最大使用量为 0.15 g/kg；果蔬汁类及其饮料，最大使用量为 0.2 g/L；固体饮料按稀释倍数增加使用量；熟肉制品，最大使用量为 0.25 g/kg。

ε-聚赖氨酸已于 2003 年 10 月被 FDA 批准为安全食品保鲜剂，被广泛应用于食品保鲜。在食品应用中，ε-聚赖氨酸多与其他物质配合使用，如乙醇、有机酸、甘油酯等。可用于米饭、糕点、面点、酱类、饮料、酒类、肉制品、罐头等的防腐保鲜。

五、常用果蔬保鲜防腐剂

果蔬防腐剂主要是一些广谱、高效、低毒的杀菌、防腐剂，我国食品添加剂使用标准现已批准乙氧基喹、肉桂醛、联苯醚等作为保鲜用食品防腐剂。

（一）乙氧基喹

1. 性状 乙氧基喹（CNS 号：17.010）又名虎皮灵、抗氧喹淡黄色至琥珀色黏稠液体，在光照和空气中长期放置逐渐变为暗棕色液体，但不影响其防腐性能。沸点 134～136 ℃（13.33 Pa），相对密度 1.029～1.031，不溶于水，可与乙醇任意混溶。

2. 安全性 小鼠经口服 LD_{50} 为 1680～18080 mg/kg（体重），大鼠经口服 LD_{50} 为 1470 mg/kg（体重）。美国食品药品管理局将其列入公认安全物质。

3. 应用 主要用于苹果、梨贮藏期虎皮病的防治。可将乙氧基喹制成乳液浸果，药液浓度 2～4 g/kg，也可将本品加到包装纸上制成包果纸，加到塑料膜中制成单果包装袋，或与果箱等结合，借其熏蒸性而起作用。

《食品安全国家标准 食品添加剂使用标准》（GB 2760—2024）规定：可按生产需要适量使用于经表面处理的鲜水果，残留限量为 1 mg/kg。

（二）肉桂醛

1. 性状 肉桂醛（CNS 号：17.012）通常称为桂醛，无色或淡黄色液体，呈肉桂香气。沸点 248 ℃，几乎不溶于水，能溶于乙醇、乙醚和三氯甲烷等有机溶剂。

2. 安全性 大鼠经口服 LD_{50} 为 2220 mg/kg（体重）。

3. 应用 《食品安全国家标准 食品添加剂使用标准》（GB 2760—2024）规定：肉桂醛可按生产需要适量使用于经表面处理的鲜水果，残留限量为 0.3 mg/kg。在使用时，可将肉桂醛制成乳液浸泡水果，或将其涂到包裹纸上，利用它的熏蒸性起到防腐保鲜作用。

（三）联苯醚

1. 性状 联苯醚（CNS 号：17.022）又名二苯醚，无色结晶体或液体，类似天竺葵气味，沸点 259 ℃，不溶于水、无机酸和碱液，溶于乙醇、乙醚等有机溶剂。

2. 安全性 大鼠经口服 LD_{50} 为 3990 mg/kg（体重），是低毒物质。

3. 应用 《食品安全国家标准 食品添加剂使用标准》（GB 2760—2024）规定：经表面处理的鲜水果（仅限柑橘类），最大使用量为 3.0 g/kg，残留限量为 12 mg/kg。

第三节 食品防腐剂的使用技术

PPT

一、防腐剂的添加方式

食品防腐剂的使用范围和使用量要严格遵守《食品安全国家标准 食品添加剂使用标准》（GB 2760—2024）。在合理使用食品防腐剂前，先要正确选用食品防腐剂，可以从以下几点考虑：①充分了解食品防腐剂的理化特性，如溶解性、耐热性、最适 pH、抗菌谱和最低抑菌浓度；②了解食品本身的品质、保藏状态和目标保质期；③了解食品加工、贮藏和运输过程中的环境条件，确保食品防腐剂发挥最佳防腐性能。

我国对食品防腐剂的使用有严格的规定，明确防腐剂应符合以下要求：①限量内合理使用对人体健康无害；②不影响消化道菌群；③在消化道内可降解为食物的正常成分；④不影响药物抗生素的使用；⑤对食品热处理时不产生有害成分。

食品防腐剂的添加方式有直接加入、表面喷洒、浸涂等。根据不同的食品，选择不同的添加方法。直接加入适用于液态食品，表面喷洒和浸涂适用于固态和块状食品。防腐剂在使用中可以直接加入食品中，或只对食品进行"表面处理"，对于固态食品，如果腐败是因加工、储藏期间外表染菌所致，防腐剂在应用时可采用浸渍和喷洒的方法，在食品表面形成致密的药膜而起防腐作用，也可将防腐剂涂在食品的包装材料上，食品被封于其中而不发生腐败，能气化和升华的防腐剂可以采用气相防腐方式，将防腐剂和食品装入密封的包装中，防腐剂在一定条件下不断散发出来的气体控制着食品的存在环境，许多果蔬、糕点保鲜剂采用的都是这种方法。

二、防腐剂的使用注意事项

使用防腐剂前，一定要确定哪些食品需要添加防腐剂，应该添加哪种防腐剂，能不用的尽量不用或少用。对于所选用的防腐剂，应保证质量合格。为了避免使用过量，还应查明食品原料、配料是否含有防腐剂。使用时，为了使防腐剂在食品中充分发挥作用，应注意以下几点。

1. 减少原料染菌的机会 食品加工用的原料应保持新鲜、干净，所用容器、设备等应彻底消毒，尽量减少原料被污染的机会。原料中含菌数越少，所加防腐剂的防腐效果越好。若含菌数太多，即使添加防腐剂，食品仍易于腐败。尤其是快要腐败的食品，即使添加了防腐剂也无法起到防腐作用。

2. 确定合理的添加时机　防腐剂是添加在原料中还是添加到半成品中，或者添加在成品表面，应根据产品的工艺特性及食品的保存期等来确定，不同制品的添加时机不同。

3. 适当增加食品的酸度（降低 pH）　酸型防腐剂通常在 pH 较低的食品中防腐效果较好。此外，在低 pH 的食品中，细菌不易生长。因此，若能在不影响食品风味的前提下增加食品的酸度，可减少防腐剂的用量。

4. 进行减菌化处理　减菌化处理包括臭氧处理、热处理、辐射杀菌、脉冲等方式，它们都有一定程度的抑菌、杀菌作用，可减少初始微生物的数量。食品防腐剂与其中的一种或两种方法相结合，防腐效果非常明显。例如与热处理结合使用，加热后添加防腐剂，可使防腐剂发挥最大的功效。如果在加热前添加防腐剂，可减少加热时间。但是，必须注意加热的温度不宜太高，否则防腐剂会与水蒸气一起挥发而失去防腐作用。

5. 分布均匀　防腐剂必须均匀分布于食品中，尤其在生产时更应注意。对于水溶性好的防腐剂，可将其先溶于水，或直接加入食品中充分混匀；对于难溶于水的防腐剂，可将其先溶于乙醇等食品级有机溶剂中，然后在充分搅拌下加入食品中。有些防腐剂并不一定要求完全溶解于食品中，可根据食品的特性，将防腐剂添加于食品表面或喷洒于食品包装纸上。

6. 防腐剂复合使用　每种防腐剂都有各自的作用和抑菌谱，没有哪种防腐剂能够抑制所有的腐败微生物。实际生产中，常将两种或两种以上的防腐剂复合使用。防腐剂的复配，会产生三种效应。相加效应，指各单一物质的效应简单地加在一起；协同效应，即复合防腐剂的抑菌效果比单一防腐剂的效果显著提高，即混合物中每一种防腐剂的有效浓度都比单独使用的浓度显著降低；拮抗效应，指与协同效应相反，即复合防腐剂的抑菌浓度显著高于单一防腐剂的浓度。在实际应用中必须慎复配，后一种应尽量避免。一般是同类型防腐剂配合使用，如酸型防腐剂与其盐、同种酸的酯类配合使用，也可以将作用时间长的防腐剂（如山梨酸及其盐类）与作用迅速但耐久性差（如过氧化氢）的防腐剂配合使用，这两种方式均能增强防腐剂的作用效果。例如在饮料中可复合使用二氧化碳和苯甲酸钠，有的果汁可复合使用苯甲酸和山梨酸。复合防腐剂必须符合我国有关规定，不同防腐剂的自用量占其最大使用量的比例之和不应超过1。防腐剂复配的另一种方式，是和增效剂一起使用，如与柠檬酸、EDTA、抗坏血酸等的配合使用。

第四节　食品防腐剂应用中存在的问题及规范措施

PPT

随着食品工业的发展，为延长食品的保存期限，传统的物理防腐方法以通过改变环境条件来防腐，已不能满足社会的需求。添加防腐剂的方法操作更简单、保持期更长、防腐成本更低，得到了快速应用。但问题也随之而来，如何正确认识、使用食品防腐剂，关乎食品安全问题，是需要全社会关注的民生问题。

一、防腐剂使用中存在的问题

《食品安全国家标准　食品添加剂使用标准》（GB 2760—2024）对各种食品防腐剂的使用范围和最大使用量作了明确规定，也对混合使用 2 种以上防腐剂时作了各自用量占其最大使用量之和不应超过 1 的特别规定。

食品添加剂还应满足以下基本要求：①不应对人体产生任何健康危害；②不应掩盖食品本身或加工

过程中的质量缺陷或以掺杂、掺假、伪造为目的而使用食品添加剂；③不应降低食品本身的营养价值；④在达到预期目的前提下尽可能降低在食品中的使用量。

而防腐剂在食品中应用时，往往不能按照规定严格执行，由此产生了一系列的食品安全问题。食品防腐剂的滥用、错用、超标使用等现象时有发生。

1. 食品防腐剂的超标使用　防腐剂的使用要严格按照国家标准执行，尤其是为了达到更好的防腐效果，几种防腐剂混合使用时，各种防腐剂的用量应按比例精确折算，且不应超过最大使用量。一些中小企业存在严重卫生问题，原料、环境、用具、包装等达不到卫生标准，在食品加工时超标准大量使用防腐剂，来减少食品中的微生物数量，从而达到食品在出厂时卫生合格标准，带来很大的健康隐患。有的擅自扩大食品防腐剂的使用量和使用范围。还有的使用一些无产品检验合格证明或过期的食品添加剂。

2. 用非食品级添加物代替食品防腐剂加入食品中　近几年，使用工业级添加物投入食品生产加工中的事件时有发生。如将含甲醛成分的致癌工业用品"吊白块"违禁添加到米粉等食品中去，使食品看上去光洁白净。如福尔马林、硼酸、水杨酸、焦炭酸二乙酯、噻苯达唑等已经被明令禁止使用；将一些食品相关产品，如杀菌剂中的漂白粉、次氯酸钠、过氧化氢、过氧乙酸等只能用于饮用水、设备和包装材料的消毒杀菌，违规添加到食品中。

3. 食品标签不规范、不统一　一些食品企业利用人们谈添色变的心理，在报刊、电视上不顾事实，以讹传讹，标榜本企业产品不含任何食品添加剂，这也使消费者对食品添加剂有误解。为了迎合消费者的心理，故意在标签中少标或隐去某些食品添加剂名称，甚至在产品外包装上写着"不含防腐剂""不含任何食品添加剂"等字样。还有一些食品如罐头或一些经特殊工艺处理的食品，本来不需添加防腐剂，仍刻意标注"本产品不含防腐剂"，误导消费者。

面对上述问题，需要食品企业、消费者和政府部门相互密切合作，采取必要的措施，严厉打击非法添加和滥用食品添加剂。

二、规范防腐剂使用的措施

（一）健全法规，建立健全食品添加剂安全使用长效机制

制（修）订食品安全标准，组建食品安全标准审评委员会，提高食品安全标准审评水平，建立并严格实施食品质量安全市场准入制度，加强立法执法、监督管理工作，规范食品企业正确使用防腐剂。

食品安全监管及生产相关部门应加强管理，认真执行食品添加剂使用标准，严格管理和控制从食品添加剂生产、流通到使用的每个环节，杜绝超标违规行为。杜绝企业非法或超量、超范围使用防腐剂的现象，查处生产许可证号挪用企业，对于非法使用防腐剂的企业及个人从重从严处罚，提高不法商家的违法成本。还需要不断提高各级监督管理人员的业务素质，有针对性地开展法规、标准培训，保证其执法的准确性和有效性。

（二）食品企业应当正确认识防腐剂

食品企业应从技术上解决防腐剂的安全使用问题，更应该正确对待防腐剂的标识问题，不应故意误导消费者。食品生产企业除了严格遵守《食品安全国家标准　食品添加剂使用标准》（GB 2760—2024）使用防腐剂外，还应与防腐剂生产企业一起做好防腐剂在目标食品的实际使用量、方法等基础实验后再扩大生产，确保生产出高质量、安全的食品。

防腐剂不是万能的，在满足食品品质需求、保证食品安全的前提下，应尽可能少添加或不添加。企业应做到：控制原料的原始菌群数量，生产工艺的合理性，加工过程的卫生控制，严格控制包装、运输过程的卫生，避免食品的二次污染。

需要发挥行业协会的积极作用：①消除对防腐剂、保鲜剂的不正确认识和不当声称；②从技术角度（包括列举新产品、新方法）帮助其应用企业解决使用"超标"的问题，强化应用技术开发。

（三）消费者应该正确、科学认识防腐剂

目前，我国大多数消费者对食品防腐剂的相关知识知之甚少，在各类食品添加剂中，食品防腐剂可以说是被消费者误解最多的一个品种。由于不了解和一些误导，一部分消费者认为防腐剂就是有毒、有害的，盲目追求不添加防腐剂的食品。其实，很多食品营养丰富容易滋生细菌，因此添加食品防腐剂是确保消费者在食品经过长途运输及在保质期内享用到安全新鲜食品的必要手段。只要添加剂添加量控制在一定范围，按国家标准执行，人体是可以通过自身调节将其代谢掉，不会产生危害。因此需要政府部门给予适当的引导、宣传，帮助消费者正确认识食品中的防腐剂。

（四）加强监测，不断更新优化检测方法和手段

食品添加剂的检测是进行食品添加剂安全监管的重要手段。由于食品添加剂及食品本身成分复杂，添加剂用量少，不易检测，造成食品添加剂检测方法的研究存在一定难度。因此，应加大技术、人力、财力等资源投入，对可能引起消费者健康危害的品种优先立项研究，加强学习与交流，逐步更新与优化检测手段和方法，为加强食品安全的监管工作提供强有力的保障。

（五）加强研究，着力开发新型无毒的食品防腐剂

食品防腐剂的使用存在不安全因素，一些化学防腐剂不是传统食品的成分，对其生理生化作用还不太了解；有些食品添加剂本身虽不具有毒害作用，但由于产品不纯等因素也会引起毒害作用。防腐剂企业与相关科研机构应不断加强对现行食品防腐剂毒理性研究及生产工艺研究。还应积极主动地开展相应的技术创新与科研开发，顺应防腐剂行业的产品天然化、使用微量化、品种多样化的未来发展趋势，开发高效、低毒的防腐剂，并进一步研究其在实际中的应用，从而推动食品防腐剂行业积极、稳妥地向着"绿色""天然"的方向健康快速发展。

第五节　食品防腐剂应用新技术的开发

PPT

除了一些即采即食的果蔬外，工业化生产的食品从原料到生产再到消费者手中的过程，不可避免地会受到各种腐败菌和致病菌的污染。虽然，抑制各种有害微生物有多种方法，但食品工业的实践反复证明，添加适量的防腐剂是有效、简捷、经济的方法之一。食品工业在可预见的将来还离不开防腐剂。不断研究开发更安全、更有效、更方便、更经济的防腐剂产品和使用方法是食品工业发展的趋势。

一、天然防腐剂的发展

化学合成防腐剂具有使用方便、成本低、效果好等特点，目前在食品工业中大量使用。随着食品安全意识的提高，许多国家开始重新审视对化学合成防腐剂的使用。食品防腐剂的天然化已成为防腐剂技术的一大趋势。下面介绍几种新型天然防腐剂近年应用的研究。

（一）大豆球蛋白碱性多肽

大豆球蛋白碱性多肽是从大豆球蛋白中分离得到的碱性亚基部分，经研究，它对李斯特菌、肠炎沙门菌、枯草芽孢杆菌、大肠埃希菌及金黄色葡萄球菌等 G^+ 和 G^- 均有明显的抑制作用。大豆球蛋白碱性多肽在碱性条件下溶解性良好，且具有乳化性、热稳定性、低抗原性和易吸收的特点。应用于乳制品和肉制品具有显著的延时保鲜效果。大豆球蛋白碱性多肽作为一种来源广泛的植物型抗菌剂，作为食品成

分消费者易接受。

（二）蜂胶

蜂胶是蜜蜂采集植物树脂后，与其上额腺分泌物和蜂蜡等混合而成的一种胶状固体物。蜂胶对各种细菌、真菌和原虫都有抑制和消灭能力。0.015 g/mL 的蜂胶提取液以涂抹法处理时对猪肉的保鲜效果更好，0~4 ℃ 的储藏条件可保鲜 12 天以上。

（三）红曲

红曲是红曲霉发酵产生的一种色素，具有醇溶性，中性 pH 条件下性质稳定，对热稳定，且受常见金属离子、氧化剂、还原剂影响小。主要抑制 G^+ 和 G^- 菌中的杆菌，意义最显著的是对肉毒梭状芽孢杆菌的抑制作用。在燕麦香肠和花生香肠中分别添加 0.1% 和 0.05% 的红曲作为防腐剂和发色剂，除替代传统应用的防腐剂量外，还替代了化学色素的添加剂。红曲应用在鱼类冷藏中，能有效抑制鱼肉中微生物的生长和脂肪氧化物，菌落总数、硫代比妥酸、pH 等指标显示鱼肉在冷藏过程中的品质较对照组有明显提升。

（四）壳聚糖

壳聚糖即脱乙酰甲壳质，又称几丁质，是从甲壳类虾、蟹、昆虫等动物的外壳中提取的甲壳质脱乙酰而来。呈白色无定形粉末状，不溶于水、有机溶剂和碱，溶于盐酸、硝酸、硫酸等强酸。对大肠埃希菌、荧光假单胞菌、普通变形杆菌、金黄色葡萄球菌、枯草杆菌等有良好的抑制作用，并且还有抑制鲜活食品生理变化的作用。可用作食品，尤其是水果的防腐保鲜。壳聚糖的脱乙酰程度越高，即氨基越多、抗霉活性越强。浓度 2%、脱乙酰度 95% 的壳聚糖处理冷鲜肉一段时间后，冷鲜肉的 pH、挥发性盐基氮、高铁肌经蛋白等指标均小于对照肉。新鲜面条中添加壳聚糖可以使面条在 4 ℃ 下的保存时间延长 6 天；鸡蛋表面的壳聚糖保护涂层也可以降低细菌污染，防止细菌的入侵，增强保质期。

（五）皂苷

皂苷是一类广泛存在于各种植物中的糖苷成分，人参、橘梗、甘草、柴胡等都含有皂苷。它可通过与微生物细胞膜的固醇和脂肪酸成分结合形成不溶于水的复合物，从而抑制微生物的生长，对荧光假单胞菌、大肠埃希菌和伤寒沙门菌等革兰阴性细菌的生长具有一定的抑制能力，同时也对一些真菌具有一定的抑制效果。最新的研究发现皂树的提取物中丰富的皂苷成分能有效抑制金黄色葡萄球菌的生长，它和西班牙仙人掌的皂苷成分在目前被 FDA 认为是基本安全的，可以用作食物和饮料的防腐剂。

（六）鱼精蛋白肽

鱼精蛋白是存在鱼类精子细胞中的一种碱性球形蛋白质，其具有广谱抑菌活性，可以抑制胚芽乳杆菌、干酪乳杆菌、地衣型芽孢杆菌和巨大芽孢杆菌等的生长。鱼精蛋白能够与细胞膜中的营养物质结合产生蛋白质影响蛋白功能，细胞新陈代谢受到影响，导致细胞死亡。将鱼精蛋白加入布丁、牛奶等中能够使其保存时间更长。

（七）果胶

果胶是水溶性的天然聚合物，在苹果和葡萄等水果蔬菜中存在。果胶也有一定的抗菌效果，能够有效抑制大肠埃希菌的繁殖生长。当前国外已经将果胶分解，并加入天然的防腐剂中，在牛肉和咸鱼等食品防腐中都有应用。

（八）曲酸

曲酸是由微生物有氧发酵产生的一种有杀菌作用的有机酸，是由许多曲霉属和青霉属产生的一种真菌代谢产物。易溶于水，但在高温下长期贮藏不稳定，增加其稳定性可以通过修改 C-5 羟基形成羟基苯基醚或酯，或通过使用这些基团形成苷或肽衍生物。曲酸衍生物比曲酸更稳定，毒性更小，抗菌谱更广，对细菌、酵母菌及霉菌均有很强的抑制作用，而且抑菌效果不受 pH 影响，受热稳定，是一种优良的食品防腐剂，可以被用作肉制品护色，果蔬保鲜、水产品护色保鲜等。

随着抗菌物质分子结构与作用机制的揭示，更多天然防腐剂将被开发出来，以其高效、安全的特点而越来越受到食品工业的青睐。随着天然防腐剂的研究深入，其向着无公害、应用范围广泛、成本低廉、使用方便等特点方向发展，成为食品工业防腐研究的焦点。

二、复合防腐剂的发展

单一的防腐剂和保鲜方法通常存在着一定的缺陷，采用复合防腐剂和保鲜技术，发挥其协同效应，能够有效地阻止微生物的生长和其他不利因素导致食品的腐败，达到优势互补的目的。采用防腐剂复合技术，增强对食品中杂菌的抑制能力，利用配料中各个组分的协同作用，可以获得满意的抑菌和杀菌效果。复合防腐或保鲜剂还可明显简化和降低工艺处理条件，例如在肉、乳制品加工过程中，复合防腐技术可适当降低杀菌温度和处理时间，从而减少热处理过程中肉、乳制品的风味和营养损失，还可以避免产品的二次污染。复合防腐剂的研究一直是食品保鲜的重要技术措施。下面介绍近些年复合防腐剂应用方面的一些新研究。

单辛酸甘油酯、乳酸链球菌素、茶多酚、双乙酸钠等四种防腐剂按照 0.02%、0.06%、0.04%、0.4% 的比例复配成新型乳化香肠防腐剂，进行保鲜能有效地延长食品保质期且效果明显。

ε-聚赖氨酸与普鲁兰多糖、纳他霉素和乳酸链球菌素配比制成天然复合涂膜剂并对采后草莓进行涂膜处理，可有效抑制微生物滋生率，提高草莓的感官品质、固酸比和维生素 C 含量。

壳聚糖与乳酸链球菌素复合对真空包装卤鹅进行涂膜，可使样品微生物含量、水分含量、挥发性盐基氮、硫代巴比妥酸和感官等指标较单一抗菌剂维持稳定的时间更长。

乳酸链球菌素与山梨酸钾、仲丁胺复配成抑菌剂处理小麦，比其中单一一种抑菌剂对小麦储藏中的微生物类群抑制效果更好、小麦品质更优，乳酸链球菌素可有效部分取代化学防腐剂。

纳他霉素与单辛酯甘油酯 0.18∶0.4 复配用于年糕时，年糕保质期由 1 周延长至 9 周，且年糕原有品质保持不变。

山梨酸钾 0.3 g/kg、乳酸链球菌素 0.2 g/kg、纳他霉素 0.03 g/kg 和亚硝酸钠 0.04 g/kg 复配，添加到中式香肠中，能降低中式香肠亚硝酸盐用量且能达到良好的防腐效果。

目前，天然防腐剂受到抑菌效果、价格等方面的限制，尚不能完全取代化学防腐剂。将几种天然防腐剂配合、天然防腐剂与化学防腐剂配合，利用协同效应，增强防腐效果，由单一型向复合型防腐剂转变已成为食品保藏研究的热点。

三、防腐剂生产技术的发展

近年来，超临界流体提取、超声波提取、微波辅助提取等技术已经开始引入动植物、微生物资源有效防腐成分提取过程中，包括提取之后得到的提取物仍然需要进一步精制、分离、纯化等。大孔树脂吸附分离、生物酶解、膜分离、高速逆流色谱分离、分子印迹分离等现代分离纯化技术，不仅提高了防腐活性成分的分离效率，还在一定程度上降低了生产成本。食品工程技术和生物技术等高新技术在微生物防腐剂的应用为研究开发新的天然食品防腐剂提供了更广阔的空间。在筛选新的食品防腐剂生产菌的同时，采用基因重组技术构建高产、广谱抗性菌株，以期获得抗菌效果更好的天然防腐剂。如通过传统杂交把酵母嗜杀特性转移入普通菌，使之获得嗜杀特性，应用于低度酒的生产；通过转基因技术来改变微生物的代谢特性，使之适应环境的能力更强，产生抗菌谱更宽、抗菌效果更好的天然防腐剂。高效液相色谱法、酶联免疫测定法在天然防腐剂研究领域的应用必将进一步促进该领域的进步。

　　天然防腐剂的抑菌活性是依赖多种因素来完成，包括抑菌剂本身的结构特性和抑菌浓度，食品的pH、温度、湿度、食品中的化学成分，如蛋白质、蛋白酶、脂类、金属离子等都可能会影响抑菌能力。将天然防腐剂与新型保存技术结合，比如脉冲电子技术、高液态静压以及热处理等可以在一定程度上增强抑菌能力，使食品保存更安全有效。

第六节　食品防腐剂的发展趋势

PPT

一、向毒性更低、更安全方向发展

　　随着人们对健康的要求越来越高，对食品安全标准提出了更高的要求。各国政府均在快速修改食品安全标准。日本已全面禁止苯甲酸的使用，我国也逐步缩小苯甲酸的使用范围和使用量。部分传统的防腐剂将逐步退出历史舞台，取而代之的是更加绿色高效、健康无毒的天然防腐剂。

二、向天然防腐剂发展

　　天然食品防腐剂较之化学防腐剂具有天然无毒、无残留、无公害等优势。随着社会生活水平地不断提高，人们对防腐剂在安全性能上提出了更高的要求。食品加工企业为了顺应市场的变化，其产品也越来越向"绿色"和"天然"等方向转变。虽然目前来讲天然防腐剂还存在缺陷，如价格贵、抑菌谱较窄、对使用环境要求苛刻等，限制了它的使用。若想使天然防腐剂在食品中获得大范围的应用首先应将降低成本放在首要考虑问题上。实现天然防腐剂规模化生产，从而有效降低天然防腐剂的价格，以促使其平民化、普及化，从而拓展天然防腐剂的使用范围。随着对天然防腐剂的需求日益增加，目前世界各国都在致力于研究更加高效安全的天然食品防腐剂，使其进一步在市场上推广，天然食品防腐剂存在的弱点已成为科技工作者研究攻克的重点，广谱、高效、使用方便的天然防腐剂必将取代化学防腐剂，成为发展的趋势。

三、向复合防腐剂方向发展

　　各种防腐剂都有一定的作用范围，没有一种防腐剂能够抑制一切腐败性微生物，考虑到各种防腐剂自身特性的差异和应用上的局限，许多食品生产企业添加复合防腐剂以达到食品防腐目的。防腐剂复配技术的关键，是弄清不同品种在功能上的增效、增加和拮抗效应。通过食品防腐剂复配，可以拓宽抑菌谱，提高抑菌效果，方便添加和使用，降低用量和成本，减少副作用，提高食品防腐剂的经济效益和社会效益，使用复配食品防腐剂成为食品企业研发产品的便捷选择。

四、向方便使用方向发展

　　目前使用的食品防腐剂，对食品生产环境有较苛刻的要求，如对食品的pH、加热温度等敏感等。因此需要通过研究新型的防腐剂，由苛刻的使用环境向方便的使用环境发展，即摆脱pH、水溶性等因素对防腐剂使用的限制，从而提升防腐剂的使用范围。

　　由于消费者对食品安全性的关注，食品防腐剂目前正朝着安全、天然、高效、复合型方向发展，从而满足日益发展的食品工业。

 **知识链接**

罐头食品

罐头是能够保存较长时间的食品。罐头食品是指将符合要求的原料经处理、装罐、密封、杀菌、冷却，或无菌装罐，并达到商业无菌要求，通常无需添加防腐剂便可在常温下长期保存的食品。罐头食品起源于19世纪初，法国拿破仑的军队为确保食物供给的需求，在重金悬赏下，法国人阿培尔发明出一种可以使食品长时间保持不变质的加工工艺，后由军用转民用并逐渐普及延续至今。

罐头食品严格按照其加工工艺生产，无需添加防腐剂，即可实现较长的保质期。主要依靠以下三个关键点。

1. 降低含氧量 通过加热排气、抽真空或充氮气和二氧化碳混合气体等，极大地降低食品和容器中氧气的含量，使容器内潜在的微生物生长处于停滞状态。

2. 密封严密 阻断容器外的空气（氧气）或微生物进入容器内的通路。

3. 热力杀菌 使容器内潜在的微生物因受热处理、物理作用或化学作用而死亡。通常，水果类罐头呈酸性，故采用低温（100 ℃以下）杀菌，蔬菜、畜禽、水产动物类罐头为低酸性食品，故采用高温（100 ℃以上）杀菌。

实训2 防腐剂对果汁腐败变质的影响

一、实训目的

了解苯甲酸钠对果汁腐败的影响。

二、实训原理

苯甲酸钠是苯甲酸的钠盐。苯甲酸类防腐剂是以其未解离的分子发生作用。未解离的苯甲酸在酸性溶液中的防腐效果是中性溶液的100倍。由于溶解细胞膜脂蛋白中的苯甲酸仍以未解离的形式存在，所以细胞仅吸收未解离的酸。未解离的苯甲酸钠亲油性强，易通过细胞膜进入细胞内，干扰霉菌和细菌等微生物细胞膜的通透性，阻碍细胞膜对氨基酸的吸收；进入细胞内的苯甲酸分子可酸化细胞内的储存碱，抑制微生物细胞内呼吸酶系的活力，阻止乙酰辅酶A缩合反应，从而起到防腐作用，其中以苯甲酸钠的防腐效果最好。在酸性条件下对多种微生物酵母、霉菌、细菌有明显抑菌作用。

三、设备与材料

1. 设备 天平（精确到0.01 g）、分光光度计、移液枪、培养皿、试管、恒温培养箱、高压蒸汽灭菌锅。

2. 材料 100%梨汁、苯甲酸钠、营养琼脂培养基、含金黄色葡萄球菌的肉汤、氯化钠。

四、实训步骤

1. 菌液制备 取经37 ℃培养18～24小时的含金黄色葡萄球菌的肉汤培养物1 mL加入9 mL生理氯

化钠溶液，10 倍稀释至 $10^{-5} \sim 10^{-7}$，细菌数为 50～100 cfu/mL，做活菌计数备用。

2. 抑菌液制备　取苯甲酸钠 0.1 g 至 100 mL 的无菌生理氯化钠溶液中，配制成浓度为 0.1% 的供试液并灭菌备用。

3. 验证实验　取 2 支试管，分别加梨汁 10 mL，接种 1 mL 金黄色葡萄球菌液（菌数 50～100 cfu/mL），一支加入 1 mL 苯甲酸钠供试液（0.1%），另一支不加苯甲酸钠，都放在 36 ℃ 恒温培养箱中培养 24 小时后，测梨汁 550 nm 处的吸光度。以不加苯甲酸钠抑菌液的梨汁为对照。

五、数据处理

抑菌率(%) =（空白菌液吸光度值 − 样品菌液吸光度值）×100/空白菌液吸光度值

六、思考题

该实验的误差主要来自哪些方面，应如何尽量减少误差？

实训 3　食品中防腐剂的测定

一、实训目的

1. 了解食品中防腐剂的测定意义。
2. 学会用紫外 – 可见分光光度计法测定山梨酸。

二、实训原理

用三氯甲烷从样品中提取出山梨酸，再以碳酸氢钠提取，使山梨酸形成钠盐溶于水溶液中，山梨酸钠水溶液在 254 nm 处有最大的吸收峰，测其吸光度可对其定量。

三、设备与材料

1. 设备　紫外 – 可见分光光度计 UV – 2450（岛津）、石英比色皿、组织捣碎机、容量瓶、分液漏斗、带塞锥形瓶。

2. 材料

（1）三氯甲烷　以三氯甲烷体积之半的碳酸氢钠（0.5 mol/L）提取两次，用无水硫酸钠干燥，过滤备用。

（2）0.5 mol/L 碳酸氢钠　取 21 g 碳酸氢钠溶于 500 mL 水中。

（3）0.3 mol/L 碳酸氢钠　将 13.6 g 碳酸氢钠溶于 500 mL 水中。

（4）6 mol/L 盐酸。

（5）山梨酸标准液（100 μg/mL）　准确称取 100 mg 山梨酸于 1000 mL 容量瓶中，用 0.3 mol/L 碳酸氢钠稀释至刻度，使用时再稀释成 50 μg/mL 的山梨酸标准使用液。

四、实训步骤

1. 样液的制备　称取 50.0 g 样品加 450 mL 水于组织捣碎机中，搅拌 5 分钟，取 10 g 匀浆于 50 mL 容量瓶中，以水定容，移取 10 mL 此溶液于分液漏斗中，加 6 mol/L 盐酸 1～2 滴酸化，用 50 mL 三氧甲烷提取 1 分钟，将三氯甲烷层分至 250 mL 带塞锥形瓶中，用 3 g 无水硫酸钠干燥，振摇后静置。

2. 标准曲线的绘制　取 25 mL 比色管 5 支，分别加入山梨酸标准使用液 0、0.5、1.0、1.5、2.0 mL，用 0.3 mol/L NaHCO₃ 稀释至刻度，于 254 nm 处测吸光度，作标准曲线。

3. 样品中山梨酸的测定　取上述三氯甲烷液 25 mL 于 125 mL 分液漏斗中，用 25 mL 0.3 mol/L 碳酸氢钠提取 1 分钟，静置分层后，小心放出三氯甲烷层，测水层吸光度，从标准曲线中找出山梨酸的含量。

五、数据处理

1. 绘制标准曲线、得出线性方程及相关系数 R，并算出 25 mL 提取液（三氯甲烷样液）中所含山梨酸的量（g）。

2. 山梨酸的计算

$$山梨酸（g/kg）= \frac{X}{\frac{W}{500} \times \frac{10}{50} \times \frac{10}{50} \times 25} \times 1000$$

式中，W 为样品质量（g）；X 为 25 mL 提取液（三氯甲烷样液）中所含山梨酸的量（g）（从标准曲线查得）。

六、注意事项

1. 在开启仪器前，一定要先熟悉仪器操作规程。
2. 注意比色皿的拿取，小心操作。
3. 移取酸液时小心操作，防止被酸灼伤。

七、思考题

1. 对本次实验结果而言，食品中添加的山梨酸是否超标？
2. 相关系数 R 的意义是什么？

答案解析

一、单项选择题

1. 下列化合物中不属于防腐剂的是（　　）。

　　A. 那他霉素　　　　　B. 山梨酸钾　　　　　C. 苯甲酸钠　　　　　D. 柠檬酸

2. 下列物质中防腐效果最好的是（　　）。

　　A. 苯甲酸　　　　　　　　　　　　　B. 山梨酸钾

　　C. 对羟基苯甲酸乙酯　　　　　　　　D. 对羟基苯甲酸丙酯

3. 下列防腐剂中不属于酸性防腐剂的是（　　）。

　　A. 苯甲酸钠　　　　　　　　　　　　B. 山梨酸钾

　　C. 对羟基苯甲酸乙酯　　　　　　　　D. 丙酸钙

4. 下列防腐剂中不易受 pH 变化影响的是（　　）。

　　A. 苯甲酸　　　　　　B. 山梨酸　　　　　　C. 丙酸　　　　　　D. 尼泊金酯

5. 下列物质中属于生物类防腐剂的是（   ）。

    A. 乳酸链球菌素　　　　B. 苯甲酸钠　　　　　C. 对羟基苯甲酸乙酯　　D. 壳聚糖

6. 山梨酸的半数致死量为 10500 mg/kg 大白鼠体重，所以山梨酸的毒性是（   ）。

    A. 剧毒　　　　　　　　B. 实际无毒　　　　　C. 低毒　　　　　　　　D. 中等毒性

7. 下列禁用的防腐剂是（   ）。

    A. 苯甲酸　　　　　　　B. 双乙酸钠　　　　　C. 丙酸　　　　　　　　D. 水杨酸

8. 从防腐剂的组成看，属于多肽类物质的是（   ）。

    A. 甲壳素　　　　　　　B. 纳他霉素　　　　　C. 乳酸链球菌素　　　　D. 苯甲酸

9. 对羟基苯甲酸酯中抗菌活性最强的是（   ）。

    A. 对羟基苯甲酸甲酯　　　　　　　　　　　B. 对羟基苯甲酸乙酯

    C. 对羟基苯甲酸丙酯　　　　　　　　　　　D. 对羟基苯甲酸丁酯

10. 苯甲酸类的适用 pH 范围为（   ）。

    A. 2.5 以下　　　　　B. 2.5 ~ 4.0　　　　　C. 4.0 ~ 6.0　　　　　D. 6.0 以上

二、简答题

如何提高食品防腐剂的防腐效率？

书网融合……

本章小结　　　　　　　微课　　　　　　　题库

第三章

食品抗氧化剂

 学习目标

知识目标

1. **掌握** 食品抗氧化剂的影响因素和使用注意事项；常用食品抗氧化剂的性能与应用。
2. **熟悉** 食品抗氧化剂的概念和作用机制。
3. **了解** 食品抗氧化剂的分类和安全使用。

能力目标

掌握食品抗氧化剂在果蔬和高油脂食品中的应用技术。

素质目标

培养严谨科学的工作态度和作风，为合理和有效利用食品抗氧化剂打下坚实基础。

 ————————————— **情境导入** ——————————

情境 提供几组食物氧化前后的照片，如刚削皮的苹果与削皮后放置一段时间的苹果；未使用过的植物油与油炸多次后的植物油等。

问题 1. 食品氧化变质的现象有哪些？

2. 引起食物变质的原因可能有哪些？可以采用哪些方法进行食品抗氧化？

第一节 食品抗氧化剂概述

PPT

食品在加工、运输和贮藏过程中，除了由微生物作用引起品质劣变外，氧化作用也是引起食品变质的另一重要因素，例如果蔬的褐变、肉类食品变色、油脂和含油食品的异臭味等。氧化作用不仅使食品的色、香、味等方面产生不良变化，同时降低了食品的品质和营养价值，还可能会产生一些有毒有害物质，危害人类健康。因此，防止食品的氧化变质已成为现代食品工业中亟待解决的一个重要问题。

为防止食品氧化，可采取低温、避光、隔氧、密封包装等物理措施，同时适当地使用一些安全高效的抗氧化剂，也是一种经济理想的简单方法。食品抗氧化剂的使用不仅可以延长食品的货架期，给生产者带来良好的经济效益，也给消费者提供了具有品质保障的食品。目前，GB 2760—2024 规定允许使用的食品抗氧化剂主要有二丁基羟基甲苯（BHT）、丁基羟基茴香醚（BHA）、没食子酸丙酯（PG）、特丁基对苯二酚（TBHQ）、维生素 E、抗坏血酸、茶多酚、植酸、迷迭香提取物等。

一、食品抗氧化剂的概念和分类

（一）抗氧化剂的概念

根据《食品安全国家标准　食品添加剂使用标准》（GB 2760—2024），抗氧化剂是指能防止或延缓油脂或食品成分氧化分解、变质，提高食品稳定性的物质。作为食品抗氧化剂，应具备以下特点：①本身及分解产物均无毒无害；②具有优良的抗氧化效果，在低浓度时有效；③具有较好的稳定性，能与食品共存，对食品的感官品质不产生影响；④价格低廉，使用方便。

（二）分类

抗氧化剂种类繁多，目前还没有统一的分类标准，因不同的分类依据，有不同的分类结果。

1. 按来源分类　分为天然抗氧化剂和人工合成抗氧化剂两类。

（1）天然抗氧化剂　又称生物抗氧化剂，是指从天然动、植物或其代谢产物中提取的具有抗氧化作用或诱导抗氧化剂产生的一类物质，主要包括植酸、茶多酚、维生素类物质、黄酮类化合物等。天然抗氧化剂一般具有较好的抗氧化能力，安全性高，其中一部分已应用于食品生产过程中。

（2）人工合成抗氧化剂　是指通过人工化学合成的具有抗氧化能力的物质，主要包括丁基羟基茴香醚、二丁基羟基甲苯、特丁基对苯二酚等。这一类抗氧化剂生产成本低，抗氧化作用强，在食品加工中必须严格按照 GB 2760—2024 使用标准使用。

2. 按溶解性分类　分为油溶性抗氧化剂和水溶性抗氧化剂两类。

（1）油溶性抗氧化剂　是指能溶于油脂的一类抗氧化剂，主要包括二丁基羟基甲苯（BHT）、丁基羟基茴香醚（BHA）、没食子酸丙酯（PG）、特丁基对苯二酚（TBHQ）、维生素 E 等。油溶性抗氧化剂主要用于油脂和含油脂较高的食品中，避免其中的脂类物质和营养成分在加工或贮藏过程中发生氧化分解或酸败。

（2）水溶性抗氧化剂　是指能溶于水的一类抗氧化剂，主要包括抗坏血酸及其盐类、异抗坏血酸及其盐类、植酸等。水溶性抗氧化剂用于一般食品的抗氧化作用，防止食品氧化变色。

3. 按作用机制分类　分为自由基吸收剂、酶抗氧化剂、氧清除剂、单线态氧淬灭剂、紫外线吸收剂、金属离子螯合剂等。

二、食品的氧化变质

食品的氧化变质存在多种形式，其中食品氧化变质最主要的形式是油脂的自动氧化酸败，此外还包括食品的酶促褐变及维生素的氧化损失等其他氧化变质过程。

（一）油脂的自动氧化酸败

脂肪由脂肪酸和甘油组成，脂肪酸种类繁多，根据饱和度不同主要分为饱和脂肪酸和不饱和脂肪酸两类。常温条件下，含不饱和脂肪酸多的植物脂肪为液态，习惯上称为油；含饱和脂肪酸较多的动物脂肪在同等条件下为固态，习惯上称为脂。通常所说的油脂，既包括植物油，也包括动物脂。

油脂的自动氧化酸败是油脂及含油食品变质的主要原因。油脂和含油食品长时间暴露在空气中会自发地发生氧化反应，氧化产物分解生成低级脂肪酸、醛、酮等小分子有机化合物，并产生恶劣的酸臭气味使其性质和风味改变，这一现象称为油脂的氧化酸败。

油脂的自动氧化酸败是一个复杂的化学变化过程，属于链式反应，遵循自由基反应机制。油脂的自动氧化过程可分为以下 3 个阶段。

1. 第一阶段：自由基形成的诱导阶段

$$RH + O_2 \rightarrow R\cdot + \cdot OH$$
$$RH \rightarrow R\cdot + \cdot H$$

这个阶段主要是产生自由基，即油脂或脂肪酸（RH）在催化剂的作用下，脱去氢（H）生成自由基（R·、·OH、·H），该反应比较缓慢，但如果有光、热、金属离子或水存在时可以加速此过程的发生。油脂在这一阶段刚开始产生自由基，感官品质无明显变化。

2. 第二阶段：链式传递阶段　第一阶段产生的自由基不稳定，遇到氧、油脂等很容易发生反应，产生新的自由基。

$$R\cdot + O_2 \rightarrow ROO\cdot \text{（过氧化自由基）}$$
$$ROO\cdot + RH \rightarrow R\cdot + ROOH \text{（氢过氧化物）}$$

自由基（R·）与氧分子作用生成过氧化自由基（ROO·），过氧化自由基性质活泼，能与其他脂肪分子发生反应，夺取不饱和脂肪酸（RH）的氢（H）生成过氧化物（ROOH），失去氢（H）的不饱和脂肪酸又形成新的自由基（R·），构成了油脂自动氧化的链式反应，不断传递下去，直至油脂中的不饱和脂肪酸全部被氧化成过氧化物（ROOH）。

这一阶段反应速度较快，油脂的感官品质变化明显。由于过氧化自由基较为活泼，可以使油脂中的不饱和键变得更不稳定，甚至发生断裂分解成为醛、酮、羧酸等小分子物质，产生令人不愉快的刺激性气味，即哈喇味。

3. 第三阶段：终止阶段　当自由基与自由基结合生成相对稳定的化合物时，反应结束，这大多数是在油脂氧化酸败以后发生。

$$R\cdot + \cdot R \rightarrow RR$$
$$R\cdot + ROO\cdot \rightarrow ROOR$$
$$ROO\cdot + ROO\cdot \rightarrow ROOR + O_2$$

随着反应的进行，较多的脂肪酸分子转变为过氧化物，过氧化物继续分解产生醛、酮、羧酸等小分子物质，产生令人不愉快的气味。脂肪氧化产生的过氧化物被认为是加速衰老和促进癌症发生的重要因素之一，因此，在食品加工中必须要防止脂肪的自动氧化酸败。

（二）食品的酶促褐变

酶促褐变是食品发生氧化变质的另一形式，主要发生在蔬菜、水果等新鲜植物性食品中。当果蔬发生如削皮、切分、磨浆等机械性损伤时，食品中的酚类物质在氧和氧化酶的作用下生成醌及其聚合物，合成黑色素，因而食品发生褐变。

（三）其他氧化变质形式

食品中的许多维生素很容易受到氧化作用而被破坏，尤其是维生素 C。维生素的氧化损失、类胡萝卜素和花青素等天然色素的氧化褪色均不同程度地降低了食品的品质。

三、食品抗氧化剂的作用机制

食品抗氧化剂的种类较多，抗氧化剂的作用机制也不同，存在较多可能性，归纳起来主要有以下几种。①抗氧化剂释放氢原子与油脂自动氧化产生的过氧化物结合，中断连锁反应，从而防止食品的氧化变质；②抗氧化剂通过还原反应，降低食品体系及周围氧含量，如抗坏血酸和异抗坏血酸能直接消耗食品内部和环境中的氧气，自身被氧化，因而保护食品不被氧化；③抗氧化剂通过抑制氧化酶的活力，使其不能催化酶促氧化反应的进行；④抗氧化剂络合金属离子，减少金属离子的促进氧化作用。

（一）自由基吸收剂

能够吸收油脂氧化产生的自由基，阻断自由基连锁反应。阻断脂质氧化最有效的手段是清除自由基。如果一种物质能够提供氢原子或正电子与自由基发生反应，使自由基转变为非活性或较稳定的化合物，从而中断自由基的氧化反应历程，达到消除氧化反应的目的，该物质即为自由基吸收剂，其作用机制是捕捉活性自由基。

油溶性抗氧化剂能溶于油脂，主要用于防止油脂和含油食品的氧化变质。防止油脂氧化酸败的抗氧化剂，如丁基羟基甲苯（BHT）、丁基羟基茴香醚（BHA）、没食子酸丙酯（PG）、特丁基对苯二酚（TBHQ）和维生素 E 等均属于酚类化合物，是有效的自由基吸收剂。其作用机制主要是能提供氢原子与油脂自动氧化产生的自由基结合，形成相对稳定的产物，终止链式反应的传递。作用机制如下（AH 表示抗氧化剂）：

$$ROO \cdot + AH \rightarrow ROOH + A \cdot$$
$$R \cdot + AH \rightarrow RH + A \cdot$$

抗氧化剂游离基 A· 没有活性，不能引起链式反应的传递，但能参与一些终止反应。如：

$$A \cdot + A \cdot \rightarrow AA$$
$$ROO \cdot + A \cdot \rightarrow ROOA$$

一般情况下，酚类抗氧化剂如 BHT、BHA 等单独使用时抗氧化作用不强，通常配合增效剂（SH）如柠檬酸、磷酸、酒石酸等使用来增强抗氧化作用。增效剂能促进油脂自动氧化反应的微量金属离子生成螯合物，使促进氧化的金属离子钝化，同时其产生的氢原子与抗氧化剂游离基作用，能使抗氧化剂（AH）再生。

$$A \cdot + SH \rightarrow AH + S$$

（二）氧清除剂

在食品中添加适量的抗氧化剂，通过还原作用，消耗食品体系中的氧，起到防止食品的酶促氧化褐变。氧清除剂是通过除去食品中的氧来延缓氧化反应的发生，常用的有抗坏血酸、异抗坏血酸（钠）、抗坏血酸棕榈酸酯以及酚类物质等。抗坏血酸作为氧清除剂时必须处于还原态，其本身被氧化成脱氢抗坏血酸。在含油食品中抗坏血酸棕榈酸酯的溶解度较大，抗氧剂活性更强，在顶部空间有空气存在的罐头和瓶装食品中，抗坏血酸清除氧的活性更强。此外，当抗坏血酸与自由基吸收剂结合使用时，抗氧化效果更好。

（三）酶抗氧化剂

在生物体中，各类自由基将酯类化合物氧化并产生过氧化物。酶抗氧化剂黄质氧化酶可与产生的过氧化物作用生成超氧化物自由基O_2^-·，O_2^-自由基继续被超氧化物歧化酶作用生成过氧化氢，在过氧化氢酶的作用下分解成氧和水，从而起到抗氧化作用。葡萄糖氧化酶、超氧化物歧化酶、谷胱甘肽过氧化物酶等均属于酶类抗氧化剂。

（四）金属离子螯合剂

金属离子是一种良好的助氧化剂，因此，螯合金属离子也成为一种有效的抗氧化手段。在食品加工中，广泛使用的金属离子螯合剂有 EDTA、柠檬酸、植酸、磷酸等，能与金属离子起螯合作用，阻止金属离子的促酯类氧化作用。

两种抗氧化剂混合使用时，其抗氧化效果明显优于单一抗氧化剂，此时功效低的抗氧化剂就成为增效剂，辅助抗氧化剂发挥更强的功效。增效剂中一些是由于与油脂中微量的金属离子形成金属盐，使金属不再具有催化作用；一些是由于与抗氧化剂的自由基作用，而使抗氧化剂再生。

PPT

第二节　常用的食品抗氧化剂

根据溶解性的不同，食品抗氧化剂主要分为油溶性抗氧化剂和水溶性抗氧化剂。

一、油溶性抗氧化剂

油溶性食品抗氧化剂是指能溶于油脂，对油脂和含油食品能起到良好抗氧化作用，防止其氧化酸败的物质，可分为人工合成油溶性抗氧化剂和天然油溶性抗氧化剂两大类。目前，在食品加工中使用的抗氧化剂大多是人工合成的，常用的有丁基羟基甲苯（BHT）、丁基羟基茴香醚（BHA）、没食子酸丙酯（PG）、特丁基对苯二酚（TBHQ）等。天然的油溶性抗氧化剂有维生素 E 混合浓缩物、迷迭香提取物等。

（一）丁基羟基茴香醚（BHA）

丁基羟基茴香醚，又称叔丁基 - 4 - 羟基茴香醚、丁基大茴香醚，简称 BHA。分子式 $C_{11}H_{16}O_2$，相对分子质量180.25，有 2 种同分异构体：3 - 叔丁基 - 4 - 羟基茴香醚（3 - BHA）、2 - 叔丁基 - 4 - 羟基茴香醚（2 - BHA），通常市场上出售的 BHA 是由 3 - BHA（占95%～98%）和 2 - BHA（占2%～5%）组成的混合物。3 - BHA 的抗氧化效果是 2 - BHA 的 1.5～2 倍，两者混合使用有协同效果。

1. 性状　丁基羟基茴香醚为无色至微黄色蜡样结晶粉末，具有特异的酚类臭气和刺激性味道。BHA 不溶于水，可溶于油脂和有机溶剂。BHA 热稳定性好，是目前国际上广泛应用的抗氧化剂之一，也是我国常用的抗氧化剂之一。BHA 在直射光线长期照射下颜色变深，在弱碱性条件下不易被破坏，几乎无吸湿性，不会与金属离子作用而着色，使用方便。缺点是成本较高。

2. 性能　丁基羟基茴香醚对动物脂肪的抗氧化作用较强，对不饱和植物油的抗氧化作用较弱。BHA 的抗氧化作用是由它释放氢原子阻断油脂自动氧化实现的，其用量为0.02%时较用量为0.01%时抗氧化效果增高10%，当用量超过0.02%时，抗氧化效果反而下降。在猪脂中加入0.005%的 BHA，其酸败时间延长 4～5 倍，添加0.01%时可延长 6 倍。BHA 可单独使用，也可与其他抗氧化剂或增效剂复配使用，复配可以大大提高其抗氧化作用。

BHA 除了抗氧化作用外，其分子中具有的酚羟基具有相当强的抗菌作用，浓度为0.015%的 BHA 可抑制金黄色葡萄球菌、蜡状芽孢杆菌、鼠伤寒沙门菌、枯草芽孢杆菌等的生长；浓度为0.028%的 BHA 可阻止寄生曲霉孢子的生长和阻碍黄曲霉毒素的生成。

3. 安全性　BHA 比较安全，大鼠经口 LD_{50} 为 2.2～5 g/kg，ADI 为 0～0.5 mg/kg。

4. 应用　《食品安全国家标准　食品添加剂使用标准》（GB 2760—2024）规定：脂肪、油、乳化脂肪制品（黄油和浓缩黄油除外），熟制坚果与籽类（仅限油炸坚果与籽类），坚果与籽类罐头，油炸面制品，即食谷物包括碾轧燕麦（片），杂粮粉，方便米面制品，饼干，腌腊肉制品类（如咸肉、腊肉、板鸭、中式火腿、腊肠等），风干、烘干、压干等水产品，固体复合调味料（仅限鸡肉粉），膨化食品，最大使用量为 0.2 g/kg（以油脂中的含量计）；胶基糖果，最大使用量为 0.4 g/kg。

在油脂和含油食品中使用时，可以采用直接加入法，即将油脂加热到 60～70 ℃时加入 BHA，充分搅拌，使其充分溶解和分布均匀。用于鱼肉制品时，可以采用浸渍法和拌盐法，浸渍法是将 BHA 预先配成 1% 的乳化液，然后再按比例加入浸渍液中，该方法抗氧化效果较好。

（二）二丁基羟基甲苯（BHT）

二丁基羟基甲苯，又称 2,6 - 二叔丁基对甲酚，简称 BHT。分子式 $C_{15}H_{24}O$，相对分子质量 220.36。

1. 性状　二丁基羟基甲苯为无色晶体或白色结晶粉末，无臭、无味，熔点 69.5～71.5 ℃（纯品为 69.7 ℃），沸点 265 ℃。

2. 性能　二丁基羟基甲苯化学稳定性好，对热稳定，遇金属离子不变色，具有单酚型特征的升华性，加热时有与水蒸气一起挥发的性质。BHT 的抗氧化作用是由其自身发生自动氧化而实现的。BHT 与柠檬酸、抗坏血酸或 BHA 复配使用，能显著提高抗氧化效果。

3. 安全性　BHT 的急性毒性比 BHA 稍大，但无致癌性。大鼠经口 LD_{50} 为 1.7～1.99 g/kg，小鼠经口 LD_{50} 为 1.39 g/kg，ADI 为 0～0.125 mg/kg。

4. 应用　《食品安全国家标准　食品添加剂使用标准》（GB 2760—2024）规定：脂肪、油、乳化脂肪制品（黄油和浓缩黄油除外），熟制坚果与籽类（仅限油炸坚果与籽类），坚果与籽类罐头，油炸面制品，其他杂品（仅限脱水马铃薯制品），即食谷物包括碾轧燕麦（片），方便米面制品，饼干，腌腊肉制品类（如咸肉、腊肉、板鸭、中式火腿、腊肠等），风干、烘干、压干等水产品，膨化食品，最大使用量为 0.2 g/kg（以油脂中的含量计）；基本不含水的脂肪和油，最大使用量为 0.2 g/kg；胶基糖果，最大使用量为 0.4 g/kg。

BHT 应用于动物油脂中比 BHA 有效，随 BHT 浓度增高，油脂的稳定性也提高；BHT 还可加入食品包装材料中起抗氧化作用，用量 0.02%～0.1%。

（三）没食子酸丙酯（PG）

没食子酸丙酯，又称 3,4,5- 三羟苯甲酸酯、五倍子酸丙酯、棓酸丙酯，简称 PG。分子式 $C_{10}H_{12}O_5$，相对分子质量 212.21。

1. 性状　没食子酸丙酯为白色至淡黄褐色结晶状粉末，或乳白色针状结晶，无臭，微有苦味，水溶液无味。熔点 146～150 ℃，沸点 148 ℃，由水或含水乙醇可得带一分子结晶水的盐，在 105 ℃ 失去结晶水变为无水物。PG 微溶于水和油脂，易溶于乙醇等有机溶剂。PG 对热较为稳定，抗氧化效果好，具有吸湿性，对光不稳定，易分解。

2. 性能　没食子酸丙酯易与铜、铁金属离子反生呈色反应，变为紫色或暗绿色，可引起食品的变色。PG 对油脂的抗氧化能力强，与增效剂柠檬酸或与 BHA、BHT 复配使用时抗氧化能力更强。

3. 安全性　PG 毒性相对较高，大鼠经口 LD_{50} 为 3.8 g/kg，在机体内被水解，内聚为葡萄糖醛酸，随尿排出体外。ADI 为 0～0.2 mg/kg。

4. 应用　《食品安全国家标准　食品添加剂使用标准》（GB 2760—2024）规定：脂肪、油、乳化脂肪制品（黄油和浓缩黄油除外），熟制坚果与籽类（仅限油炸坚果与籽类），坚果与籽类罐头，油炸面制品，方便米面制品，饼干，腌腊肉制品类（如咸肉、腊肉、板鸭、中式火腿、腊肠等），风干、烘干、压干等水产品，固体复合调味料（仅限鸡肉粉），膨化食品，最大使用量为 0.1 g/kg（以油脂中的含量计）；基本不含水的脂肪和油，最大使用量为 0.1 g/kg；胶基糖果，最大使用量为 0.4 g/kg。与其他抗氧化剂复配使用时，PG 不得超过 0.05 g/kg（以脂肪总量计）。

因没食子酸丙酯易与铜、铁等金属离子发生呈色反应，所以在使用时应避免使用铜、铁等金属容器。具有螯合作用的柠檬酸、酒石酸与 PG 复配使用，不仅可以起增效作用，而且可以防止金属离子的呈色作用。

（四）特丁基对苯二酚（TBHQ）

特丁基对苯二酚，又称叔丁基对苯二酚，也称叔丁基氢醌，简称 TBHQ。分子式 $C_{10}H_{14}O_2$，相对分子质量 166.22。

1. 性状　特丁基对苯二酚为白色至淡灰色结晶状粉末，有轻微的特殊气味。熔点 126.5 ~ 128.5 ℃，沸点 300 ℃。易溶于乙醇、乙醚、异丙醇等，可溶于油脂，几乎不溶于水（25 ℃，＜1%；95 ℃，5%）。其溶解度随着温度的升高而增大，具有良好的热稳定性，遇铜、铁等金属离子不发生呈色反应，遇光或在碱性条件下可呈粉红色。

2. 性能　特丁基对苯二酚具有较强的抗氧化能力，添加于任何油脂和含油食品均不发生异味和异臭。TBHQ 的结构与 BHA、BHT 相似，但其苯环上的酚羟基更多，因此抗氧化效果优于 BHA、BHT、PG。对于植物油而言，抗氧化能力顺序为：TBHQ > PG > BHT > BHA；对于动物油脂而言，抗氧化能力顺序为：TBHQ > PG > BHA > BHT。TBHQ 还能有效抑制细菌和霉菌的产生，对黄曲霉毒素 B_1 的产生也有明显的抑制作用。

3. 安全性　大鼠经口 LD_{50} 为 0.7 ~ 1 g/kg，ADI 为 0 ~ 0.2 mg/kg。TBHQ 与其他抗氧化剂相比，毒性较低，无致突变性，在 5 g/kg 剂量下对大、小鼠无致癌作用，具有更高的安全性。

4. 应用　《食品安全国家标准　食品添加剂使用标准》（GB 2760—2024）规定：脂肪、油、乳化脂肪制品（黄油和浓缩黄油除外），熟制坚果与籽类，坚果与籽类罐头，油炸面制品，方便米面制品，糕点，饼干，焙烤食品馅料及表面用挂浆，腌腊肉制品类（如咸肉、腊肉、板鸭、中式火腿、腊肠），风干、烘干、压干等水产品，膨化食品，最大使用量为 0.2 g/kg（以油脂中的含量计）。

TBHQ 可与 BHA、BHT 和柠檬酸、维生素 C 合用，但不得与 PG 混合使用，避免在强碱条件下使用。

（五）维生素 E

维生素 E，又称生育酚，是一种重要的生理活性物质，广泛存在于高等动植物体中，其具有防止动植物组织内脂溶性成分氧化变质的功能。作为食品抗氧化剂使用的生育酚混合浓缩物，是目前国际上唯一大量生产的天然抗氧化剂。

1. 性状　生育酚混合浓缩物为黄至褐色透明黏稠状液体，几乎无臭，相对密度 0.932 ~ 0.955。不溶于水，溶于乙醇，可与乙醚、丙酮、油脂自由混合；对热稳定，在无氧条件下，加热至 200 ℃ 也不被破坏；具有耐酸性，但是不耐碱；对氧气十分敏感，在空气中及光照下，会缓慢氧化变黑。

2. 性能　维生素 E 是一种极好的天然油溶性抗氧化剂，可以防止不饱和脂肪酸的氧化。维生素 E 的抗氧化作用机制是维生素 E 能与不饱和脂肪酸竞争脂质过氧化基，通过自身被氧化成生育醌，从而将 ROO· 转变为化学性质不活泼的 ROOH，中断油脂过氧化的连锁反应，有效抑制油脂的过氧化作用。

一般情况下，维生素 E 的抗氧化效果不如 BHT、BHA。其对动物油脂的抗氧化效果比对植物油脂的效果好，这是由于动物油脂中天然存在的生育酚比植物油少。此外，生育酚的耐光、耐紫外线、耐放射性也很强，而 BHT、BHA 则较差，该性质对于利用透明薄膜包装材料包装食品具有重要意义。同时，有研究结果表明，生育酚还有阻止咸肉制品中产生致癌物——亚硝胺的作用。

3. 安全性　大鼠经口 LD_{50} 为 5 g/kg，ADI 为 0.15 ~ 2 mg/kg。美国对生育酚的安全评价认为：毒性非常低；关于高含量服用后血清脂肪增加的说法不一，但不是重要因素；人的双盲试验表明，即使每日服用 3.2 g 的高用量，也不产生副作用；最大摄入量 1 g/d，完全安全，无副作用。

4. 应用　《食品安全国家标准　食品添加剂使用标准》（GB 2760—2024）规定：即食谷物，包括碾轧燕麦（片），最大使用量为 0.085 g/kg；调制乳、熟制坚果与籽类（仅限油炸坚果与籽类）、油炸面制品、方便米面制品、面糊（如用于鱼和禽肉的拖面糊）、裹粉、煎炸粉、果蔬汁（浆）类饮料、蛋白饮料、其他型碳酸饮料、茶、咖啡、植物（类）饮料、蛋白固体饮料、特殊用途饮料、风味饮料、膨化食品，最大使用量为 0.2 g/kg；水油状脂肪乳化制品、脂肪乳化制（黄油和浓缩黄油除外），包括混合的和（或）调味的脂肪乳化制品，最大使用量为 0.5 g/kg；基本不含水的脂肪和油，复合调味料，可按生产需要适量使用。

维生素 E 的抗氧化活性比合成的酚类抗氧化剂相对弱一些，"携带进入"的能力也不太强，一般不会产生异味。维生素 E 对于其他抗氧化剂如 BHA、TBHQ、卵磷脂、抗坏血酸棕榈酸酯等均具有增效作用。

（六）迷迭香提取物

迷迭香，又称艾菊，为唇形花科多年生草本植物，原产于地中海沿岸，迷迭香提取物是从迷迭香的叶和嫩茎中提取出的一种天然抗氧化剂。迷迭香提取物含有多种有效的抗氧化成分，主要包括迷迭香酚、鼠尾草酚、迷迭香双醛、熊果酸和黄酮等化合物。

1. 性状　迷迭香提取物为黄褐色粉末或褐色膏状、液体，有特殊香气，耐热性好，在 200 ℃下稳定，耐紫外线性能良好。与维生素 E 等有相乘效用，抗氧化能力随加入量的增加而提高，但高浓度时可使油脂产生沉淀，使含水食品变色。不溶于水，溶于乙醇、油脂。

2. 性能　迷迭香提取物是油脂和含油食品的天然抗氧化剂，具有安全、高效、耐热、广谱的抗氧化性能。迷迭香提取物还能防止氧对类胡萝卜素等色素的破坏，稳定食品的感官品质。迷迭香提取物的抗氧化机制主要在于其能淬灭单线态氧，清除自由基，切断类脂自动氧化的连锁反应，螯合金属离子以及有机酸的协同增效等。迷迭香酸中还原性的成分如酚羟基、不饱和双键和酸等，单独存在时具有抗氧化作用，组合在一起时具有协同作用。

3. 安全性　小鼠经口 LD_{50} 为 12 g/kg。

4. 应用　《食品安全国家标准　食品添加剂使用标准》（GB 2760—2024）规定：植物蛋白饮料，最大使用量为 0.15 g/kg（以即饮状态计，相应的固体饮料按稀释倍数增加使用量）；动物油脂（包括猪油、牛油、鱼油和其他动物脂肪等），熟制坚果与籽类（仅限油炸坚果与籽类），油炸面制品，预制肉制品，酱卤肉制品类，熏、烧、烤肉类（熏肉、叉烧肉、烤鸭、肉脯等），油炸肉类，西式火腿（熏烤、烟熏、蒸煮火腿）类，肉灌肠类，发酵肉制品类，半固体复合调味料，液体复合调味料，膨化食品，最大使用量为 0.3 g/kg；植物油脂，脂肪含量 80% 以上的乳化制品，脂肪乳化制品（包括混合的和（或）调味的脂肪乳化制品，黄油、浓缩黄油除外），固体复合调味料，最大使用量为 0.7 g/kg。

（七）甘草抗氧化物

甘草抗氧化物，又称甘草抗氧灵，是多种黄酮类和类黄酮物质的混合物，是以甘草为原料，将其根、茎的水提取残留物用乙醇或有机溶剂提取而制得，是一种天然油溶性抗氧化剂。

1. 性状　甘草抗氧化物为褐色或棕褐色粉末，略有甘草气味，熔点 70～90 ℃。不溶于水，可溶于乙醇、乙酸乙酯等溶剂。耐热性好，能从低温到高温（250 ℃）发挥其抗氧化性。

2. 性能　甘草抗氧化物具有较强的清除自由基，尤其是氧自由基的作用，对防止油脂的氧化酸败有良好的抗氧化作用，同时还具有一定的抑菌（大肠埃希菌、金黄色葡萄球菌、枯草芽孢杆菌等）、消炎、解毒、除臭等作用。

3. 安全性　甘草抗氧化物为无毒性物质，安全性高。

4. 应用　《食品安全国家标准　食品添加剂使用标准》（GB 2760—2024）规定：基本不含水的脂肪和油，熟制坚果与籽类（仅限油炸坚果与籽类），油炸面制品，方便米面制品，饼干，腌腊肉制品类（如咸肉、腊肉、板鸭、中式火腿、腊肠），酱卤肉制品类，熏、烧、烤肉类（熏肉、叉烧肉、烤鸭、肉脯等），油炸肉类，西式火腿（熏烤、烟熏、蒸煮火腿）类，肉灌肠类，发酵肉制品类，腌制水产品，膨化食品，最大使用量为 0.2 g/kg（以甘草酸计）。

在实际应用中，可将动、植物油脂预热到 80 ℃，按使用量加入甘草抗氧化物，边搅拌边加热至全部溶解（一般 100 ℃时即可全部溶解），可用于炸制、加工食品。

二、水溶性抗氧化剂

水溶性食品抗氧化剂是指能溶于水，主要用于一般食品的抗氧化作用，防止食品氧化变色的物质，主要通过抑制酶活和消耗氧来达到抑制褐变的作用。常用的水溶性抗氧化剂主要包括抗坏血酸、抗坏血酸及其钠盐、植酸、乙二胺四乙酸二钠、氨基酸类、肽类、香辛料和糖醇类。

（一）抗坏血酸

抗坏血酸，又称维生素 C，分子式 $C_6H_8O_6$，相对分子质量 176.13。抗坏血酸通常是以葡萄糖为原料，经过氢化、发酵氧化等过程制得。

1. 性状　抗坏血酸为白色或微黄色结晶或结晶性粉末，略带酸味，无臭，遇光颜色逐渐变深。易溶于水，微溶于乙醇，不溶于油脂。抗坏血酸干燥状态较为稳定，吸湿性强，其水溶液易受热、光等因素破坏，尤其是在中性和碱性溶液中分解更快，在 pH 3.4～4.5 时较稳定，因此使用时必须注意避免在水及容器中混入金属或与空气接触。

2. 性能　抗坏血酸具有较强的还原性，其作用机制是：自身氧化消耗食品和环境中的氧，使食品的氧化还原电位下降到还原范畴，并减少不良氧化物的产生。抗坏血酸不溶于油脂，对热不稳定，故不用作无水食品的抗氧化剂；若与维生素 E 复配使用，可显著提高维生素 E 的抗氧化性能。

3. 安全性　正常剂量的抗坏血酸对人体无毒性作用，大鼠经口 $LD_{50} \geq 5$ g/kg，ADI 为 0～15 mg/kg。

4. 应用　《食品安全国家标准　食品添加剂使用标准》（GB 2760—2024）规定：小麦粉，最大使用量为 0.2 g/kg；果蔬汁（浆），最大使用量为 1.5 g/kg（以即饮状态计，相应的固体饮料按稀释倍数增加使用量）；去皮或预切的鲜水果，去皮、切块或切丝的蔬菜，最大使用量为 5.0 g/kg；各类食品（GB 2760—2024 表 A.2 中编号为 1～5，10～62，68 的食品除外），可按生产需要适量使用。

（二）D－异抗坏血酸及其钠盐

D－异抗坏血酸，又称异维生素 C，是抗坏血酸的异构体，分子式 $C_6H_8O_6$，相对分子质量 176.13。D－异抗坏血酸钠，又称异维生素 C 钠、赤藓糖酸钠、阿拉伯糖型维生素 C 钠，是抗坏血酸钠的异构体，分子式 $C_6H_7NaO_6H_2O$，相对分子质量 216.12。

1. 性状　D－异抗坏血酸及其钠盐均为白色至浅黄色结晶或晶体粉末，无臭，干燥状态下在空气中稳定，其水溶液遇空气、微量金属、热和光易变质。

异抗坏血酸略带酸味，易溶于水（溶解度为 40 g/100 mL），1% 水溶液 pH 为 2.8；溶于乙醇（溶解度为 5 g/100 mL），微溶于甘油，不溶于苯和乙醚，耐热性差，还原性强。

异抗坏血酸钠略带咸味，易溶于水（溶解度为 55 g/100 mL），1% 水溶液 pH 为 7.4，几乎不溶于乙醇。

2. 性能　异抗坏血酸抗氧化性能优于抗坏血酸，价格便宜，在肉制品中 D－异抗坏血酸与亚硝酸盐配合使用，既可以防止肉氧化变色，又可以提高肉制品的发色效果，还能加强亚硝酸盐抗肉毒杆菌的能力，减少亚硝胺的生成。异抗坏血酸钠的抗氧化性能与异抗坏血酸相同。

3. 安全性　异抗坏血酸：大鼠经口 LD_{50} 为 18 g/kg，ADI 为 0～5 mg/kg。异抗坏血酸钠：大鼠经口 LD_{50} 为 15 g/kg，ADI 无限制性规定。

4. 应用　《食品安全国家标准　食品添加剂使用标准》（GB 2760—2024）规定：葡萄酒，最大使用量为 0.15 g/kg（以抗坏血酸计）；各类食品（GB 2760—2024 表 A.2 中编号为 1 ~ 5，10 ~ 62，68 的食品除外），可按生产需要适量使用。

（三）茶多酚（TP）

茶多酚，又称维多酚，是茶叶中特有的多酚类化合物的总称，主要包括儿茶素（表没食子儿茶素、表没食子儿茶素没食子酸酯、表儿茶素没食子酸酯以及表儿茶素）、黄酮、花青素、酚酸等化合物，其中儿茶素的数量最多，占茶多酚总量的 60% ~ 80%。

1. 性状　茶多酚为白色、浅黄色或浅绿色的粉末，略带茶香，有涩味；易溶于水、乙醇、乙酸乙酯、丙酮、冰醋酸等溶剂，难溶于苯、三氯甲烷和石油醚；在酸性和中性条件下稳定，最适宜 pH 范围为 4 ~ 8。对热稳定，水溶液在 pH 2 ~ 7 范围内稳定，在碱性条件下易氧化褐变。

2. 性能　茶多酚能清除有害自由基，阻断脂质过氧化过程。茶多酚与柠檬酸、苹果酸、酒石酸有良好的协同效应，与柠檬酸的协同效应最好，与抗坏血酸、生育酚也有很好的协同效应。茶多酚除了具有抗氧化能力外，还可防止食品褪色，并且能杀菌消炎、强心降压，还具有与维生素 P 类似的作用，能增强人体血管的抗压能力。茶多酚对促进人体维生素 C 的积累也有积极作用，对尼古丁、吗啡等有害生物碱具有解毒作用。

3. 安全性　茶多酚无毒，对人体无害。

4. 应用　《食品安全国家标准　食品添加剂使用标准》（GB 2760—2024）规定：复合调味料、植物蛋白饮料，最大使用量为 0.1 g/kg（以儿茶素计）；熟制坚果与籽类（仅限油炸坚果与籽类）、油炸面制品、即食谷物包括碾轧燕麦（片）、方便米面制品、膨化食品，最大使用量为 0.2 g/kg（以油脂中儿茶素计）；酱卤肉制品类，熏、烧、烤肉类（熏肉、叉烧肉、烤鸭、肉脯等），油炸肉类，西式火腿（熏烤、烟熏、蒸煮火腿）类，肉灌肠类，发酵肉制品类，预制水产品（半成品），熟制水产品（可直接食用），水产品罐头，最大使用量为 0.3 g/kg（以油脂中儿茶素计）；基本不含水的脂肪和油、糕点、焙烤食品馅料及表面用挂浆（仅限含油脂馅料）、腌腊肉制品类（如咸肉、腊肉、板鸭、中式火腿、腊肠等），最大使用量为 0.4 g/kg（以油脂中儿茶素计）；果酱、水果调味糖浆，最大使用量为 0.5 g/kg（以儿茶素计）；蛋白固体饮料，最大使用量为 0.8 g/kg（以儿茶素计）。

使用茶多酚时，先将其溶于乙醇，加入一定量的柠檬酸配置成溶液，然后以喷涂或添加的形式用于食品。

（四）植酸（PA）

植酸，又称肌醇六磷酸，简称 PA。分子式 $C_6H_{18}O_{24}P_6$，相对分子质量 660.08。植酸是从米糠、麦麸等谷类和油料种子的饼粕中分离浓缩出来的含磷有机酸，是一种安全性较高的天然水溶性食品抗氧化剂。

1. 性状　植酸为浅黄至浅褐色糖浆状液体，无臭，带有强酸味，加热及酸性条件下可加水分解，生成肌醇和磷脂。易溶于水、95% 乙醇和丙酮，微溶于无水乙醇，几乎不溶于无水乙醚、己烷和三氯甲烷，对热较稳定。100 ℃ 以上色泽加深，120 ℃ 以下短时间稳定，浓度越高越稳定。植酸在碱性条件下稳定，遇钙、镁等成盐并沉淀，遇蛋白质发生沉淀，其水溶液在不同浓度时 pH 不同，具有调节 pH 及缓冲作用。

2. 性能　植酸可以延缓含油食品的酸败，可以防止水产品的变色、变黑，可以清除饮料中的铜、铁、钙、镁等离子，延长鱼、肉、速煮面、蛋糕、面包、色拉等的储藏期。植酸有较强的抗氧化作用，能抑制果蔬中的多酚氧化酶，有效减少酶促氧化褐变，当花生四烯酸中加入植酸钠盐时几乎可完全抑制脂质过氧化，富含植酸的食物自动氧化敏感性亦可降低。

3. 安全性　小鼠经口 LD_{50} 为 4.192 g/kg。

4. 应用　《食品安全国家标准　食品添加剂使用标准》（GB 2760—2024）规定：基本不含水的脂肪和油，加工水果，加工蔬菜（冷冻蔬菜和发酵蔬菜制品除外），装饰糖果（如工艺造型，或用于蛋糕装饰）、顶饰（非水果材料）和甜汁，腌腊肉制品类（如咸肉、腊肉、板鸭、中式火腿、腊肠），酱卤肉制品类，熏、烧、烤肉类（熏肉、叉烧肉、烤鸭、肉脯等），油炸肉类，西式火腿（熏烤、烟熏、蒸煮火腿）类，肉灌肠类，发酵肉制品类，调味糖浆，果蔬汁（浆）类饮料，最大使用量为 0.2 g/kg（以植酸计，固体饮料按稀释倍数增加使用量）；鲜水产（仅限虾类），按生产需要适量使用（以植酸计，残留量≤20 mg/kg）。

（五）乙二胺四乙酸二钠

乙二胺四乙酸二钠（EDTA－2Na），分子式 $C_{10}H_{14}N_2NaO_3 \cdot 2H_2O$。

1. 性状　乙二胺四乙酸二钠为白色结晶颗粒或粉末，无臭、无味。易溶于水，难溶于乙醇。

2. 性能　乙二胺四乙酸二钠能螯合溶液中的金属离子，是一种重要的螯合剂，可以防止由金属离子引起的食品氧化变质，从而保持食品的色、香、味。

3. 安全性　ADI 为 0～2.5 mg/kg。

4. 应用　《食品安全国家标准　食品添加剂使用标准》（GB 2760—2024）规定：饮料类（包装饮用水、果蔬汁/浆、浓缩果蔬汁/浆除外），最大使用量为 0.03 g/kg（以即饮状态计，相应的固体饮料按稀释倍数增加使用量）；果酱、蔬菜泥/酱（番茄沙司除外），最大使用量为 0.07 g/kg；复合调味料，最大使用量为 0.075 g/kg；腌渍的食用菌和藻类，最大使用量为 0.2 g/kg；果脯类（仅限地瓜果脯）、腌渍的蔬菜、蔬菜罐头、坚果与籽类罐头、杂粮罐头，最大使用量为 0.25 g/kg。

对于虾、蟹等水产罐头，添加乙二胺四乙酸二钠可以防止玻璃样结晶——鸟粪石的析出，从而保证加工食品的质量。

第三节　食品抗氧化剂的使用注意事项

PPT

在食品中使用抗氧化剂可抑制或延缓氧化，保证食品感官品质。如果使用不当，难以达到抗氧化效果，因此在选择和使用食品抗氧化剂时必须进行综合分析。

一、充分了解食品抗氧化剂的性能

由于各种食品抗氧化剂有其特殊的化学结构和理化性质，各种食品也有不同的特性，不同的抗氧化剂对食品的抗氧化效果不同，当我们确定在生产某种食品时需要添加食品抗氧化剂以防止某食品氧化变质时，应该充分了解各种食品抗氧化剂的性能，通过试验选择出最适宜的抗氧化剂品种。

二、正确掌握食品抗氧化剂的添加时机

食品抗氧化剂只能阻碍氧化作用，延缓食品开始氧化变质的时间，对已经变质的食品不能产生抗氧化作用。如果食品已经开始氧化变质，再添加食品抗氧化剂则基本无效，这一点对油脂而言尤为重要。

油脂的氧化酸败是一种自发的链式反应，在链式反应的诱发期之前添加抗氧化剂，即能阻断过氧化物的产生，切断反应链，发挥抗氧化剂的作用，达到阻止氧化的目的。反之，当氧化反应已经开始，自由基的链式传导已很难终止，即使添加较多量的抗氧化剂，也不能有效阻断油脂的氧化链式反应，而且

可能发生相反的作用。因为抗氧化剂本身极易被氧化，被氧化了的抗氧化剂反而可能促进油脂的氧化。

果蔬加工过程中，在褐变反应发生之前使用抗氧化剂进行护色处理，能较好地保持果蔬产品的色泽。

因此，应当在食品处于新鲜状态和未发生氧化变质前使用食品抗氧化剂，才能充分发挥其抗氧化作用。

三、选择合适的添加量

食品抗氧化剂的使用应在适宜浓度范围内，虽然抗氧化剂浓度较大时，抗氧化效果较好，但它们之间不成正比。由于抗氧化剂的溶解度、毒性等问题，油溶性食品抗氧化剂的使用浓度一般不超过0.02%，浓度过大会造成使用困难，同时还会引起不良作用；水溶性食品抗氧化剂的使用浓度相对较高，但一般不超过0.1%。

四、食品抗氧化剂的复配及增效剂的合理使用

由于食品的成分比较复杂，有时使用单一的抗氧化剂很难达到最佳的抗氧化效果，通常是将2种或2种以上的抗氧化剂复配使用，或者是抗氧化剂与柠檬酸、抗坏血酸等增效剂复配使用，可大大增加抗氧化效果。

在使用酚类抗氧化剂时，若同时添加某些酸性物质，能够显著提高抗氧化剂的作用效果，这些酸性物质称为增效剂，如柠檬酸、维生素C等，因为这些酸性物质对金属离子有螯合作用，能够钝化促进油脂氧化的金属离子，从而降低了氧化作用。也有一种理论认为，酸性增效剂能够与抗氧化剂产物基团（A）发生作用，使抗氧化剂再生。对于一般酚型抗氧化剂，可以使用抗氧化剂用量 1/4 ~ 1/2 的柠檬酸、抗坏血酸或其他有机酸作为增效剂。

在实际使用中，如果抗氧化剂能与食品稳定剂同时使用能获得良好的效果。含脂率低的食品使用油溶性抗氧化剂时，配合使用必要的乳化剂，也是发挥其抗氧化作用的一种措施。

五、分布均匀

抗氧化剂在食品中的使用量一般很少，为有效地发挥其作用，必须将其均匀地分散在食品中。水溶性抗氧化剂的溶解度较大，在水基食品中一般分布较均匀。油溶性抗氧化剂在油脂中的溶解度较小，需要将其溶解在有机溶剂中，搅拌均匀后再加到油基食品中，最常用的溶剂是乙醇、丙二醇、甘油等。当油溶性抗氧化剂复配使用时，需要特别注意抗氧化剂的溶解特性，例如将 BHA、PG、柠檬酸复配使用，前两者可溶于油脂，但柠檬酸难溶于油脂，三者都可溶于丙二醇，因此可选丙二醇作溶剂。

六、控制影响抗氧化剂效果的因素

要充分发挥食品抗氧化剂的作用，需对影响其效果的各种因素加以控制，这些因素主要有光、热、氧、金属离子及抗氧化剂在食品中的分散性。

紫外光、热能会促进抗氧化剂分解、挥发而失效。一般随温度上升，油脂氧化速度加快，温度每上升10 ℃，氧化速度增加10倍。因此，添加抗氧化剂时必须注意避光及加热。

氧气是导致食品氧化变质的最主要因素，也是导致抗氧化剂失效的主要因素。在食品内部或食品周围氧气浓度大，会使抗氧化剂迅速氧化而失去作用。因此，在使用抗氧化剂时，应采取充氮或真空密封包装，以降低氧的浓度和隔绝环境中的氧，使抗氧化剂更好地发挥作用。

铜、铁等金属离子是促进氧化的催化剂，它们的存在会使抗氧化剂发生氧化而失去作用。某些油溶性抗氧化剂如 BHA、BHT、PG 等遇到金属离子，特别是在高温下，颜色会变深。因此，在添加抗氧化剂时，应尽量避免这些金属离子混入食品，或同时使用螯合金属离子的增效剂。

知识链接

果蔬中的天然抗氧化剂

人们日常食用的各种水果和蔬菜中含有各种天然抗氧化物质，如 α - 生育酚、抗坏血酸、β - 胡萝卜素、类胡萝卜素、番茄红素以及类黄酮、花青素、绿原酸等多种酚类物质。

原花青素具有极强的抗氧化活性，是一种很好的氧游离基清除剂和脂质过氧化抑制剂。如葡萄籽原花青素可抑制 Fe 催化的卵磷脂质体（PLC）的过氧化，其作用明显强于儿茶素。

番茄红素具有独特的长链分子结构，能够淬灭单线态氧或捕捉过氧化自由基，一个番茄红素分子可以清除数千个单线态氧，具有强有力的消除自由基能力和较高的抗氧化能力。

肽和氨基酸具有抗氧化作用。一些生物碱、愈创酸和某些微生物的代谢产物也都具有一定的抗氧化作用。

 实训 4 食品抗氧化剂在果蔬片中的应用

一、实训目的

通过食品抗氧化剂的使用，掌握防止鲜切果蔬片褐变的方法。

二、实训原理

抗坏血酸具有较强的还原性能，自身氧化消耗食品和环境中的氧，使食品中的氧化还原电位下降到还原范畴，并且减少不良氧化物的产生。

三、设备与材料

1. 设备　水果刀、50 mL 容量瓶、100 mL 烧杯、玻璃棒、50 mL 量筒。
2. 材料　食盐、维生素 C、马铃薯、梨。

四、实训步骤

1. 挑选无腐烂、无病虫害的马铃薯和梨进行清洗，马铃薯和梨去皮、切片（厚度约为 1 cm）。

2. 保鲜液配置：2% 的食盐和 2% 的维生素 C 溶液按 1∶1 的比例制成混合保鲜液（一般各取 30 mL）。

3. 将鲜切马铃薯片平均分为 2 份，一份浸入保鲜液中浸泡 2 分钟，取出晾干，作为实验组；另一份不处理，作为对照组。

4. 将鲜切梨片平均分为 2 份，一份浸入保鲜液中浸泡 2 分钟，取出晾干，作为实验组；另一份不处理，作为对照组。

5. 待鲜切果蔬片表面无水珠时，用包装袋封口包装并贮藏。

6. 静置 10 ~ 30 分钟后，观察实验组和对照组果蔬片颜色的变化，并对实验结果进行分析。

五、实验记录

鲜切果蔬片抗氧化保鲜结果

样品	颜色变化	
	实验组	对照组
马铃薯		
梨		

六、思考题

1. 试述果蔬片进行抗氧化保鲜的意义。
2. 保鲜液中加入食盐和维生素 C 的作用是什么？
3. 试述果蔬片抗氧化作用机制。

实训 5 食品抗氧化剂在油脂中的应用

一、实训目的

通过测定添加食品抗氧化剂和未添加食品抗氧化剂油脂中的过氧化值，掌握食品抗氧剂在防止油脂氧化酸败过程中的作用。

二、实训原理

油溶性食品抗氧化剂特丁基对苯二酚（TBHQ）具有良好的热稳定性，对大多数油脂均有防止氧化酸败的作用，特别是植物油。油溶性食品抗氧化剂能够提供氢原子与油脂自动氧化产生的自由基结合，形成相对稳定的结构，终止油脂自动氧化链式反应的传递。若配合增效剂柠檬酸使用，能有效提高油溶性食品抗氧化剂的抗氧化效果。

制备的油脂试样在三氯甲烷和冰乙酸中溶解，其中的过氧化物与碘化钾反应生成碘，用硫代硫酸钠标准溶液滴定析出的碘。用过氧化物相当于碘的质量分数或 1 kg 样品中活性氧的毫摩尔数表示过氧化值的量。

三、设备与材料

1. 设备 250 mL 碘量瓶、滴定管、电子天平、电热恒温干燥箱、棕色瓶。

2. 材料 植物油、冰乙酸（CH_3COOH）、三氯甲烷（$CHCl_3$）、0.01 mol/L 硫代硫酸钠标准溶液、可溶性淀粉、碘化钾（KI）、特丁基对苯二酚（TBHQ）、柠檬酸。

四、实训步骤

1. 试剂配制

（1）三氯甲烷－冰乙酸混合液（体积比为 2 : 3） 准确量取 40 mL 三氯甲烷，加入 60 mL 冰乙酸，充分混匀。

（2）碘化钾饱和溶液　称取20 g碘化钾，加入10 mL新煮沸冷却的水，摇匀后贮于棕色瓶中，避光保存。

（3）1%淀粉指示剂　称取0.5 g可溶性淀粉，加入少量水调成糊状，边搅拌边倒入50 mL沸水，再煮沸搅匀后，放冷备用，现配现用。

2. 待测油样的制备　以植物油为样品做三组平行试验（每组平行试验取两份植物油样品），每组试验中每份植物油为20 g。第一组植物油样品中每份添加0.01%特丁基对苯二酚；第二组植物油样品中每份添加0.01%特丁基对苯二酚和0.005%柠檬酸；第三组植物油样品中均不添加任何食品抗氧化剂或增效剂，作为对照组。添加抗氧化剂时注意需将各组植物油样品加热至60 ℃左右，再加入特丁基对苯二酚充分搅拌均匀。待测植物油样品混合均匀后，分别称取2 g测定其过氧化值，剩余待测植物油样品放入（63 ±1）℃烘箱中，每日取样一次，每次分别从三组植物油待测样品中每份称取2 g，测定其过氧化值。样品制备过程应避免强光，并尽可能避免带入空气。

3. 过氧化值的测定　称取待测植物油样品2 g（精确至0.001 g）置于干燥的250 mL碘量瓶中，加入30 mL三氯甲烷 – 冰乙酸混合液，轻轻振摇使试样完全溶解。准确加入碘化钾饱和溶液1 mL，轻轻振摇0.5分钟，在暗处静置3分钟。取出加入蒸馏水100 mL，摇匀后立即用0.01 mol/L硫代硫酸钠标准溶液滴定析出的碘，滴定至淡黄色时，加入1%淀粉指示剂1 mL，继续滴定并强烈振摇至溶液蓝色消失为滴定终点。在相同条件下做一空白试验。空白试验所消耗0.01 mol/L硫代硫酸钠标准溶液体积不得超过0.1 mL。

五、数据处理

过氧化值的计算：

$$Y = \frac{(V - V_0) \times c \times 0.1296}{m} \times 100$$

式中，Y 为过氧化值，g/100 g；V 为样品滴定时消耗硫代硫酸钠标准溶液体积，mL；V_0 为空白滴定时消耗硫代硫酸钠标准溶液体积，mL；c 为硫代硫酸钠标准溶液的浓度，mol/L；m 为植物油样品的质量，g；0.1296为与1.00 mL硫代硫酸钠标准滴定溶液 $[c(Na_2S_2O_3) = 1.000 \text{ mol/L}]$ 相当的碘的质量；100为换算系数。

计算结果以重复性条件下获得的两次独立测定结果的算术平均值表示，结果保留两位有效数字。

六、思考题

1. 如果单独使用抗氧化剂增效剂如柠檬酸钠，是否对油脂也可取得抗氧化效果？
2. 列举几种防止油脂和含油食品发生氧化的方法。
3. 试述食品抗氧化剂在油脂中的作用机制。

实训6　几种食品抗氧化剂的抗氧化性能对比

一、实训目的

通过在植物油中分别添加几种不同的食品抗氧化剂后，测定添加了不同食品抗氧化剂的油脂中的过氧化值，对几种食品抗氧化剂的抗氧化性能进行对比和评价，掌握抗氧化剂在防止油脂氧化过程中的作用。

二、实训原理

常用的油溶性食品抗氧化剂主要有丁基羟基茴香醚（BHA）、二丁基羟基甲苯（BHT）、没食子酸丙酯（PG）和茶多酚，它们对大多数油脂均有防止氧化酸败的作用。油溶性食品抗氧化剂能够提供氢原子与油脂自动氧化产生的自由基结合，形成相对稳定的结构，终止油脂自动氧化链式反应的传递。若配合增效剂柠檬酸使用，能有效提高油溶性食品抗氧化剂的抗氧化效果。

待测试样在三氯甲烷和冰乙酸中溶解，其中的过氧化物与碘化钾反应生成碘，用硫代硫酸钠标准溶液滴定析出的碘。用过氧化物相当于碘的质量分数或 1 kg 样品中活性氧的毫摩尔数表示过氧化值的量。通过过氧化值的大小来对几种食品抗氧化剂的抗氧化性能作为评价。

三、设备与材料

1. 设备　250 mL 碘量瓶、滴定管、电子天平、电热恒温干燥箱、棕色瓶。

2. 材料　玉米油、冰乙酸（CH_3COOH）、三氯甲烷（$CHCl_3$）、0.01 mol/L 硫代硫酸钠标准溶液、可溶性淀粉、碘化钾（KI）、丁基羟基茴香醚（BHA）、二丁基羟基甲苯（BHT）、没食子酸丙酯（PG）、茶多酚。

四、实训步骤

1. 试剂配制

（1）三氯甲烷–冰乙酸混合液（体积比为 2∶3）　准确量取 40 mL 三氯甲烷，加入 60 mL 冰乙酸，充分混匀。

（2）碘化钾饱和溶液　称取 20 g 碘化钾，加入 10 mL 新煮沸冷却的水，摇匀后贮于棕色瓶中，避光保存。

（3）1% 淀粉指示剂　称取 0.5 g 可溶性淀粉，加入少量水调成糊状，边搅拌边倒入 50 mL 沸水，再煮沸搅匀后，放冷备用，现配现用。

2. 待测试样的制备　以玉米油为样品做五组平行试验（每组平行试验取两份玉米油样品），每组试验中每份玉米油为 20 g。第一组玉米油样品中每份添加 0.02% 的丁基羟基茴香醚（BHA）；第二组玉米油样品中每份添加 0.02% 的二丁基羟基甲苯（BHT）；第三组玉米油样品中每份添加 0.02% 的没食子酸丙酯（PG）；第四组玉米油样品中每份添加 0.04% 的茶多酚；第五组玉米油样品中均不添加任何食品抗氧化剂或增效剂，作为对照组。添加抗氧化剂时注意需将各组玉米油样品轻微加热，再加入相应的食品抗氧化剂充分搅拌均匀。待测玉米油样品混合均匀后，分别称取 2 g 测定其过氧化值，剩余待测玉米油样品放入（63 ±1）℃烘箱中，5 日后取样，分别从四组玉米油待测样品中每份各称取 2 g，测定其过氧化值，比较抗氧化效果并记录试验结果。样品制备过程应避免强光，并尽可能避免带入空气。

3. 过氧化值的测定　称取待测玉米油样品 2 g（精确至 0.001 g）置于干燥的 250 mL 碘量瓶中，加入 30 mL 三氯甲烷–冰乙酸混合液，轻轻振摇使试样完全溶解。准确加入碘化钾饱和溶液 1 mL，轻轻振摇 0.5 分钟，在暗处静置 3 分钟。取出加入蒸馏水 100 mL，摇匀后立即用 0.01 mol/L 硫代硫酸钠标准溶液滴定析出的碘，滴定至淡黄色时，加入 1% 淀粉指示剂 1 mL，继续滴定并强烈振摇至溶液蓝色消失为滴定终点。在相同条件下做一空白试验。

五、数据处理

过氧化值的计算：

$$Y = \frac{(V - V_0) \times c \times 0.1296}{m} \times 100\%$$

式中，Y 为过氧化值，%；V 为样品滴定时消耗硫代硫酸钠标准溶液体积，mL；V_0 为空白滴定时消耗硫代硫酸钠标准溶液体积，mL；c 为硫代硫酸钠标准溶液的浓度，mol/L；m 为玉米油样品的质量，g；0.1296 为与 1.00 mL 硫代硫酸钠标准滴定溶液 $[c(Na_2S_2O_3)=1.000\ mol/L]$ 相当的碘的质量。

计算结果以重复性条件下获得的两次独立测定结果的算术平均值表示，结果保留两位有效数字。

六、思考题

1. 对食品抗氧化剂丁基羟基茴香醚（BHA）、二丁基羟基甲苯（BHT）、没食子酸丙酯（PG）、茶多酚在玉米油中的抗氧化性能进行比较、分析。

2. 试述几种油溶性食品抗氧化剂在油脂和含油食品中的抗氧化作用机制。

答案解析

一、单项选择题

1. 氧化变质主要发生在（ ）。
   A. 高蛋白质食品 　　　　　　　　　B. 含碳水化合物的食品
   C. 油脂或含油脂的食品 　　　　　　D. 含水食品

2. 下列物质中抗氧化性能最强的是（ ）。
   A. BHA 　　　　　B. BHT 　　　　　C. PG 　　　　　D. TBHQ

3. 从溶解度方面考虑，区别于其他三个的物质为（ ）。
   A. L-抗坏血酸 　　B. 茶多酚 　　　C. PG 　　　　　D. 植酸

4. 属于水溶性抗氧化剂的为（ ）。
   A. BHA 　　　　　B. 异抗坏血酸 　C. BHT 　　　　D. 生育酚

5. 既有抗氧化作用，又具有营养强化功能的添加剂为（ ）。
   A. 生育酚 　　　　B. TBHQ 　　　　C. PG 　　　　　D. 植酸

6. 按照我国的食品添加剂编码系统，抗氧化剂的分类号是（ ）。
   A. 01 　　　　　　B. 04 　　　　　C. 16 　　　　　D. 17

7. 常用作抗氧化剂增效剂的有（ ）。
   A. 柠檬酸 　　　　B. 硫酸 　　　　C. 乙酸 　　　　D. 盐酸

8. 属于水溶性抗氧化剂的为（ ）。
   A. BHA 　　　　　B. 异抗坏血酸 　C. BHT 　　　　D. 生育酚

二、简答题

简述食品抗氧化剂的作用机制。

书网融合······

本章小结

微课

题库

第四章

食品着色剂

 学习目标

《知识目标》

1. **掌握** 食品着色剂的主要性状、特点及使用注意事项。
2. **熟悉** 食品着色剂的分类及发色机制。
3. **了解** 食品着色剂的使用建议。

《能力目标》

具有分辨食品成分中合成着色剂和天然着色剂的能力。

《素质目标》

培养热爱科学、实事求是的精神和良好的职业道德。

情境导入

情境 在超市的货架上，各种颜色的食品琳琅满目，吸引着消费者的目光。鲜艳的糖果、诱人的糕点、多彩的饮料，无一不展示着食品着色剂的魅力。

问题 1. 是什么物质让食品呈现鲜艳的颜色？

2. 这些物质有哪些优缺点？

第一节 食品着色剂概述

PPT

　　色泽是衡量食品品质的重要指标之一，色泽优良与否不仅影响食品的感官质量，而且还会影响人们的食欲。大自然赋予各种食物丰富、美丽的颜色，但是这些食物经过加工处理后，由于受到光、热、氧和其他因素的影响，经常会发生褪色甚至变色的情况，严重影响食品的感官质量。为了改善食品的色泽，往往需要在食品加工过程中添加一定量的食品着色剂。

一、着色剂的发色机制 微课

　　自然光是由不同波长的电磁波组成的，包括肉眼可见的可见光以及肉眼看不见的紫外光、红外光等。波长在 400~800 nm 范围的为可见光，不同波长的可见光显示不同的颜色。物体能形成一定的颜色，主要是由于其内部的色素分子吸收了自然光中部分波长的光，它呈现出来的颜色是由反射或透过的未被吸收的光所组成的综合色，将其称为被吸收光波组成颜色的互补色。如果物体吸收了绝大部分可见光，那么物体反射的可见光非常少，就呈现出黑色或接近黑色；如果物体吸收的只是不可见的光波，那么物体反射的是全部可见光的综合色即白色；如果物体只选择性的吸收部分可见光，那么物体所呈现的颜色就是这部分被吸收可见光的互补色，如某种物质选择性吸收紫色光，那它呈现的颜色就是其互补色绿色。不同波长的光与颜色的关系见表4-1。

表4-1 不同波长的光与颜色的关系

吸收光		互补色	吸收光		互补色
波长（nm）	对应颜色		波长（nm）	对应颜色	
400	紫	黄绿	530	黄绿	紫
425	青蓝	黄	550	黄	青蓝
450	青	橙黄	590	橙黄	青
490	青绿	红	640	红	青绿
510	绿	紫	730	红紫	蓝绿

着色剂一般为有机化合物，构成有机化合物的各原子之间主要以共价键连接。根据分子轨道理论，构成有机物的两个原子的原子轨道结合，线性组合成分子轨道。其中一个具有较低能级的称为成键轨道，另一个具有较高能级的称为反键轨道。成键轨道用 σ 和 π 表示，反键轨道用 σ^* 和 π^* 表示，处在相应轨道上的电子称作 σ 电子和 π 电子，此外还有未成键的孤对电子，称为 n 电子。通常情况下，电子是填充在较低能级的成键轨道上，当分子吸收能量后可以激发到较高能级的反键轨道上。

根据电子跃迁理论，当有机化合物吸收光能时，低能级电子吸收光子的能量，从轨道能级较低的基态跃迁到轨道能级较高的激发态。有机化合物的电子跃迁主要有：$\sigma \rightarrow \sigma^*$、$\pi \rightarrow \pi^*$、$n \rightarrow \sigma^*$、$n \rightarrow \pi^*$ 四种类型。产生电子跃迁的类型与电子本身所处的轨道以及吸收的激发光能量的大小有关。

$\sigma \rightarrow \sigma^*$ 跃迁主要发生在—CH_2—CH_2—之间的 σ 轨道上，当受到光照激发后，电子由成键轨道跃迁到反键轨道上，即发生 $\sigma \rightarrow \sigma^*$ 跃迁。σ 与 σ^* 之间的能级差最大，相应的激发光波长在 150~160 nm，落在远紫外区，所以不显色，如乙烷是无色的。

$\pi \rightarrow \pi^*$ 跃迁主要发生在有机化合物不饱和双键—CH＝CH—中，不饱和双键的 π 电子吸收能量跃迁到 π^* 反键轨道。孤立双键跃迁产生的吸收波长位于 160~180 nm，仍在远紫外区，也不显色，如乙烯是无色的。

$n \rightarrow \pi^*$ 跃迁主要发生在含不饱和键的杂原子上。其跃迁能级差最小，跃迁吸收波长在 270~300 nm 的近紫外区。

凡是使有机化合物分子在紫外和可见光区域内具有吸收峰的基团，称为生色团或生色基。常见的生色团有：

$$\hspace{-0.3cm}>C=C<、\ >C=O、\ >C=S、\ -\overset{\overset{\displaystyle O}{\|}}{C}-H、\ -\overset{\overset{\displaystyle O}{\|}}{C}-OH、\ -N=N-、\ -N=O、\ -\overset{\displaystyle O}{\underset{\displaystyle O}{N}}。$$

这些基团都含有不饱和双键，受到激发后，都能发生 $\pi \rightarrow \pi^*$ 和 $n \rightarrow \pi^*$ 跃迁。

有机化合物分子如果含有一个生色团，其吸收波长一般在 200~400 nm。随着生色团双键数目的增加，生色团共轭形成大 π 键（或称共轭体系），则引起电子跃迁的能量显著降低，吸收波长迁移，当进入可见光区域时，便呈现出一定的颜色。

凡是本身不产生颜色，但与共轭体系或生色团相连时，能使共轭体系或生色团的吸收波长向长波方向移动的基团称为助色基。常见的助色基有—OH、—OR、—NH_2、—NHR、—NR_2、—SH、—OR 等。这些助色基都含有未共用的电子对，当与共轭体系或生色团相连时，n 电子轨道上的未共用电子对与共轭体系或生色团共轭，使吸收波长向长波方向移动。一般情况下，引入助色基使吸收波长移动的范围如下：—NH_2，40~95 nm；—OR，17~50 nm；—OR，2~3 nm。

着色剂化合物分子结构中都含有生色团和助色基，研究清楚它们的结构和性质，对不同着色剂使用和管理有重要的作用。

二、食品着色剂的概念与应用

（一）食品着色剂的概念与分类

着色剂又称食用色素，是指使食品赋予色泽和改善食品色泽的物质。食品的色泽是人们对于食品食用前的第一个感性接触，在食品的色、香、味、形等感官特性中，颜色是最先刺激人的感觉。因此色泽是人们辨别食品优劣，对其作出初步判别的基础，也是食品质量的一个重要指标。一般新鲜食品具有与自然相统一的色泽，可以刺激感官，引起人们的食欲。另外人们还可以根据色泽判断食品的营养价值和商品价值。

目前常用的着色剂有六十多种，按其来源和性质分为合成色素和天然色素。合成色素又称人工合成色素，具有色泽鲜艳、稳定性好、易溶解、易着色、易调色、成本低、色域宽等优点。按其化学结构可分为两类：偶氮类色素（苋菜红、胭脂红、日落黄、柠檬黄、新红、诱惑红、酸性红等）和非偶氮类色素（赤藓红、亮蓝、靛蓝等）。偶氮类色素按其溶解性不同又可分为油溶性和水溶性两类。油溶性偶氮类色素不溶于水，进入人体内不易排出体外，毒性较大，目前已基本不再使用。水溶性偶氮类色素较容易排出体外，毒性较低，现在世界各国使用的合成色素多数是水溶性偶氮类色素及其铝色淀。色淀是指水溶性色素吸附到不溶性的基质上而得到的一种水不溶性色素，通常为避免色素混色，增强水溶性色素在油脂中的分散性，提高色素对光、热、盐的稳定性，而将色素制成其铝色淀产品，其色素部分通常为合成色素，基质部分为氧化铝。

天然色素是指以动物组织、植物、微生物和矿石为原料提取的着色剂，天然色素色泽自然，无毒，使用范围和日允许用量（ADI）都比合成色素宽，但也存在成本高、着色力弱、稳定性差、容易变质等问题，有些天然色素还存在有异味、异臭、不易调色等缺点。近年来天然色素的开发应用发展很快，一些国家天然色素的用量已超过合成色素。天然色素按其来源不同，主要分为3类：①植物色素，如甜菜红、姜黄、β-胡萝卜素、叶绿素等；②动物色素，如紫胶红、胭脂虫红等；③微生物类，如红曲红等。按其化学结构可以分成6类：①花色苷类，如越橘红、红米红、黑豆红、萝卜红等；②黄酮类，如红花黄、可可壳色、花生衣红等；③类胡萝卜素类，如辣椒红、β-胡萝卜素、栀子黄等；④酮类，如红曲红、姜黄素等；⑤醌类，如紫胶红、胭脂虫红等；⑥其他，如焦糖色等。

（二）食品着色剂在食品工业中的应用

着色剂的使用自古有之，比如我国很早就开始使用红曲米酿酒、酱肉、制红肠等。但合成着色剂的应用是现代食品工业发展的结果。与其他食品添加剂一样，着色剂从诞生起就是在不断的应用、改进中发展。目前，食品着色剂已经广泛应用于各类食品的加工中。

很多人认为着色剂的使用只是改善色泽而已，但事实并非如此。食物颜色改变会影响人们味觉的感受。相同的食品，加工过程也一样，只是添加的着色剂不同，给人们造成的感官体验是完全不一样的。其次，人们往往更容易接受自然界存在的食物固有的颜色。如胡萝卜是黄色的，黄色的胡萝卜制品自然也容易得到人们的认可。对于加工食品，如果消费者看到不同颜色的同一种食品摆放在一起，可能会觉得这种食品有质量问题。因此在规模化的食品工业生产中，采用着色剂增加食品的吸引力和实现食品的标准化是通用的方法。

着色剂色调的选择是依据人们的心理或习惯对颜色的要求以及结合色泽与风味、营养的关系而定的。原则上选择与特定食品应有的色泽基本相似的着色剂或者根据拼色原理，调制出相应特征的颜色。

如葡萄酒应选择紫红色，橙汁应选择黄色，樱桃罐头应选择樱桃红，杨梅果酱应选择杨梅红色等。而糖果的颜色可以根据香型特征选择，如薄荷味糖果多选用绿色，橙味糖果多选用橙色，巧克力糖果多选用棕色等。

食品的色调调配原理是由红、黄、蓝三种基本色调配成二次色，继而调配成三次色，理论上根据三种基本色调比例和浓度不同可调配出除白色以外的各种不同色调，而白色可用于调配颜色的深浅。不同颜色的调配详见图4-1。

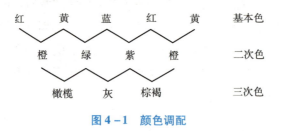

图4-1 颜色调配

由于天然着色剂的坚牢度低、易变色、不稳定和对环境敏感等缺点，不易于拼色。因此多用合成着色剂拼色。

PPT

第二节 常用的食品着色剂

一、合成着色剂

（一）偶氮类合成着色剂

1. 苋菜红及其铝色淀 苋菜红又称酸性红、杨梅红、鸡冠花红、蓝光酸性红、食用红色2号等，化学名称为3-羟基-4-（4-偶氮萘磺酸）-2,7-萘二磺酸三钠盐，为水溶性偶氮类着色剂。分子式 $C_{20}H_{11}N_2Na_3O_{10}S_3$，相对分子质量604.48。

（1）性状与性能 红褐色或暗红褐色均匀粉末或颗粒，无臭。易溶于水，可溶于甘油、丙二醇，微溶于乙醇，不溶于油脂等其他有机溶剂。耐光、耐热性强，耐氧化、还原性、耐细菌性差。不适用于发酵食品及含还原性物质的食品。作为食用红色色素，着色力差，常与其他色素配合使用。

（2）安全性 苋菜红安全性高，被世界各国普遍使用。小鼠经口的 $LD_{50} > 10$ g/kg（体重），大鼠口腔注射的 $LD_{50} > 10$ g/kg（体重），ADI：$0 \sim 0.5$ mg/kg（体重）（FAO/WHO，1994），欧洲食品安全局（EFSA）ADI：$0 \sim 0.15$ mg/kg（体重）低于FAO标准，欧盟儿童保护集团（HACSC）规定其不准用于儿童食品。挪威、美国不准使用。

（3）应用 GB 2760—2024规定，苋菜红可用于冷冻饮品、果酱、装饰性果蔬、蜜饯凉果、腌制的果蔬、可可制品、巧克力以及糖果、糕点上彩装、焙烤食品馅料基表面挂浆（仅限饼干夹心）、水果调味糖浆、固体汤料、果蔬汁（浆）类饮料、碳酸饮料、风味饮料、固体饮料、配制酒、果冻等。

2. 胭脂红及其铝色淀 胭脂红又称丽春红4R、大红、亮猩红，化学名称为1-（4'-磺基-1'-萘偶氮）-2-萘酚-6,8-二磺酸三钠盐，为水溶性偶氮类着色剂。分子式为 $C_{20}H_{11}O_{10}N_2S_3Na_3 \cdot 1.5H_2O$，相对分子质量631.51。

（1）性状与性能 红色至深红色均匀粉末或颗粒，无臭。易溶于水，水溶液呈红色；溶于甘油，难溶于乙醇，不溶于油脂。胭脂红稀释性强，耐光、耐酸性、耐盐性较好，耐热性强，但耐还原性差，耐细菌性也较弱，遇碱变为褐色。对柠檬酸、酒石酸稳定。因胭脂红耐还原性差，不适合在发酵食品中使用。着色力较弱。

（2）安全性　胭脂红是一种比较安全的食用色素。小鼠经口的 $LD_{50} > 19.3$ g/kg（体重），大鼠口腔注射的 $LD_{50} > 8$ g/kg（体重），ADI：$0 \sim 4$ mg/kg（体重）（FAO/WHO，2001）。目前除美国、加拿大不允许使用外，绝大多数国家都许可使用。

（3）应用　GB 2760—2024 规定，主要用于除同苋菜红外，亦可用于调制乳、风味发酵乳、调制乳粉和调制奶油粉、调制炼乳、虾味片、膨化食品等。

3. 新红及其铝色淀　新红又称桃红，化学名称为 7 -（4′- 磺酸基苯基偶氮）- 1 - 乙酰氨基 - 8 - 萘酚 - 3,6 - 二磺酸三钠盐，为水溶性偶氮类着色剂。分子式为 $C_{18}H_{12}O_{11}N_3Na_3S_3$，相对分子质量 611.47。

（1）性状与性能　红色均匀粉末，无臭。易溶于水，呈艳红色溶液，微溶于乙醇，不溶于油脂。着色性能与苋菜红相似。

（2）安全性　经长期动物实验，未见致癌、致畸和致突变性，无胚胎毒性。小鼠经口的 $LD_{50} > 10$ g/kg（体重）。

（3）应用　GB 2760—2024 规定，新红可用于凉果类、装饰性果蔬、可可制品、巧克力和巧克力制品以及糖果、糕点上彩装、果蔬汁（浆）类饮料、碳酸饮料、风味饮料、配制酒等。

4. 柠檬黄及其铝色淀　柠檬黄又称酒石黄、酸性淡黄、肼黄、食用黄色 4 号，化学名称为 1 -（4′- 磺酸基苯基）- 3 - 羧基 - 4 -（4′- 磺酸基苯基偶氮）- 5 - 吡唑啉酮三钠盐，为水溶性偶氮类着色剂。分子式为 $C_{16}H_9N_4Na_3O_9S_2$，相对分子质量 534.36。

（1）性状与性能　橙黄至橙色均匀粉末或颗粒，无臭。易溶于水、甘油、丙二醇，微溶于乙醇、油脂，其 0.1% 的水溶液呈黄色。耐酸性、耐盐性、吸湿性、耐热性和耐光性强，但耐氧化性差，在酒石酸、柠檬酸中稳定，遇碱微变红，还原时褪色。柠檬黄是着色剂中最稳定的一种，可与其他色素复配使用，匹配性好，调色性能优良，坚牢度高，是食用黄色素中使用最多的。

（2）安全性　柠檬黄是一种安全性高的食用色素，世界各国普遍许可使用。小鼠口服的 $LD_{50} > 12.75$ g/kg（体重），大鼠口服的 $LD_{50} > 2$ g/kg（体重），ADI：$0 \sim 7.5$ mg/kg（体重）（FAO/WHO，2006）。

（3）应用　GB 2760—2024 规定，柠檬黄可用于风味发酵乳、调制炼乳、冷冻饮品、果酱、蜜饯凉果、装饰性果蔬、腌渍的蔬菜、熟制豆类、加工坚果与籽类、可可制品、巧克力和巧克力制品以及糖果、除胶基糖果以外的其他糖果、面糊、裹粉、煎炸粉、虾味片、粉圆、即食谷物包括碾轧燕麦（片）、谷类和淀粉类甜品、糕点上彩装、蛋卷、焙烤食品馅料及表面用挂浆、焙烤食品馅料及表面用挂浆、焙烤食品馅料及表面用挂浆、水果调味糖浆、其他调味糖浆、香辛料酱、固体复合调味料、半固体复合调味料、液体复合调味料、饮料类、固体饮料、配制酒、果冻、膨化食品等。

5. 日落黄及其铝色淀　日落黄又称橘黄、夕阳黄、晚霞黄、食用黄色 5 号，化学名称为 1 -（4′- 磺酸基苯基偶氮）- 2 - 萘酚 - 6 - 磺酸二钠盐，为水溶性偶氮类着色剂。分子式为 $C_{16}H_{10}N_2Na_2O_7S_2$，相对分子质量 452.37。

（1）性状与性能　橙红色均匀粉末或颗粒，无臭。易溶于水、甘油、丙二醇，微溶于乙醇，不溶于油脂。水溶液呈黄橙色。吸湿性、耐热性、耐光性强。耐酸性强，遇碱变为带褐色的红色，还原时褪色。在酒石酸、柠檬酸中稳定，着色力强，可与其他色素复配使用，匹配性好。

（2）安全性　日落黄是一种安全性高的食用色素，世界各国普遍许可使用。大鼠口服的 $LD_{50} > 2$ g/kg（体重），ADI：$0 \sim 2.5$ mg/kg（体重）（FAO/WHO，2008）。

（3）应用　GB 2760—2024 规定，日落黄可用于调制乳、风味发酵乳、调制炼乳、冷冻饮品、水果罐头、果酱、蜜饯凉果、装饰性果蔬、熟制豆类、加工坚果与籽类、可可制品、巧克力和巧克力制品以及糖果、除胶基糖果以外的其他糖果、糖果和巧克力制品包衣、面糊、裹粉、煎炸粉、虾味片、粉圆、谷类和淀粉类甜品、糕点上彩装、焙烤食品馅料及表面用挂浆、焙烤食品馅料及表面用挂浆水果调味糖浆、其他调味糖浆、复合调味料、半固体复合调味料、果蔬汁（浆）类饮料、含乳饮料、乳酸菌饮料、植物蛋白饮料、碳酸饮料、固体饮料、特殊用途饮料、风味饮料、配制酒、果冻、膨化食品等。

6. 诱惑红及其铝色淀　诱惑红又称艳红、阿洛拉红、食用红色40号，化学名称为1-(4′-磺基-3′-甲基-6′-甲氧基苯基偶氮)-2-萘酚-6-磺酸二钠盐。分子式 $C_{18}H_{14}N_2Na_2O_8S_2$，相对分子质量496.42。

（1）性状与性能　深红色均匀粉末，无臭。溶于水，中性和酸性水溶液呈红色，碱性呈暗红色，可溶于甘油与丙二醇，微溶于乙醇，不溶于油脂。耐光、耐热性强；耐碱及耐氧化还原性差。在柠檬酸、酒石酸、苹果酸和乙酸的10%溶液中无变化，并且在糖类的溶液中也稳定。诱惑红的着色力强。

（2）安全性　小鼠口服 $LD_{50} > 10$ g/kg（体重），大鼠口服的 $LD_{50} > 10$ g/kg（体重），ADI：0~7 mg/kg（体重）（FAO/WHO，2006）。2010年英国食品安全局（FSA）将诱惑红等6种合成色素列入不允许在食品中添加的范围。

（3）应用　GB 2760—2024 规定，诱惑红可用于冷冻饮品、水果干类、装饰性果蔬、熟制豆类、加工坚果与籽类、可可制品、巧克力和巧克力制品以及糖果、粉圆、即食谷物包括碾轧燕麦（片）、糕点上彩装、焙烤食品馅料及表面用挂浆（仅限饼干夹心）、西式火腿类、肉灌肠类、肉制品的可食用动物肠衣类、调味糖浆、固体复合调味料、半固体复合调味料、饮料类、配制酒、果冻、胶原蛋白肠衣、膨化食品等。

7. 酸性红　酸性红又称偶氮玉红、二蓝光酸性红、淡红、C.I. 食用红色3号，化学名称为1-羟基-2-(4-偶氮萘磺酸)4-萘磺酸二盐。化学分子式为 $C_{20}H_{12}N_2Na_2O_7S_2$，相对分子质量502.43。

（1）性状与性能　红色粉末或颗位，无臭。易溶于水，其水溶液呈带蓝的红色，发浅黄色荧光；微溶于乙醇。耐热、耐光、耐碱、耐氧化、耐还原及耐盐等性能均佳。酸性红是食用焦油色素中着色牢固度最强的。

（2）安全性　小鼠口服 $LD_{50} > 10$ g/kg（体重），ADI：为 0~4 mg/kg（体重）（FAO/WHO，1994）。2010年 FSA 将酸性红列入不允许在食品中添加的范围。

（3）应用　GB 2760—2024 规定，酸性红可用于冷冻饮品、可可制品、巧克力和巧克力制品（包括代可可脂巧克力及制品）以及糖果、焙烤食品馅料及表面用挂浆等。

（二）非偶氮类合成着色剂

1. 赤藓红及其铝色淀　赤藓红又称2,4,5,7-四碘荧光素、樱桃红、新品酸性红、食用红色3号，化学名称为9-(邻羧苯基)-6-羟基-2,4,5,7-四碘-3-异氧杂蒽酮二钠盐，为水溶性非偶氮类着色剂。分子式为 $C_{20}H_6I_4Na_2O_5 \cdot H_2O$。相对分子质量897.88。

（1）性状与性能　红至红褐色均匀粉末或颗粒，无臭。吸湿性强，易溶于水呈樱桃红色，可溶于乙醇、甘油和丙二醇，不溶于油脂。酸性溶液可发生黄棕色沉淀，碱性条件下稳定，耐热、耐还原性强，但耐光、耐酸性差。具有良好的染色性，尤其对蛋白质的染色。

（2）安全性　小鼠经口 $LD_{50} > 6.8$ g/kg（体重），ADI：0~0.1 mg/kg（体重）（FAO/WHO，2006）。

（3）应用　GB 2760—2024 规定，赤藓红可用于凉果类、装饰性果蔬、熟制坚果与籽类、可可制品、巧克力和巧克力制品以及糖果、糕点上彩装、肉灌肠类、肉罐头类、酱及酱制品、复合调味料、果蔬汁（浆）类饮料等。

2. 亮蓝及其铝色淀　亮蓝又称 C.I. 食用蓝色2号，化学名称为 α-4-[N-乙基-N-(3′-磺苄基氨基）苯基] – α – 4 – [N – 乙基 – N – (3 – 磺苄基亚氨基) – 2,5 – 亚环己二烯基] 亚苄基 – 2 – 磺酸二钠，属水溶性非偶氮类着色剂。分子式为 $C_{37}H_{34}N_2Na_2O_9S_3$，相对分子质量 792.87。

（1）性状与性能　深紫色均匀粉末或颗粒，无臭，有金属光泽。易溶于水，呈绿光蓝色；弱酸时呈青色，强酸时呈黄色，在沸腾碱液中呈紫色；溶于乙醇、甘油和丙二醇，不溶于油脂。耐热性、耐光性、耐碱性强，耐盐性好，耐还原作用较偶氮类着色剂强；在柠檬酸、酒石酸中稳定，但在水溶液加金属盐后会缓慢地沉淀。着色力强，通常都是与其他食用色素配合使用。

（2）安全性　大鼠经口 LD_{50} > 2 g/kg（体重），ADI：0 ~ 12.5 mg/kg（体重）（FAO/WHO，2006）。法国、德国、比利时、意大利、西班牙、丹麦、瑞士、瑞典、挪威和希腊等欧洲国家禁止其在食品中使用。

（3）应用　GB 2760—2024 规定，亮蓝可用于风味发酵乳、调制炼乳、冷冻饮品、果酱、凉果类、装饰性果蔬、腌渍的蔬菜、熟制豆类、加工坚果与籽类、熟制坚果与籽类、可可制品、巧克力和巧克力制品以及糖果、虾味片、粉圆、即食谷物包括碾轧燕麦（片）、焙烤食品馅料及表面用挂浆、焙烤食品馅料及表面用挂浆、调味糖浆、水果调味糖浆、香辛料及粉、香辛料酱、半固体复合调味料、饮料类、果蔬汁（浆）类饮料、含乳饮料、碳酸饮料等。

3. 靛蓝及其铝色淀　靛蓝又称食品蓝、酸性靛蓝、磺化靛蓝，化学名称为 3,3′ – 二氧 – 2,2′ – 联吲哚基 – 5,5′ – 二磺酸二钠盐，为水溶性非偶氮类着色剂。分子式为 $C_{16}H_8N_2Na_2O_8S_2$，相对分子质量 466.37。

（1）性状与性能　深紫蓝色至深紫褐色均匀粉末，无臭。溶于水、中性水溶液呈蓝色；溶于甘油、丙二醇，难溶于乙醇，不溶于油脂。耐热性、耐光性、耐碱性、耐氧化性、耐盐性和耐细菌性均差；遇亚硫酸钠、葡萄糖、氢氧化钠还原褪色。着色力差，牢度低，较不稳定，很少单独使用；有独特的色调，多与其他着色剂配合使用。

（2）安全性　其安全性好，为世界各国普遍许可使用。小鼠经口 LD_{50} > 2.5 g/kg（体重），大鼠经口 LD_{50} > 2 g/kg（体重），ADI：0 ~ 5 mg/kg（体重）（FAO/WHO，1994）。

（3）应用　GB 2760—2024 规定，靛蓝可用于蜜饯类、凉果类、装饰性果蔬、腌渍的蔬菜、熟制坚果与籽类、可可制品、巧克力和巧克力制品以及糖果、除胶基糖果以外的其他糖果、糕点上彩装、焙烤食品馅料及表面用挂浆、果蔬汁（浆）类饮料、碳酸饮料、风味饮料、配制酒、膨化食品等。

4. 叶绿素铜钠盐，叶绿素铜钾盐

（1）性状与性能　墨绿色粉末，无臭或略带氨气的臭味。易溶于水，水溶液呈墨绿色，透明、无沉淀；略溶于乙醇和三氯甲烷；不溶于乙醚和石油醚。有吸湿性，耐光性较叶绿素强。水溶液遇硬水、酸性食品或含钙食品可产生沉淀。着色坚牢度强，色泽鲜艳。

（2）安全性　小鼠经口 LD_{50} > 10 g/kg（体重），大鼠腹腔注射 LD_{50} > 1 g/kg（体重），ADI：0 ~ 15 mg/kg（体重）（FAO/WHO，2008）。

（3）应用　GB 2760—2024 规定，叶绿素铜钠可用于冷冻饮品、蔬菜罐头、熟制豆类、加工坚果与籽类、糖果、粉圆、焙烤食品、饮料类、果蔬汁（浆）类饮料、配制酒、果冻等。

5. 二氧化钛　二氧化钛又称钛白粉、白色素、食用白色 6 号。分子式为 TiO_2，相对分子质量 79.87。

（1）性状与性能　白色无定型粉末，无臭、无味。不溶于水、盐酸、稀硫酸、乙醇以及其他有机溶剂；缓慢溶解于氢氟酸和热浓硫酸。遇热变黄色，冷却后变白色。具有高稳定性、高透明性、高活性和高分散性，无毒性和颜色效应。性能稳定，遮盖力和着色力强。

（2）安全性　小鼠经口 LD_{50} > 12 g/kg（体重），ADI 不作限制性规定（FAO/WHO，2010），美国

FDA 将其列为 GRAS 物质。

（3）应用 GB 2760—2024 规定，二氧化钛可用于果酱、凉果类、话梅类、干制蔬菜、熟制坚果与籽类、可可制品、巧克力和巧克力制品、胶基糖果等。

6. 番茄红素 番茄红素又称番茄红，属于类胡萝卜素的一种，有合成和天然两种类型。分子式为$C_{40}H_{56}$，相对分子质量536.85。

（1）性状与性能 合成番茄红素为红色晶体。几乎不溶于水，微溶于乙醇，溶于三氯甲烷和乙酸乙酯等有机溶剂，对热、光、空气和湿度敏感，容易氧化。

（2）安全性 其安全性好，ADI 不作限制性规定（包括天然提取和化学合成品）（FAO/WHO，2009）。

（3）应用 GB 2760—2024 规定，番茄红素可用于调制乳、风味发酵乳、糖果、即食谷物包括碾轧燕麦（片）、固体汤料、半固体复合调味料、饮料类、果冻等。

二、天然着色剂

（一）花色苷类着色剂

花色苷为多酚类衍生物，是一类在自然植物中广泛分布的水溶性色素。许多植物的花、叶、茎和果实具有美丽色泽，就是由于细胞汁液中存在这类色素。花色苷主要是由花青素与葡萄糖糖基化而成，花青素具有 C_6—C_3—C_6 碳骨架结构，由苯并吡喃环和苯组成基本结构，六种主要花青素如图 4-2 所示。

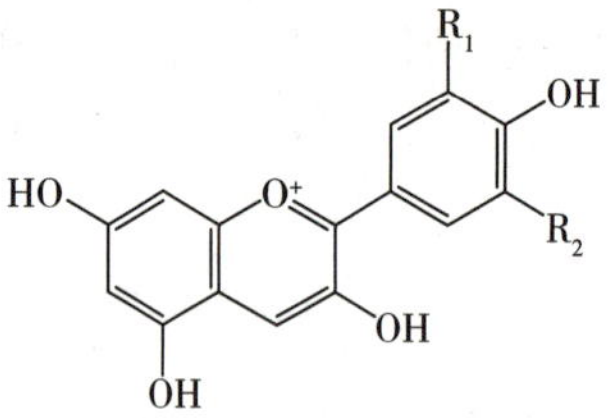

天竺葵素：R_1＝H，R_2＝H
矢车菊素：R_1＝OH，R_2＝H
飞燕草素：R_1＝OH，R_2＝OH
牵牛素：R_1＝OH，R_2＝OCH_3
芍药素：R_1＝OCH_3，R_2＝H
锦葵素：R_1＝OCH_3，R_2＝OCH_3

图 4-2 六种主要花青素

花色苷易因水解、还原反应而褪色，故在食品中的应用受到很大的限制。水解反应失去糖分子会生成不稳定的花青素；遇到抗坏血酸、氧气、过氧化氢和二氧化硫发生氧化还原而褪色。

花色苷对 pH 变化敏感。花色苷随介质的 pH 变化而改变结构，从而同一种花色苷的颜色随环境 pH 的改变而改变。当 pH＜1 时，花色苷呈现鲜艳的红色；pH 升到 4~6 时，花色苷变为紫色；当 pH 升到 7~8 时，花色苷呈现深蓝色；随着 pH 继续升高，花色苷颜色由蓝色向黄色转变。研究发现花色苷在 pH＜4 时颜色比较稳定。此外花色苷还受到温度和金属离子的影响。

1. 越橘红 是以野生越橘浆果为原料制得的一种花色苷类色素。主要着色成分有矢车菊素-3-葡萄糖苷、矢车菊素-3-阿拉伯糖苷、芍药花色素-3-半乳糖苷。

（1）性状与性能 深红色膏状物，稍有特异臭。易溶于水、甲醇、乙醇，不溶于乙醚、丙酮等有机溶剂。酸性条件下稳定，呈红色；碱性条件下呈橙黄色~紫青色。对部分金属离子敏感，故应避免接触铜、铁等金属离子。对光敏感，水溶液在一定光照条件下容易褪色。

（2）安全性 小鼠经口 LD_{50}＞27.8 g/kg（体重）（雌性），小鼠经口 LD_{50}＞30 g/kg（体重）（雄性），大鼠经口 LD_{50}＞36.9 g/kg（体重）（雌性），大鼠经口 LD_{50}＞29.5 g/kg（体重）（雄性）。

（3）应用 GB 2760—2024 规定，越橘红可用于冷冻饮品、果蔬汁（浆）类饮料和风味饮料（仅限果味饮料）。

2. 红米红 又称黑米红，是由优质红米经提取、精制而成，主要着色成分为矢车菊素-3-葡萄糖苷。

（1）性状与性能　红米红为紫红色液体、浸膏或粉末。易溶于水、乙醇；不溶于丙酮、石油醚。本品耐酸，水溶液 pH 在 1~6 时呈红色，随 pH 上升而变成淡褐色至黄色，长时间加热则变为黄色。稳定性好，耐热、耐光、耐储存，但对氧化剂敏感。钠、钾、钙、钡、锌、铜及微量铁离子对它无影响，但遇锡变玫瑰红色，遇铅及大量铁离子则褪色并产生沉淀。

（2）安全性　大鼠经口 $LD_{50} > 21.5$ g/kg（体重）。

（3）应用　GB 2760—2024 规定，红米红可用于调制乳、冷冻饮品、糖果、含乳饮料、配制酒。

3. 黑豆红　是以野大豆种皮为原料制得的一种花色苷类天然色素，含有矢车菊素 - 3 - 半乳糖苷、飞燕草素 - 3 - 葡萄糖苷和矢车菊素 - 3 - 葡萄糖苷三种色素，主要着色成分为矢车菊素 - 3 - 半乳糖苷，分子式为 $C_{21}H_{21}O_{11}$，相对分子质量为 449.39。

（1）性状与性能　深红色液体、黑紫色浸膏或无定型粉末。易吸潮，易溶于水、稀酸、稀碱以及稀乙醇溶液；不溶于无水乙醇、乙醚和丙酮及油脂。其水溶液的色调受 pH 的影响，酸性时呈樱红色，中性时呈红棕色，碱性时呈紫蓝色。遇铁、铅离子变棕褐色，耐热性、耐光性强，色泽自然，着色力强。

（2）安全性　小鼠经口 $LD_{50} > 19$ g/kg（体重）。

（3）应用　GB 2760—2024 规定，黑豆红可用于糖果、糕点上彩装、果蔬汁（浆）类饮料、风味饮料（仅限果味饮料）、配制酒。

4. 萝卜红　是从四川地区产的一种红心萝卜的鲜根中提取的天竺葵素的葡萄糖苷衍生物。其主要着色成分是天竺葵素 - 3 - 槐二糖苷 - 5 - 葡萄糖苷的双酰基结构。

（1）性状与性能　深红色液体、浸膏、无定型粉末或固体，稍有特异臭。易吸潮，吸潮后结块，但一般不影响使用。易溶于水、甲醇和乙醇的水溶液；不溶于无水乙醇、丙酮、四氯化碳、正己烷、乙酸乙酯、苯等有机溶剂。耐光性、耐氧性、耐热性、耐酸性、耐盐性、耐细菌性较强。在酸性溶液中呈橘红色，弱碱液中呈紫红色，在强碱液中呈黄色。Cu^{2+} 可加速其降解，并使之变为蓝色；Fe^{3+} 可使其溶液变为锈黄色；Mg^{2+}、Ca^{2+} 对其影响不大；Al^{3+}、Sn^{2+} 及抗坏血酸对其有保护作用。萝卜红色彩鲜艳，着色力强，被着色食品呈粉红、紫红等颜色。其在酸性食品中使用效果尤佳。

（2）安全性　小鼠经口 $LD_{50} > 15$ g/kg（体重），大鼠经口 $LD_{50} > 15$ g/kg（体重）。

（3）应用　GB 2760—2024 规定，萝卜红可用于冷冻饮品、果酱、蜜饯类、糖果、糕点、醋、复合调味料、果蔬汁（浆）类饮料、风味饮料（仅限果味饮料）、配制酒、果冻。

5. 黑加仑红　是以黑加仑果实为原料制得的一种花色苷，主要含有矢车菊色素 - 3 - 芸香糖苷、花翠素 - 3 - 芸香糖苷、矢车菊色素 - 3 - 葡萄糖苷和花翠素 - 3 - 葡萄糖苷。

（1）性状与性能　紫红色粉末。易溶于水，溶于乙醇及其水溶液，不溶于乙酸乙酯、乙醚、丙酮等弱极性溶剂。黑加仑红水溶液当 pH 为 3.8 时，呈紫红色；pH < 5.44 时，为稳定的紫红色；pH > 7.44 时，为不稳定的蓝紫色。耐酸性、耐热性较好。

（2）安全性　小鼠经口 $LD_{50} > 10$ g/kg（体重），大鼠经口 $LD_{50} > 10$ g/kg（体重），ADI 未作规定。

（3）应用　GB 2760—2024 规定，黑加仑红可用于糕点上彩装、碳酸饮料和果酒。

6. 玫瑰茄红　又称玫瑰茄色素，是由玫瑰茄花萼片制得，其主要着色成分是含飞燕草素 - 3 - 接骨木二糖苷、矢车菊素 - 3 - 接骨木二糖苷。

（1）性状与性能　深红色液体、红紫色膏状或红紫色固体粉末，稍带特异臭，粉末易吸潮。易溶于水、乙醇和甘油；难溶于油脂。水溶液为酸性时呈鲜红色，中性至碱性时呈红~紫色。耐热性、耐光性不良，对蓝光最不稳定，耐红色光，故宜用红色玻璃瓶包装，可添加植酸等金属离子螯合剂或氯化物以提高其耐热和耐光性。抗坏血酸、二氧化硫、过氧化氢均能促进其降解。对金属离子（如 Fe^{2+}）稳定性差，可加速其降解变色。玫瑰茄红在酸性条件下呈鲜红色，在饮料、糖果中能良好地着色。但不能用于高温加热食品。

（2）安全性　小鼠经口 $LD_{50} > 15$ g/kg（体重）。

（3）应用　GB 2760—2024 规定，玫瑰茄红可用于糖果、果蔬汁（浆）类饮料、风味饮料（仅限果味饮料）、配制酒。

7. 葡萄皮红　又称葡萄皮色素、葡萄皮提取物，主要成分为芍药花花青素、锦葵色素、飞燕草花青素、牵牛花花青素等。

（1）性状与性能　红色至暗紫色液体、块状、粉状、糊状或块状物质，稍带特异臭味。可溶于水、乙醇、丙二醇，不溶于油脂。色调随 pH 的变化而变化，酸性时呈红色～紫红色，碱性时呈暗蓝色。耐热性不太强，易氧化变色。铁离子存在下呈暗紫色。着色力不好。

（2）安全性　大鼠经口 $LD_{50} > 15$ g/kg（体重）（雄性），小鼠经口 $LD_{50} > 10.8$ g/kg（体重）（雌性），ADI：$0 \sim 2.5$ mg/kg（体重）（FAO/WHO，2006）。

（3）应用　GB 2760—2024 规定，葡萄皮红可用于冷冻饮品、果酱、糖果、焙烤食品、饮料类、固体饮料、配制酒。

（二）黄酮类着色剂

黄酮类色素属于多酚类衍生物的水溶性色素，同样以糖苷的形式广泛分布于植物界中，常为浅黄或橙黄色。其基本结构是 α-苯并吡喃酮，这类色素稳定性较好，但也受分子中酚羟基的数目和位置的影响。此外，光、热和金属离子也对其有一定影响。目前我国允许使用的黄酮类色素主要有红花黄、高粱红等。

1. 红花黄　为菊科植物红花花瓣的提取物，主要着色成分有红花黄素 A、红花黄 A、红花黄 B、脱水红花黄 B、羟基红花黄 A、红花黄素 C、红花黄色素 -2 等。

（1）性状与性能　黄色或棕黄色粉末。易吸潮，吸潮时呈褐色，并结成块状，吸潮后不影响使用效果。易溶于水、稀乙醇、稀丙二醇，几乎不溶于无水乙醇，不溶于乙醚、石油醚、丙酮和油脂等。耐光性好，pH 在 $5 \sim 7$ 范围内稳定。遇铁离子易变黑，其他金属离子对其几乎无影响。对淀粉的染色性优良，对蛋白质的染色性稍差。

（2）安全性　小鼠灌胃 $LD_{50} > 5.5$ g/kg（体重），小鼠腹腔注射 $LD_{50} > (2.4 \pm 0.35)$ g/kg（体重），ADI 未作评价。

（3）应用　GB 2760—2024 规定，红花黄可用于冷冻饮品、水果罐头、蜜饯凉果、装饰性果蔬、腌渍的蔬菜、蔬菜罐头、熟制坚果与籽类（仅限油炸坚果与籽类）、糖果、杂粮罐头、方便米面制品、粮食制品馅料、糕点上彩装、腌腊肉制品类（如咸肉、腊肉、板鸭、中式火腿、腊肠）、调味品、果蔬汁（浆）类饮料、碳酸饮料、风味饮料（仅限果味饮料）、配制酒、果冻、膨化食品。

2. 可可壳色　又称可可壳着色剂，是一种源于梧桐科植物可可树种皮的黄酮类天然色素。

（1）性状与性能　巧克力色或褐色液体或粉末，无臭、微苦、易吸潮。易溶于水及稀乙醇溶液，水溶液呈现巧克力色。溶液在中性时稳定；pH < 4 时易沉淀；随着 pH 升高，溶液颜色加深，但色调不变。耐热性、耐氧化性、耐光性均强，遇还原剂易褪色。可可壳色对蛋白质着色性较好，特别是对淀粉的着色力远比焦糖色好。

（2）安全性　小鼠经口 $LD_{50} > 10$ g/kg（体重）。经急性、亚急性试验结果显示安全性很高。

（3）应用　GB 2760—2024 规定，可可壳色可用于冷冻饮品、可可制品、巧克力和巧克力制品（包括代可可脂巧克力及制品）以及糖果、面包、糕点、糕点上彩装、饼干、焙烤食品馅料及表面用挂浆、植物蛋白饮料、碳酸饮料、配制酒等。

3. 花生衣红 又称花生衣色素、花生衣天然色素、生皮色素、花生内衣色素，由新鲜花生衣提取而成的天然色素。主要色素成分为黄酮类，另含花生苷、黄酮和二氢黄酮等。

（1）性状与性能 红褐色液体或粉末，无臭无味。易溶于热水及稀乙醇溶液，不溶于乙醚、丙酮、三氯甲烷等非极性溶剂。在中性水溶液中呈红色，碱性溶液中呈咖啡色，酸性溶液中不溶。耐光性、耐热性、耐酸碱、耐氧化性良好，对金属离子稳定。着色性良好，尤其对蛋白质、淀粉的着色性较佳。

（2）安全性 小鼠经口 $LD_{50} > 10$ g/kg（体重）。

（3）应用 GB 2760—2024 规定，花生衣红可用于糖果、饼干、肉灌肠类、碳酸饮料。

（三）类胡萝卜素类着色剂

类胡萝卜素类着色剂具有良好的色泽和广泛的来源，不仅存在于植物中，在细菌、真菌、藻类以及动物中也广泛分布。不同的类胡萝卜素由于长碳链两端取代基和立体结构不同具有不一样的色泽。类胡萝卜素类一般为脂溶性色素，并且在相对较宽的 pH 范围内稳定。

类胡萝卜素类色素按其结构和溶解性分为胡萝卜素类和叶黄素类。胡萝卜素类包括 α-胡萝卜素、β-胡萝卜素、γ-胡萝卜素和番茄红素等，其中 β-胡萝卜素为维生素 A 原。叶黄素类主要有叶黄素、玉米黄素、辣椒红、栀子黄、叶黄素等。

1. β-胡萝卜素 广泛存在于胡萝卜、南瓜、辣椒等蔬菜中，水果、谷类、蛋黄、奶油中的含量也比较丰富。分子式 $C_{40}H_{56}$，分子量 536.88。

（1）性状与性能 深红色至暗红色有光泽的斜放流面体或结晶性粉末，微有异臭和异味。可溶于二硫化碳、苯、三氯甲烷、石油醚和橄榄油等，难溶于甲醇和乙醇、丙酮，不溶于水、丙二醇、甘油、酸和碱。稀溶液呈橙黄色至黄色，浓度增大时呈橙红色。pH 在 2~7 时较稳定，且不受还原物质的影响。对光和氧不稳定，易受微量金属、不饱和脂肪酸、过氧化物等影响，重金属尤其是铁离子可促使其褪色。含有不饱和双键，易被氧化。β-胡萝卜素为非极性物质和油溶性色素，对油脂性食品有良好的着色性能。对于人工合成 β-胡萝卜素，欧美各国将其视为天然着色剂，而日本将其作为合成着色剂。我国现已成功从盐藻中提制出天然的 β-胡萝卜素，并已正式批准许可使用。

（2）安全性 小鼠经口 $LD_{50} > 21.5$ g/kg（体重），狗口服 $LD_{50} > 8$ g/kg（体重）；ADI：0~5 mg/kg（包括化学品和由丝状真菌三孢布拉霉制得者），由盐藻、胡萝卜、甘薯、棕榈等制得者 ADI 未作规定（FAO/WHO，2006）。美国 FDA 将其列为 GRAS 物质。

（3）应用 GB 2760—2024 规定，β-胡萝卜素可用于调制乳，风味发酵乳，调制乳粉和调制奶油粉，稀奶油及其类似品，非熟化干酪、熟化干酪、再制干酪、干酪类似品，以乳为主要配料的即食风味食品或其预制产品，水油状脂肪乳化制品（黄油和浓缩黄油除外），其他脂肪乳化制品［包括混合的和（或）调味的脂肪乳化制品］，脂肪类甜品，其他油脂或油脂制品，冷冻饮品，醋、油或盐渍水果，水果罐头，果酱，蜜饯凉果，装饰性果蔬，水果甜品（包括果味液体甜品），发酵的水果制品，干制蔬菜，腌渍的蔬菜，蔬菜罐头，蔬菜泥（番茄沙司除外），其他加工蔬菜，腌渍的食用菌和藻类，食用菌和藻类罐头，其他加工食用菌和藻类，加工坚果与籽类，可可制品、巧克力和巧克力制品，糖果，糖果和巧克力制品包衣，装饰糖果、顶饰（非水果材料）和甜汁，面糊、裹粉、煎炸粉，油炸面制品，杂粮罐头，即食谷物包括碾轧燕麦（片），方便米面制品，冷冻米面制品，谷类和淀粉类甜品，粮食制品馅料，焙烤食品，焙烤食品馅料及表面用挂浆，熟肉制品，肉制品的可食用动物肠衣类，冷冻鱼糜制品，预制水产品（半成品）、熟制水产品，水产品罐头，蛋制品。

2. 辣椒红 又称辣椒色素，为红辣椒果皮提取物。其主要着色成分有辣椒红素、辣椒玉红素和其他类胡萝卜素物质，它们是存在于辣椒中的类胡萝卜色素，辣椒红素分子式 $C_{40}H_{56}O_3$，相对分子质量 584.85。

（1）性状与性能　纯的辣椒红为有光泽的晶体粉末。一般含有其他成分的则为具有特殊气味的深红色黏性油状液体，依来源不同和制法不同，具有不同程度的辣味。主要风味物质为辣椒素。几乎不溶于水和甘油，部分溶于乙醇，可与丙酮、三氯甲烷、正己烷及大多数非挥发性油任意比例混溶。乳化分散性、耐热性和耐酸性均好，耐光性不好，应尽量避光。铁离子、铜离子等能促使其褪色，遇铝离子、锡离子、铅离子等能形成沉淀。着色力强，色调因稀释浓度不同由浅黄至橙红色。

（2）安全性　雄性小鼠口服 $LD_{50} > 75$ g/kg（体重），雄性小鼠腹腔注射 $LD_{50} > 50$ g/kg（体重），红辣椒提取物 ADI 未作规定（FAO/WHO，2008）。

（3）应用　根据 GB 2760—2024 规定，辣椒红可用于冷冻饮品（食用冰除外），腌渍的蔬菜，腌渍的食用菌和藻类，豆干类，豆干再制品，新型豆制品（大豆蛋白及其膨化食品、大豆素肉等），熟制坚果与籽类（仅限油炸坚果与籽类），可可制品、巧克力和巧克力制品（包括代可可脂巧克力及制品），糖果，方便米面制品，冷冻米面制品，粮食制品馅料，面糊（如用于鱼和禽肉的拖面糊）、裹粉、煎炸粉，糕点，糕点上彩装，饼干，焙烤食品馅料及表面用挂浆，调理肉制品（生肉添加调理料），腌腊肉制品类（如咸肉、腊肉、板鸭、中式火腿、腊肠），熟肉制品，冷冻水产糜及其制品（包括冷冻丸类产品等），熟制水产品（可直接食用），调味品，果蔬汁（浆）类饮料，蛋白饮料，果冻，膨化食品，魔芋凝胶制品。

3. 栀子黄　又称黄栀子、藏花素，是栀子果实提取物，其主要着色成分为藏花素、藏花酸，属类胡萝卜素。

（1）性状与性能　为橙黄色液体、膏状或粉末。黄色色素为 α-藏花素糖苷，是藏花酸（$C_{40}H_{24}O_4$）的二龙胆糖脂，α-藏花素水解为藏花酸和葡萄糖。易溶于水，微溶于乙醇和丙二醇等有机溶剂，不溶于油脂。在水中溶解成透明的黄色溶液，色调几乎不受 pH 影响，酸性或碱性溶液中较 β-胡萝卜素稳定。耐盐性、耐还原性和耐微生物特性较好，耐热性、耐光性在低 pH 时较差。对金属离子（如铅、钙、铝、铜、锡等）稳定，遇铁离子变黑。着色力强，对蛋白质的染色性比对淀粉好。

（2）安全性　小鼠经口 $LD_{50} > 2$ g/kg（体重），有弱蓄积性，无致突变性。

（3）应用　GB 2760—2024 规定，栀子黄可用于人造黄油（人造奶油）及其类似制品（如黄油和人造黄油混合品）、冷冻饮品、蜜饯类、腌渍的蔬菜、熟制坚果与籽类（仅限油炸坚果与籽类）、坚果与籽类罐头、可可制品、巧克力和巧克力制品（包括代可可脂巧克力及制品）以及糖果、生湿面制品（如面条、饺子皮、馄饨皮、烧麦皮）、生干面制品、方便米面制品、粮食制品馅料、糕点、饼干、焙烤食品馅料及表面用挂浆、熟肉制品（仅限禽肉熟制品）、调味品、果蔬汁（浆）类饮料、固体饮料、风味饮料（仅限果味饮料）、配制酒、果冻、膨化食品。

4. 玉米黄　又称玉米黄素，是一种从黄玉米生产玉米淀粉的副产品黄蛋白中提取的类胡萝卜类天然色素。主要色素成分为玉米黄素（分子式为 $C_{40}H_{56}O_2$）和隐黄素（分子式为 $C_{40}H_{56}O_2$），相对分子质量均为 568.9。

（1）性状与性能　玉米黄的性状与温度密切相关，高于 10 ℃时为红色油状液体，低于 10 ℃时为橘黄色半凝固油状物，无异味。不溶于水；可溶于乙醚、石油醚、丙酮和油脂，可被磷脂、单甘酯等乳化剂所乳化。耐光性、耐热性差，对铝、铁、铜等离子敏感，对其他离子，酸、碱等较稳定。木糖醇对其有一定的保护作用。用于油脂成分高的食品着色。

（2）安全性　小鼠经口 $LD_{50} > 18.24$ g/kg（体重），ADI：$0 \sim 2$ mg/kg（FAO/WHO，2006）。

（3）应用　根据 GB 2760—2024 规定，玉米黄可用于氢化植物油、糖果。最大使用量为5.0 g/kg。

（四）酮类着色剂

我国目前允许使用的酮类色素主要有红曲色素和姜黄素。

1. 红曲米，红曲红　红曲米又称红曲、赤曲、红米、福米，是由蒸熟稻米接种红曲霉发酵而得，自古以来在我国就得到广泛的应用。红曲红则可由红曲米提取制得。红曲红含有多种色素，主要着色成分有红斑素和红曲红素等6种色素。

（1）性状与性能　红曲米为棕红色到紫色的颗粒或粉末，断面呈粉红色，质轻而脆，无霉变，微有酸味，味淡。红曲红为深紫红色粉末，略带异臭。溶于热水及酸、碱溶液，溶液浅薄时呈鲜红色，深厚时带黑褐色并有荧光，极易溶于乙醇、丙二醇、丙三醇及它们的水溶液，不溶于油脂和非极性溶剂。耐酸性、耐碱性、耐热性均较好，日光直射可褪色。几乎不受金属离子和氧化还原剂的影响，但遇氯易变色。红曲红对蛋白质着色性极好，一旦染色后，经水洗亦不褪色。

（2）安全性　小鼠腹腔注射 $LD_{50} > 7$ g/kg（体重），大鼠口服 $LD_{50} > 20$ g/kg（体重）。

（3）应用　根据 GB 2760—2024 规定，红曲红可用于调制乳、风味发酵乳、调制炼乳、冷冻饮品（03.04 食用冰除外）、果酱、腌渍的蔬菜、蔬菜泥（酱）（番茄沙司除外）、腐乳类、熟制坚果与籽类、糖果、装饰糖果、顶饰和甜汁、方便米面制品、粮食制品馅料、糕点、饼干、焙烤食品馅料及表面用挂浆、腌腊肉制品类、熟肉制品、调味糖浆、调味品、果蔬汁（浆）类饮料、蛋白饮料、碳酸饮料、固体饮料、风味饮料、配制酒、果冻、膨化食品。

2. 姜黄素　又称姜黄色素，主要着色成分有姜黄素、脱甲氧基姜黄素和双脱甲氧基姜黄素。

（1）性状与性能　橙黄色结晶性粉末，有特殊臭味。不溶于冷水和乙醚，溶于热水、乙醇、冰醋酸、丙二醇和碱性溶液。在中性或酸性条件呈浅黄色，在碱性条件则呈红褐色。耐光性、耐热性、耐氧化作用不好。日光照射能使黄色迅速变浅，但不影响其色调。与金属离子，尤其是铁离子可以形成络合物，导致变色。耐还原性好，对蛋白质着色较好。

（2）安全性　小鼠皮下 $LD_{50} > 1.5$ g/kg（体重），ADI：0~3 mg/kg（FAO/WHO，2006）。

（3）应用　根据 GB 2760—2024 规定，姜黄素可用于冷冻饮品（食用冰除外）、熟制坚果与籽类（仅限油炸坚果与籽类），可可制品、巧克力和巧克力制品（包括代可可脂巧克力及制品）以及糖果，糖果，装饰糖果（如工艺造型，或用于蛋糕装饰）、顶饰（非水果材料）和甜汁，方便米面制品，粮食制品馅料，面糊（如用于鱼和禽肉的拖面糊）、裹粉、煎炸粉，调味糖浆，复合调味料，碳酸饮料，果冻，膨化食品。

（五）醌类衍生物天然着色剂

醌类是开花植物、真菌、细菌、地衣和藻类细胞液中存在的一类天然色素，颜色从淡黄色到近似黑色。

1. 紫胶红　又称虫胶红、虫漆酸、虫胶红色素，以紫胶虫的雌虫分泌的树脂状物质为原料提取的蒽醌类色素。主要着色成分是紫胶酸，有紫胶酸 A、紫胶酸 B、紫胶酸 C、紫胶酸 D、紫胶酸 E 五个组分，其中紫胶酸 A 占85%。

（1）性状与性能　红紫色或鲜红色液体或粉末。微溶于水、乙醇和丙二醇，且纯度越高在水中的溶解度越低，不溶于棉籽油。色调随 pH 变化而变化，pH < 4 时呈橙黄色，pH 为 4~5 呈鲜红色，pH 为 5~7 呈鲜红色至红紫色，pH > 7 时呈红紫色，当 pH > 12 时放置则褪色。在酸性条件下对光和热稳定，在 100 ℃加热时无变化。对维生素 C 也很稳定，几乎不褪色。易受金属离子的影响，特别是遇铁离子变黑色。在酸性条件下着色稳定，对人的口腔黏膜着色力较强。

（2）安全性　大鼠经口 $LD_{50} > 1.8$ g/kg（体重）。

（3）应用 根据 GB 2760—2024 规定，紫胶红可用于果酱、可可制品、巧克力和巧克力制品以及糖果、焙烤食品馅料及表面用挂浆、复合调味料、果蔬汁（浆）类饮料、碳酸饮料、风味饮料、配制酒。

2. 紫草红 又称紫根色素、紫草宁，为萘醌类天然色素。主要成为紫草宁及其衍生物，紫草宁分子式 $C_{16}H_{16}O_5$，相对分子质量 288.29。

（1）性状与性能 紫红色黏稠膏状、粉末或结晶。纯品溶于乙醇、丙酮和正己烷等有机溶剂，不溶于水，可溶于碱液。颜色随 pH 变化而变化，酸性时呈红色，中性时呈紫红色，碱性时呈蓝色。耐热性好，耐盐性、着色力中等，耐金属盐较差，有一定的抗菌作用，适用于中性或酸性食品染色。

（2）安全性 小鼠经口 LD_{50} >4.64 g/kg（体重）。

（3）应用 根据 GB 2760—2024 规定，紫草红可用于冷冻饮品、糕点、饼干、焙烤食品馅料及表面用挂浆、果蔬汁（浆）类饮料、风味饮料（仅限果味饮料）、果酒。

3. 胭脂虫红 又称胭脂虫红酸、胭脂红、天然红 4 号，属于动物色素。其主要着色成分为胭脂红酸，属于蒽醌类衍生物。分子式 $C_{22}H_{20}O_3$，相对分子质量 492.39。

（1）性状与性能 带光泽的红色至深红色粉末，略有特殊异臭。易溶于热水、乙醇、稀酸与稀碱中，难溶于冷水，不溶于乙醚和食用油。对热和光非常稳定，特别是在酸性条件下。色调随溶液的 pH 变化而变化，pH <4 时呈橙至橙黄色，pH 5~6 时呈红色至紫红色，pH >7 时呈紫红色至深紫色。遇铁离子变紫黑色，加多磷酸盐螯合可抑制变黑。

（2）安全性 小鼠经口 LD_{50} >8.89 g/kg（体重），ADI：0~5 mg/kg（FAO/WHO，2006）。

（3）应用 根据 GB 2760—2024 规定，胭脂虫红可用于风味发酵乳，调制乳粉和调制奶油粉，调制炼乳（包括加糖炼乳及使用了非乳原料的调制炼乳等），干酪、再制干酪、干酪制品及干酪类似品，冷冻饮品（食用冰除外），果酱，熟制坚果与籽类（仅限油炸坚果与籽类），代可可脂巧克力及其制品，糖果，粉圆，即食谷物（包括碾轧燕麦片），方便米面制品，面糊（如用于鱼和禽肉的拖面糊）、裹粉、煎炸粉、焙烤食品，调理肉制品（生肉添加调理料），熟肉制品，复合调味料，半固体复合调味料，饮料类，配制酒，果冻，胶原蛋白肠衣，膨化食品。

（六）其他着色剂

焦糖色又称酱色，是由食品级的糖类物质经高温焦化而成。焦糖色的生产方法有四种：普通法、亚硫酸铵法、氨法和苛性硫酸盐法。酱色的形成过程是各种糖类物质在高温下发生不完全分解并脱水聚合的过程，其程度与温度和糖的种类直接相关。

性状为深褐色的液体或固体粉末，有特殊的甜香气和愉快的焦苦味。易溶于水，水溶液呈红棕色；可溶于烯醇溶液；不溶于一般的有机溶剂和油脂。对光和热稳定性好，酱色的色调受 pH 及在大气中暴露时间的影响，pH 在 6.0 以上易发霉。

1. 焦糖色（普通法） 普通法焦糖色是将食品级的糖类如葡萄糖、转化糖、乳糖、麦芽糖、糖蜜和淀粉水解物等，在 121 ℃ 以上高温下热处理使之焦化而成。普通法焦糖色很少以蔗糖作为原料，因为蔗糖成本较高，而且转化呈葡萄糖和果糖后生产焦糖色的速度不同，导致焦化过程难以控制。

（1）安全性 普通法焦糖色安全性高，ADI 值不作规定（FAO/WHO，2006）。

（2）应用 根据 GB 2760—2024 规定，普通法焦糖色可用于调制炼乳、冷冻饮品、果酱、可可制品、巧克力和巧克力制品以及糖果、面糊、裹粉、煎炸粉、即食谷物包括碾轧燕麦（片）、饼干、焙烤食品馅料及表面用挂浆、调理肉制品、调味糖浆、醋、酱油、酱及酱制品、复合调味料、果蔬汁（浆）类饮料、含乳饮料、风味饮料（仅限果味饮料）、白兰地、威士忌、朗姆酒、配制酒、调香葡萄酒、黄酒、啤酒和麦芽饮料、果冻、膨化食品。

2. 焦糖色（亚硫酸铵法） 亚硫酸铵法焦糖色是在普通法生产的过程中添加亚硫酸铵和铵化合物作催化剂制得。

（1）安全性 液态食品 ADI：0～200 mg/kg，固态食品 ADI：0～150 mg/kg（FAO/WHO，2006）。

（2）应用 根据 GB 2760—2024 规定，亚硫酸铵法焦糖色可用于调制炼乳、冷冻饮品、可可制品、巧克力和巧克力制品以及糖果、面糊、裹粉、煎炸粉、即食谷物包括碾轧燕麦（片）、粮食制品馅料、饼干、酱油、酱及酱制品、料酒及制品、复合调味料、果蔬汁（浆）类饮料、含乳饮料、碳酸饮料、风味饮料、茶（类）饮料、咖啡（类）饮料、植物饮料、固体饮料、白兰地、威士忌、朗姆酒、配制酒、调香葡萄酒、黄酒、啤酒和麦芽饮料。

3. 焦糖色（加氨生产法） 加氨生产法焦糖色是在普通法焦糖色生产过程中添加氨化合物作为催化剂制得，这是一类只有氨作催化剂而没有亚硫酸盐参与的焦糖色产品，焦糖离子带正电荷。

（1）安全性 液态食品 ADI：0～200 mg/kg，固态食品 ADI：0～150 mg/kg（FAO/WHO，2006）。

（2）应用 根据 GB 2760—2024 规定，氨法焦糖色可用于调制炼乳、冷冻饮品、果酱、可可制品、巧克力和巧克力制品以及糖果、面糊、裹粉、煎炸粉、粉圆、即食谷物包括碾轧燕麦（片）、饼干、调味糖浆、醋、酱油、酱及酱制品、复合调味料、果蔬汁（浆）类饮料、含乳饮料、风味饮料、白兰地、威士忌、朗姆酒、配制酒、调香葡萄酒、黄酒、啤酒和麦芽饮料、果冻。

4. 焦糖色（苛性硫酸盐法） 苛性硫酸盐法焦糖色在生产过程中没有使用氨作催化剂，而是采用 Na_2SO_3 或 K_2SO_3 与葡萄糖反应制得。

（1）安全性 ADI：0～160 mg/kg（FAO/WHO，2006）。

（2）应用 根据 GB 2760—2024 规定，苛性硫酸盐法焦糖色仅限用于白兰地、威士忌、朗姆酒和配制酒，可按生产需要适量使用。

🔗 知识链接

焦糖色素分级

根据焦糖生产中使用的不同催化剂，焦糖色素可以分为 4 级，不同级别的焦糖色素适应不同的食品和饮料。Ⅰ级焦糖，又称清白焦糖，不含氨或亚硫酸盐等成分，胶质体带负电荷，适合用在低于 75% 浓度的高酒度乙醇饮料中。Ⅱ级焦糖，是用亚硫酸盐处理的焦糖，只局限在食品和饮料中使用。胶质体带负荷。Ⅲ级焦糖是用氨法制得的焦糖，胶体带负电荷，高色度，在 pH 为 3 时稳定。能溶解在 20% 浓度的盐溶液中，适合用在各种汤料、沙司、啤酒、大麦酒、面包、饼干、罐藏食品中。Ⅲ级焦糖或Ⅳ级焦糖在水和生面团中分散性好，非常适用于烘烤食品中。Ⅳ级焦糖是用氨和亚硫酸盐法共同加工的，有极强的色度，胶体带负电荷，一般用于可乐饮料和其他软饮料中。带负电荷的焦糖胶体与低 pH 的等电点饮料在一起，可以避免饮料产生絮状物或沉淀。

第三节 食品着色剂的使用注意事项

PPT

一、食品合成着色剂的使用原则和注意事项

（一）合成着色剂的使用原则

着色剂使用时，要严格执行规定标准：准确称量，以免形成色差。对于同种颜色的着色剂，因品种

不同、色泽不同，必须通过试验确定换算用量后再大批量使用。

1. 着色剂溶液配制 食品着色剂一定要配成浓溶液再使用。一般用适当的溶剂将着色剂溶解，配成浓度为1%~10%的母液，过浓则难于调节色调。配制溶液要使用蒸馏水或冷开水，配制时尽量避免与铜、铁等金属器皿接触，宜用玻璃、陶器、搪瓷、不锈钢和塑料器具，以避免这些金属离子对色素稳定性的影响。

2. 着色剂使用方法的选择 食品着色剂的使用，一般分为混合法和涂抹法两种。混合法适用于液态与酱态或膏状食品的染色，即将欲着色的食品与着色剂混合并搅拌均匀，如糖果的染色。涂抹法适用于不可搅拌的固体食品，即将着色剂溶液涂抹在食品的表面，如糕点的装潢等。

3. 染色适度要求 使用食品合成着色剂时，即使不超过食用标准，也不要将食品染得过于鲜艳，而要掌握分寸，尤其要注意符合自然和均匀统一。

4. 着色剂拼色的要求 在使用混合着色剂时，要用溶解性、浸透性、着色性等性质相近的着色剂，并防止褪色与变色的发生。并应考虑色素间和环境等的影响，如亮蓝和赤藓红混合使用时，亮蓝会使赤藓红更快地褪色；而柠檬黄与亮蓝拼色时，如受日光照射，亮蓝褪色较快，而柠檬黄则不易褪色。

（二）合成着色剂的使用注意事项

食品着色剂的选择应尽量保持与食品原有色泽相同，符合消费者的传统习惯，并应充分考虑不同民族、不同宗教信仰的喜好。

在食品加工过程中，为避免各种因素对着色剂的影响，着色剂的加入应尽可能放在最后使用。

着色剂的选择还应考虑食品本身成分的影响。如胭脂虫红和紫胶红易与蛋白质反应变成紫色或褪色，不适用于含有蛋白质、淀粉的饮料、糖果或糕点等；栀子黄在蛋白酶或 β - 葡萄糖苷酶作用下易与伯氨基化合物发生反应导致变色，不宜用于方便面的染色；维生素 C 对胡萝卜素有稳定作用，而对花色苷类有破坏稳定的作用。

着色剂应采用避光、避热、防酸、防碱、防盐、防氧化还原、防微生物污染等措施贮存。水溶性色素因吸湿性强，宜贮存于干燥、阴凉处，长期保存时，应装于密封容器中，防止受潮变质。拆开包装后未用完的色素，必须重新密封，以防止氧化、污染和吸湿造成的色调变化。

二、食品天然着色剂的特点及使用注意事项

（一）天然着色剂与合成着色剂相比

1. 优点

（1）天然着色剂多来自动物、植物组织，绝大多数无毒副作用，安全性高。

（2）有些天然着色剂不但具有着色作用，且具有生物活性。

（3）天然着色剂色调比较自然，能够很好地模仿食物的天然颜色。

（4）有些天然着色剂具有特殊的芳香气味，添加到食品中给人愉悦的感官体验。

2. 缺点

（1）纯品成本一般比较高。

（2）色素含量一般较低，着色力比合成色素差。

（3）有的色素随 pH 不同而色调有变化，影响着色。

（4）不同色素间相容性差，难以用不同色素配出任意色调。

（5）稳定性差，在加工及流通过程中，受外界因素的影响易劣变。

（6）由于受共存成分的影响，有的天然色素有异味、异臭。

（7）天然着色剂基本都是多种成分组成的混合物，同一着色剂由于来源不同，加工方法不同，所含成分也有差异。

（二）天然着色剂使用注意事项

天然着色剂多为混合物，成分复杂，生产过程中可能发生化学结构的变化，产生有害物质，因此也存在毒性问题。在使用之前，天然着色剂也需要经过毒理学试验。

天然着色剂一般含量低、坚牢度不够、稳定性差以及有异味、异臭等缺点，这些可通过改进提取、精制等技术进行克服。

天然着色剂除了一般理化和卫生指标外，着色剂的含量也是重要的质量指标。天然着色剂中存在大量非色素成分，FAO/WHO 采用色价法测定表示产品的质量。我国目前的大部分天然着色剂生产厂家也采用色价法表示其有效成分。色价又称为比吸光值，即 100 mL 溶液含有 1 g 着色剂，在对应的波长下，光程为 1 cm 时的吸光值，即：

$$色价 = E_{1\,cm}^{1\%}\lambda$$

 实训 7 色调选择与调配

一、实训目的

掌握色调选择和拼色原理；了解色素的性状及应用时的注意事项。

二、实训原理

色调选择应该与食品原有色泽相似或与食品的名称一致。我国规定允许使用合成色素拼色。它们属红、黄、蓝三种基本色，在食品生产过程中，根据不同需要选择其中 2 种或 3 种拼配成各种不同的色调。基本的方法是由基本色拼配成二次色，或再拼成三次色。

三、设备与材料

1. 设备　天平（1 kg，0.0001 g）、烧杯、量筒、玻璃棒。
2. 材料　胭脂红、苋菜红、柠檬黄、日落黄、靛蓝、亮蓝。

四、实训步骤

1. 分别称量胭脂红、苋菜红、柠檬黄、日落黄、靛蓝、亮蓝各 1.0 g，用纯净水定容至 1000 mL。
2. 根据表 4-2，用量筒量取不同比例（%）的色素溶液，并进行复配，记录所拼配的色泽。

表 4-2　颜色拼配记录表

序号	胭脂红	苋菜红	柠檬黄	日落黄	靛蓝	亮蓝	拼配色泽
1	40		60				
2	50	50					
3	40	60					

续表

序号	胭脂红	苋菜红	柠檬黄	日落黄	靛蓝	亮蓝	拼配色泽
4		93		7			
5		73		27			
6		2	93	5			
7			72			28	
8			45		55		
9		68				32	
10		40			60		
11		75	20			5	
12		43	32		25		
13		36	48		16		

五、思考题

1. 食品色调的调配原理是什么?

2. 分析上述实验观察结果并进行总结。

答案解析

一、选择题

(一) 单项选择题

1. 目前主要使用的色淀基质是（　　）。

　　A. 二氧化钛　　　　　B. 氧化铝　　　　　C. 氧化钾　　　　　D. 碳酸钙

2. 下列关于赤藓红描述,不正确的是（　　）。

　　A. 属于夹氧杂蒽类水溶性色素

　　B. 良好的染着性,特别是对蛋白质染着性尤佳

　　C. 赤藓红在酸性条件下可发生沉淀

　　D. 中性水溶液呈黄色

3. 下列关于 β-胡萝卜素描述,不正确的是（　　）。

　　A. 服用过量可致维生素 A 中毒　　　　　B. 对光、热、氧不稳定

　　C. 重金属尤其是铁离子可促使其褪色　　　D. 不溶于水

(二) 多项选择题

4. 色调调配的基本色调包括（　　）。

　　A. 红　　　　　B. 黄　　　　　C. 蓝　　　　　D. 绿

5. 着色剂的基本要求包括（　　）。

　　A. 安全性　　　　　B. 着色度　　　　　C. 溶解度　　　　　D. 坚牢度

6. 合成油溶性色素有（　　）。

　　A. 胡萝卜素　　　　　B. 番茄红素　　　　　C. 叶绿素　　　　　D. 姜黄

二、思考题

1. 简述食品着色剂的定义和分类。

2. 简述天然着色剂的优缺点。

3. 焦糖色的生产方法有哪些？

书网融合……

本章小结　　　　　　微课　　　　　　题库

第五章

食品调味剂

 学习目标

〈知识目标〉

1. 掌握 甜味剂、酸度调节剂、增味剂的种类、性质。

2. 熟悉 甜味剂、酸度调节剂、增味剂在食品加工中的应用范围。

3. 了解 影响甜味剂、酸度调节剂的因素。

〈能力目标〉

1. 能够运用调味剂进行调味。

2. 会运用调味的基本知识解决味的相互作用相关问题。

〈素质目标〉

1. 培养安全意识和责任意识。

2. 培养科学严谨、实事求是、爱岗敬业的职业精神。

 情境导入

情境 日常生活中，可以发现很多食品都含有甜味剂，如碳酸饮料、口香糖、坚果、面包等食品，而每种食品含的甜味剂也各不相同，如阿斯巴甜、三氯蔗糖、木糖醇等。

问题 1. 食品配料表中出现的蔗糖属于食品添加剂吗？

2. 所有的甜味剂都不产生热量吗？

第一节 食品调味剂概述

PPT

味感是指食物在人的口腔内对味觉器官化学感受系统的刺激并产生的一种感觉，是除颜色、香气、性状以外形成食品风味的重要指标。

一、味的类别

目前世界各国对味感的分类有所不同。我国通常将味感分为酸、甜、苦、咸、辣、涩、鲜七味；日本将味感分为甜、苦、酸、咸、辣五味；印度将味感分为甜、苦、酸、咸、辣、淡、涩、异八味；欧美一些国家分为甜、苦、酸、咸、金属、辣六味，此外，还有些国家或地区的分类有凉味、碱味等。但是从生理学角度，酸、甜、苦、咸为四种最基本的味觉，其他味觉是对人体物理性的刺激作用，不作为独立的基本味道。

二、呈味机制

食品味感的产生是通过呈味物质刺激口腔内的味感受体，然后通过一个收集和传递信息的神经感觉系统传导到大脑的味觉中枢，最后通过大脑的综合神经中枢系统的分析，从而产生味觉。口腔内的味感受体主要是味蕾，其次是自由神经末梢。味蕾通常由 40~60 个味细胞组成。味细胞表面由蛋白质、脂质及少量的糖类、核酸、无机盐所组成，不同的味感物质在味细胞的受体上与不同的组分作用，如甜味物质的受体是蛋白质，咸味、苦味物质的受体是脂质。细胞后面连着传递信息的神经纤维，这些神经纤维再集成小束通向大脑。不同的味感物质在味蕾上会有不同的结合部位，反映在舌头上不同的部位会有不同的敏感性，舌尖部对甜味最敏感、舌边前部对咸味最敏感、舌靠腮的两侧对酸味最敏感，舌根对苦味最敏感。而辣的感受是由于刺激触觉神经引起的痛觉。

影响味感的因素很多，呈味物质的结构是影响味感的主要因素，一般来说，葡萄糖、果糖、蔗糖等糖类多呈甜味，柠檬酸、磷酸、醋酸等羧酸类多呈酸味，因此不同结构的物质呈现的味感不同。我们把能赋予食品酸、甜、苦、咸等味感的呈味物质称为调味剂。酸度调节剂、甜味剂、鲜味剂是我国常使用的调味剂。根据《食品安全国家标准　食品添加剂使用标准》（GB 2760—2024），食品调味剂种类中包括甜味剂、酸度调节剂和增味剂。

第二节　甜味剂

PPT

一、甜味剂的概念和甜味化学

（一）甜味剂的概念

《食品安全国家标准　食品添加剂使用标准》（GB 2760—2024）中规定：赋予食品以甜味的物质为甜味剂。理想的甜味剂应具备安全性高、味觉好、稳定性高、水溶性好、价格低等特点。

（二）甜味化学

1. 甜味及甜味特征　甜味是人们喜好的基本味感之一，许多食品都加入甜味剂以增强甜味。另外甜味还具有增强适口性、调节和增强食品的风味、掩蔽不良风味等作用，常用于改进食品的可口性和食用性。

常见的甜味物质大多为糖类中的单糖和双糖。如蔗糖、葡萄糖、麦芽糖、果糖、乳糖等都具有甜味。蔗糖是典型的甜味物质，其甜味纯正、甜感愉悦、甜度高低适当，蔗糖刺激舌尖味蕾 1 秒内产生甜味感觉，很快达到最高甜度，约 30 秒后甜味消失；果糖是最甜的糖，具有水果香味，甜味来得快，消失得也快；葡萄糖甜味不如蔗糖，甜味感觉反应慢，达到最高甜度速度也慢；乳糖的甜味较弱。

2. 甜味强度　一般用相对甜度来表示甜味的强弱。到目前为止甜度的测定还只能凭人们的味觉来判断，不能用物理或化学方法来定量测定。由于蔗糖水溶液较为稳定、甜味纯正、甜度高低适当，所以选择以蔗糖为参照物，其他甜味剂的甜度与蔗糖比较得到相对甜度。在 20 ℃条件下，以 5% 或 10% 蔗糖的甜度为 1，其他甜味剂与之相比较得到的即为相对甜度，又称比甜度。一些糖及甜味剂的比甜度见表 5－1。

表 5 – 1　一些糖及甜味剂的比甜度

糖类	比甜度	甜味剂	比甜度
蔗糖	1	木糖醇	1
葡萄糖	0.7	山梨糖醇	0.6
果糖	1.5	麦芽糖醇	0.8
半乳糖	0.6	糖精钠	300～500
麦芽糖	0.5	阿斯巴甜	150～200
乳糖	0.3	甜菊糖	200～300

3. 影响甜度的因素

（1）内在因素　结构是影响甜度的内在因素。一般来说，糖的羟基越多，该物质就越甜；糖的分子量越大溶解度越小，则甜度越小；糖的甜度与分子构型有关，$\alpha-D-$葡萄糖甜度大于$\beta-D-$葡萄糖，$\beta-D-$果糖甜度大于$\alpha-D-$果糖。

（2）外在因素　①浓度：一般甜味剂的浓度越高，甜度越大。甜味剂的甜味随浓度增大的程度并不相同，许多糖的甜度随浓度增高的程度比蔗糖大。但是还有一些甜味剂，在低浓度时呈现甜味，高浓度时出现苦味，如糖精钠、甜蜜素等。②温度：多数甜味剂的甜度受温度影响，过高、过低的温度，都会降低甜度。③甜味剂协同效应：不同的甜味剂混合时会互相提高甜度，利用此特点，可以调配复合甜味剂来提高甜度，起到增效作用，此外还可以起到改善风味、提高稳定性、减少使用量、降低成本的作用。

（三）甜味剂的种类

《食品安全国家标准　食品添加剂使用标准》（GB 2760—2024）规定允许使用的甜味剂有：纽甜（$N-[N-(3,3-$二甲基丁基$)]-L-\alpha-$天门冬氨$-L-$苯丙氨酸1–甲酯）、甘草酸盐（包括甘草酸铵、甘草酸一钾及三钾）、D–甘露糖醇、甜蜜素（环己基氨基磺酸钠）、环己基氨基磺酸钙、麦芽糖醇、麦芽糖醇液、乳糖醇（$4-\beta-D-$吡喃半乳糖$-D-$山梨醇）、三氯蔗糖（蔗糖素）、山梨糖醇、山梨糖醇液、索马甜、糖精钠、阿力甜（$L-\alpha-$天冬氨酰$-N-(2,2,4,4-$四甲基$-3-$硫化三亚甲基$)-D-$丙氨酰胺）、阿斯巴甜（天门冬酰苯丙氨酸甲酯）、天门冬酰苯丙氨酸甲酯乙酰磺胺酸、甜菊糖苷、安赛蜜（乙酰磺胺酸钾）、异麦芽酮糖、赤藓糖醇、罗汉果甜苷、木糖醇。

蔗糖、葡萄糖、果糖、麦芽糖、乳糖等糖类物质虽然有甜味，但是由于长期被人们食用，而且是重要的营养素，在我国通常视为食品原料，不作为食品添加剂管理。

（四）甜味剂的分类

1. 根据来源分类　可将甜味剂分为天然甜味剂和人工合成甜味剂。天然甜味剂包括甜菊糖苷、罗汉果甜苷、索马甜、甘草酸铵、甘草酸一钾及三钾、木糖醇、山梨糖醇和山梨糖醇液、麦芽糖醇和麦芽糖醇液、D–甘露糖醇、赤藓糖醇、异麦芽酮糖。人工合成甜味剂包括糖精钠、甜蜜素、纽甜、阿力甜、阿斯巴甜、安赛蜜、三氯蔗糖、乳糖醇等。

天然甜味剂具有甜度高（糖醇类甜度低）、保留时间长、热值低、吸湿性好、不升高血糖、不引起龋齿、润肠通便、使用安全等优点，但是成本高。

人工甜味剂具有甜度高、价格便宜、性质稳定、不参与机体代谢、耐热、不提供能量等优点，但也具有甜味不够纯正、安全性差等缺点。

2. 根据营养价值分类　可为营养型甜味剂和非营养型甜味剂。营养型甜味剂包括各种糖醇类，如木糖醇、山梨糖醇、麦芽糖醇等；非营养型甜味剂主要包括甜菊糖苷、罗汉果甜苷、阿斯巴甜、糖精钠、甜蜜素、安赛蜜等。

3. 根据化学结构和性质分类 可分为糖醇类和非糖类甜味剂。糖醇类甜味剂包括木糖醇、山梨糖醇和山梨糖醇液、麦芽糖醇和麦芽糖醇液、D-甘露糖醇、赤藓糖醇等，其他的为非糖类甜味剂。

二、天然甜味剂

（一）山梨糖醇、山梨糖醇液

分子式为 $C_6H_{14}O_6$，相对分子质量 182.17，为营养型甜味剂，由葡萄糖还原而制取。

1. 甜感特征 山梨糖醇相对甜度为 0.6，甜度与葡萄糖相当，具有清凉爽口的甜味，热值与蔗糖相近。

2. 性状与性能 山梨糖醇为无色针状晶体，易溶于水，山梨糖醇液为含 68%~76% 山梨糖醇的水溶液。山梨糖醇性质稳定，耐酸、耐碱、耐热，不被微生物发酵，不产生美拉德褐变反应，有吸湿性，可防止食品干燥、盐糖的结晶析出，还能保持甜、酸、苦味的平衡。

3. 安全性 山梨糖醇安全性高，摄入人体后不转化为葡萄糖，其代谢过程不受胰岛素控制。小鼠经口 LD_{50} 为 23.2~25.7 g/kg（体重）；ADI 不作规定。但因其在肠内滞留时间过长，人体摄入超过 50 g 时，可导致腹泻和消化失常。

4. 应用 《食品安全国家标准 食品添加剂使用标准》（GB 2760—2024）规定：冷冻水产糜及其制品（包括冷冻丸类制品等），最大使用量为 20 g/kg；生湿面制品（如面条、饺子皮、馄饨皮、烧麦皮），最大使用量为 30 g/kg；调味品、炼乳及其调制产品、脂肪乳化制品包括混合的和（或）调味的脂肪乳化制品（仅限植脂奶油）、冷冻饮品（食用冰除外）、果酱、腌渍的蔬菜、熟制坚果与籽类（仅限油炸坚果与籽类）、巧克力和巧克力制品、糖果、面包、糕点、饼干、焙烤食品馅料及表面用挂浆、调味品（盐及代盐制品、香辛料除外）、饮料类［包装饮用水、果蔬汁（浆）、浓缩果蔬汁（浆）除外］、膨化食品，按生产需要适量使用。山梨糖醇的吸湿性强，还可用于水分保持剂，用在冷冻鱼糜制品（包括鱼丸等）、熟干水产品、油炸水产品、熏（烤）水产品等。

（二）木糖醇

戊五醇，分子式为 $C_5H_{12}O_5$，相对分子质量 152.15，为营养型甜味剂。木糖醇原产于芬兰，是从白桦树、橡树、玉米芯、甘蔗渣等植物原料中提取出来的一种天然甜味剂。生产木糖醇是将玉米芯、甘蔗渣等农业作物进行深加工而制得的。

1. 甜感特征 相对甜度为 1，甜味纯正，有清凉甜味，与蔗糖甜度口感相当。

2. 性状与性能 白色结晶或结晶性粉末，几乎无臭，易溶于水，水溶液偏酸性，微溶于乙醇，热稳定性好，对金属离子有螯合作用，不发生美拉德褐变反应。溶于水时可吸收大量热量，是所有糖醇甜味剂中吸热值最大的一种。不受酵母菌和细菌作用，故适用于防龋齿食品。

3. 安全性 小鼠经口 LD_{50} 22 g/kg（体重），ADI 不作特殊规定，安全。

4. 应用 《食品安全国家标准 食品添加剂使用标准》（GB 2760—2024）规定：调制乳、风味发酵乳、调制乳粉和调制奶油粉、炼乳及其调制产品、调制稀奶油、干酪和再制干酪及其类似品、以乳为主要配料的即食风味食品或其预制产品（不包括冰淇淋和风味发酵乳）、其他乳制品（如乳清粉、酪蛋白粉）、人造黄油（人造奶油）及其类似制品（如黄油和人造黄油混合品）、冷冻饮品、加工水果、干制蔬菜、腌渍的蔬菜、蔬菜罐头、蔬菜泥（酱）（番茄沙司除外）、经水煮或油炸的蔬菜、豆类制品、坚果和籽类、可可制品、巧克力和巧克力制品（包括代可可脂巧克力及制品）以及糖果、发酵面制品、面糊（如用于鱼和禽肉的拖面糊）、裹粉、煎炸粉、油炸面制品、杂粮制品、淀粉及淀粉类制品、蒸馏酒、配制酒、黄酒、果酒等各类食品，按生产需要适量使用。

（三）甜菊糖苷

分子式为 $C_{38}H_{16}O_{18}$，相对分子质量 804.88，是从原产于拉丁美洲的一种菊科多年生植物的叶、茎提取加工所制成的甜味剂。

1. 甜感特征 甜菊糖苷甜度为蔗糖的 250～450 倍，甜味与蔗糖相似，在各种非糖质天然甜味剂中最近似蔗糖，带有少许苦味及涩味，高浓度味稍苦，是继甘蔗、甜菜糖之外第三种有开发价值和健康推崇的天然甜味剂，被国际上誉为"世界第三糖源"。

2. 性状与性能 白色至微黄色无臭的结晶性粉末，易溶于水，微溶于乙醇，吸湿性强，对热稳定性强，室温下性质较为稳定，耐光耐热，不发酵、不变色，但碱性条件下易分解。低温溶解甜度高，高温溶解甜度低但味感好。

3. 安全性 小鼠经口 $LD_{50} > 16 \text{ g/kg}$（体重）。致畸、致突变及致癌试验均呈阴性。

4. 应用 《食品安全国家标准 食品添加剂使用标准》（GB 2760—2024）规定：新型豆制品（大豆蛋白及其膨化食品、大豆素肉等），最大使用量为 0.09 g/kg；膨化食品、杂粮罐头、即食谷物［包括碾轧燕麦（片）］，最大使用量为 0.17 g/kg；调制乳，最大使用量为 0.18 g/kg；风味发酵乳、饮料类［包装饮用水、果蔬汁（浆）、浓缩果蔬汁（浆）除外］、发酵蔬菜制品，最大使用量 0.2 g/kg；配制酒，最大使用量 0.21 g/kg；果酱，最大使用量 0.22 g/kg；腌渍的蔬菜，最大使用量 0.23 g/kg；水果罐头，最大使用量 0.27 g/kg；糕点，最大使用量 0.33 g/kg；调味品（盐及代盐制品、香辛料类除外），最大使用量 0.35 g/kg；饼干，最大使用量 0.43 g/kg；果冻、冷冻饮品（食用冰除外），最大使用量 0.5 g/kg；熟制坚果与籽类，最大使用量 1 g/kg；糖果，最大使用量 3.5 g/kg；蜜饯，最大使用量 3.3 g/kg；可可制品、巧克力和巧克力制品，包括代可可脂巧克力及制品，最大使用量 0.83 g/kg；调味糖浆，最大使用量 0.91 g/kg；茶制品（包括调味茶和代用茶类），最大使用量 10 g/kg；餐桌甜味料，按生产需要适量使用。

（四）罗汉果甜苷

罗汉果甜苷取于广西特产经济植物罗汉果。

1. 甜感特征 相对甜度为 300，极甜，有罗汉果特征风味。产生热量为零，是低热量、非营养、非发酵型的甜味剂。

2. 性状与性能 浅黄色粉末，热稳定性强，易溶于水和稀乙醇，对光、热稳定，不发酵。还具有清热润肺镇咳、润肠通便之功效，对肥胖、便秘、糖尿病等具有防治作用。

3. 安全性 雌雄小鼠经口 $LD_{50} > 10 \text{ g/kg}$（体重）。

4. 应用 《食品安全国家标准 食品添加剂使用标准》（GB 2760—2024）规定：调制乳、风味发酵乳、调制乳粉和调制奶油粉、炼乳及其调制产品、调制稀奶油、稀奶油类似品、干酪和再制干酪及其类似品、其他乳制品（如乳清粉、酪蛋白粉）、人造黄油（人造奶油）及其类似制品（如黄油和人造黄油混合品）、脂肪类甜品、其他油脂或油脂制品、冷冻饮品、加工水果、干制蔬菜、腌渍的蔬菜、蔬菜罐头、干制食用菌和藻类、豆类制品、坚果和籽类、油炸面制品、焙烤食品、预制肉制品、熟肉制品、风味饮料、蒸馏酒等食品，按生产需要适量使用。

三、化学合成甜味剂

（一）糖精钠

学名为邻苯甲酰磺酰亚胺钠，分子式为 $C_7H_4NNaSO_3 \cdot 2H_2O$，是最古老的甜味剂之一。

1. 甜感特征　糖精钠甜度为蔗糖的 350 ~ 450 倍，甜味阈为 0.00018%，浓度高时带有后苦味。由于糖精钠单独使用会有后苦味和金属味，可通过和甜蜜素等其他甜味剂配合使用来改善不良后味。糖精钠与酸度调节剂并用，口感清爽甜味浓郁。

2. 性状与性能　白色结晶固体。易溶于水，其浓度过高或者单独使用会有令人讨厌的味道，性质稳定，在使用时易结块，不会引起食品发酵、不产生热量、不会引起食品染色，无营养价值，耐热及耐碱性差。在常温下，由于长时间放置糖精钠的水溶液后甜度降低，故糖精钠宜现用现配。糖精钠溶液加热煮沸会导致糖精钠分解使甜味减弱而产生苦味，在酸性条件下加热会转化成有苦味的邻氨基磺酰苯甲酸，所以加工时避免加入糖精钠后再加热。

3. 安全性　小鼠经口 LD_{50} 为 17.5 g/kg（体重），ADI 为 0 ~ 2.5 mg/kg（体重）。我国规定婴幼儿食品不得使用糖精钠，取消糖精钠在饮料中的使用。

4. 应用　《食品安全国家标准　食品添加剂使用标准》（GB 2760—2024）规定：冷冻饮品（食用冰除外）、腌渍的蔬菜、复合调味料、配制酒，最大使用量为 0.15 g/kg；果酱最大使用量为 0.2 g/kg；蜜饯凉果、新型豆制品（大豆蛋白及其膨化食品、大豆素肉等）、熟制豆类、脱壳熟制坚果与籽类，最大使用量为 1.0 g/kg；带壳熟制坚果与籽类，最大使用量为 1.2 g/kg；水果干类（仅限芒果干、无花果干）、凉果类、话化类、果糕类，最大使用量为 5.0 g/kg。

（二）甜蜜素

学名为环己基氨基磺酸钠，分子式为 $C_6H_{11}NHSO_3Na$，甜蜜素是以环己胺为原料，用氯磺酸或氨基磺酸盐磺化，再用氢氧化钠处理制得。

1. 甜感特征　甜度为蔗糖的 40 ~ 50 倍，保存过程中甜度不会降低，入口就能感觉到甜味，甜蜜素风味良好，不带异味，还能掩盖其他甜味剂带来的苦涩味，在复配时主要与前甜、后甜较长的高倍甜味剂配合使用，甜蜜素与糖精钠按 10：1 的比例使用会使产品的口感更好，能够互相掩盖对方的不良风味。

2. 性状与性能　白色针状或薄片状的结晶物，无臭，易溶于水，化学性质稳定，对热、光、空气稳定，加热后略有苦味，不发生焦糖化反应。酸性条件下略有分解，碱性条件下稳定，浓度大于 0.4% 时带苦味，溶于亚硝酸盐、亚硫酸盐含量高的水中，产生石油或橡胶样的气味。具有非吸湿性，不会引起微生物生长。

3. 安全性　鼠经口 LD_{50} 为 15.25 g/kg（体重），ADI 为 0 ~ 15 mg/kg（体重）。

4. 应用　《食品安全国家标准　食品添加剂使用标准》（GB 2760—2024）规定：冷冻饮品（食用冰除外）、水果罐头、腐乳类、饼干、复合调味料、饮料类［包装饮用水、果蔬汁（浆）、浓缩果蔬汁（浆）除外］、配制酒、果冻（果冻粉按冲调倍数增加使用量），最大使用量为 0.65 g/kg；果酱、蜜饯凉果、腌渍的蔬菜、熟制豆类，最大使用量为 1.0 g/kg；脱壳熟制坚果与籽类，最大使用量为 1.2 g/kg；面包、糕点、方便米面食品（仅限调味面制品），最大使用量为 1.6 g/kg；带壳熟制坚果与籽类，最大使用量为 6.0 g/kg；凉果类、话化类、果糕类，最大使用量为 8.0 g/kg；餐桌甜味料，按生产需要适量使用。膨化食品、小油炸食品在生产中不得使用甜蜜素。一般酒类中容易违规添加甜蜜素。

（三）安赛蜜

学名为乙酰磺胺酸钾，又称 AK 糖，分子式为 $C_4H_4KNO_4S$。

1. 甜感特征　甜度为蔗糖的 180 ~ 200 倍，甜味纯正而强烈，味持续时间长，口感爽口、风味良好。安赛蜜和阿斯巴甜按 1：1 复配使用会使甜度增加 30%，若配些甜蜜素会使制品的甜味、口感流畅，味道纯正。

2. 性状与性能　白色结晶粉末，易溶于水。安赛蜜无营养、无热量、安全可靠、耐酸耐热，无分解现象，是世界上稳定性最好的甜味剂之一。

3. 安全性　ADI 为 0～15 mg/kg（体重）。安赛蜜是目前世界上使用较安全的高倍甜味剂之一，无致突变性，不参与任何代谢作用。

4. 应用　《食品安全国家标准　食品添加剂使用标准》（GB 2760—2024）规定：冷冻饮品（食用冰除外）、糕点、果酱、蜜饯类等食品中，最大使用量为 0.3 g/kg；风味发酵乳（以乳为主要配料），最大使用量为 0.35 g/kg；调味品，最大使用量为 0.5 g/kg；糖果，最大使用量为 2.0 g/kg；熟制坚果与籽类，最大使用量为 3.0 g/kg；胶基糖果，最大使用量为 4.0 g/kg。

（四）三氯蔗糖

学名为 4,1′,6′-三氯-4,1′,6′-三脱氧半乳型蔗糖，分子式为 $C_{12}H_{19}Cl_3O_8$。三氯蔗糖是以蔗糖为原料经氯代而制得的一种非营养型高倍甜味剂。

1. 甜感特征　甜度为蔗糖 600 倍，甜味纯正，无任何异味，接近于白糖，是目前最优秀的功能性甜味剂之一。三氯蔗糖和其他甜味剂也经常复配使用，具有显著的增效作用；三氯蔗糖对辛辣、奶味等有增效作用，对酸味、咸味有淡化效果。

2. 性状与性能　白色粉末状，无异味、无吸湿性，性质稳定，对光、热、pH 均很稳定，极易溶于水。

3. 安全性　ADI 为 15 mg/kg（体重）。由于其具有的甜味高、储存期长、无热量和安全性高等优点，三氯蔗糖被认为代表了目前高倍甜味剂研究的最高水平和发展方向。

4. 应用　《食品安全国家标准　食品添加剂使用标准》（GB 2760—2024）规定：水果罐头、酱油、复合调味料、配制酒、冰焙烤食品等，最大使用量为 0.25 g/kg；调味乳、风味发酵乳、加工食用菌和藻类，最大使用量为 0.3 g/kg；香辛料酱（如芥末酱、青芥酱），最大使用量为 0.4 g/kg；果酱、果冻，最大使用量为 0.45 g/kg；方便米面制品，最大使用量为 0.6 g/kg；发酵酒（葡萄酒除外），最大使用量为 0.65 g/kg；调制乳粉和调制奶油粉、腐乳类、加工坚果与籽类、即食谷物包括碾轧燕麦（片），最大使用量为 1.0 g/kg；蛋黄酱、沙拉酱，最大使用量为 1.25 g/kg；其他杂粮制品（仅限微波爆米花），最大使用量为 5.0 g/kg；餐桌甜味料，按生产需要适量使用。

（五）阿斯巴甜

学名为天门冬酰苯丙氨酸甲酯，又叫甜味素、天冬甜素，分子式为 $C_{14}H_{18}N_2O_5$。

1. 甜感特征　甜度为蔗糖的 150～200 倍，甜味与蔗糖的风味相近，甜味纯正，有凉爽感，没有苦涩、甘草味和金属味，配制饮料时还可增强水果风味，与蔗糖或其他甜味剂并用时甜度增加。产生的热值低，仅为蔗糖的 1/200。

2. 性状与性能　为无色结晶粉末、无臭，可溶于水，性质不稳定，溶解度随 pH 的不同而不同，仅在 pH 3～5 环境中稳定。酸性条件下分解产生单体氨基酸，中性或碱性时可环化为二酮哌嗪，不仅会使甜味消失，还会产生苦味。在高温条件下也不稳定，温度高于 100 ℃时甜度下降或消失，故用于偏酸性的冷饮中较合适。对香精具有增效作用，可增加产品风味的强度和持久度。

3. 安全性　小鼠经口 $LD_{50} > 10$ g/kg（体重），ADI 为 0～40 mg/kg（体重）。阿斯巴甜进入机体内，可分解为苯丙氨酸、天冬氨酸和甲醇，被国际癌症研究机构列入可能为人类致癌物质，经过正常代谢后排出体外，不在体内蓄积，安全无毒，目前世界各国普遍使用。

4. 应用　《食品安全国家标准　食品添加剂使用标准》（GB 2760—2024）规定：调制乳、果蔬汁（浆）类饮料、蛋白饮料、碳酸饮料、茶、咖啡、植物（类）饮料、特殊用途饮料、风味饮料，最大使用量为 0.6 g/kg；稀奶油（淡奶油）及其类似品（稀奶油除外）、风味发酵乳、非熟化干酪、干酪类似品、以乳为主要配料的即食风味食品或其预制产品（不包括冰淇淋和风味发酵乳）、脂肪乳化制品包括混合的和（或）调味的脂肪乳化制品、脂肪类甜品、冷冻饮品（食用冰除外）、水果罐头、果酱、果泥、装饰性果蔬、水果甜品（包括果味液体甜品）、发酵的水果制品、煮熟的或油炸的水果、冷冻蔬菜、干制蔬菜、果酱（如印度酸辣酱）、果冻（如用于果冻粉，按稀释倍数增加使用量）、蔬菜罐头、蔬菜泥（酱）（番茄沙司除外）、经水煮或油炸的蔬菜、经水煮或油炸的藻类、其他加工蔬菜、食用菌和藻类罐头、其他蛋制品、其他加工食用菌和藻类、装饰糖果（如工艺造型，或用于蛋糕装饰）、顶饰（非水果材料）和甜汁、即食谷物包括碾轧燕麦（片）、谷类和淀粉类甜品（如米布丁、木薯布丁）、焙烤食品馅料及表面用挂浆，最大使用量为 1 g/kg；液体复合调味料，最大使用量为 3 g/kg；糕点、饼干、其他焙烤食品，最大使用量为 1.7 g/kg；冷冻水果、水果干类、蜜饯、调制乳粉和调制奶油粉、固体复合调味料、半固体复合调味料，最大使用量为 2 g/kg 等。添加阿斯巴甜的食品应标明："阿斯巴甜（含苯丙氨酸）"。

单一的甜味剂各有优缺点，如甜蜜素价格较低，但有苦味且耐酸性差。安赛蜜价格较高，但其甜味爽快，持续时间较长，性质稳定，但使用时需限制添加量。但把几种甜味剂复合，可起到弥补或掩蔽不良口味和改良风味的作用，同时也可以起到提高甜度的增效作用，如甜蜜素与糖精、蔗糖或其他甜味剂复合使用甜度更大，风味更佳。

四、甜味剂在食品中的使用注意事项

1. 糖精钠在加工时要避免加入糖精钠再加热，一定在加热后加入糖精钠。

2. 甜蜜素有一定后苦味，使用时可以与糖精钠以 9∶1 或 10∶1 比例混合，可以掩蔽苦味，使用效果会更好。

3. 阿斯巴甜用于需要高温灭菌处理的制品，应控制加热时间不超过 30 秒。由于阿斯巴甜在高温、强酸下易分解，因而在焙烤、油炸、强酸食品中不能使用。

4. 安赛蜜有增香作用，添加安赛蜜的食品，香精可保持稳定。

5. 甜菊糖苷带有苦味，使用时须与蔗糖等混用，可掩蔽其苦味。

PPT

第三节 酸度调节剂

一、酸度调节剂的概念、酸味的影响因素及其应用

（一）酸度调节剂的概念

《食品安全国家标准 食品添加剂使用标准》（GB 2760—2024）规定：用以维持或改变食品酸碱度的物质为酸度调节剂。

《食品安全国家标准 食品添加剂使用标准》（GB 2760—2024）规定，允许使用的酸度调节剂有：富马酸、富马酸一钠、己二酸、L(＋)－酒石酸、dl－酒石酸、柠檬酸、偏酒石酸、氢氧化钙、氢氧化钾、乳酸、乳酸钙、碳酸钾、碳酸钠、碳酸氢钾、碳酸氢三钠（又名倍半碳酸钠）、盐酸、乙酸钠（又名醋酸钠）、DL－苹果酸钠、L－苹果酸、DL－苹果酸、冰乙酸（低压羰基化法）、柠檬酸钾、柠檬酸钠、柠檬酸一钠、葡萄糖酸钠、磷酸（湿法）。目前我国使用量最大的酸度调节剂是柠檬酸。

酸度调节剂根据作用不同分为酸味剂、碱性剂、缓冲剂 3 种类型，柠檬酸、乳酸、酒石酸、苹果酸、偏酒石酸、磷酸、乙酸、盐酸、乙二酸、富马酸等为酸味剂；碳酸钠（苏打）、碳酸氢三钠、碳酸钾、碳酸氢钾等为碱性剂，主要用于面制品；柠檬酸钠、柠檬酸钾、柠檬酸一钠、乳酸钠为缓冲剂。配合柠檬酸盐使用酸味显得更为平和。

（二）影响酸味剂酸味的因素

酸味是由酸味剂的溶液中电离出的氢离子刺激味觉神经而引起的感觉，所以在溶液中能电离出氢离子的物质都是酸味物质。大多数食品的 pH 为 5~6.5，呈弱酸性，但无酸味感觉，若 pH 在 3.0 以下，酸味感强。但是酸味的强弱不能单用 pH 表示。如在相同 pH 下，酸度排列顺序为：乙酸＞甲酸＞乳酸＞盐酸。酸味剂结构不同，产生的酸感特征也不同。常见的一些酸味剂的 pH 及酸感特征见表 5-2。

表 5-2　一些食用酸的 pH 及酸感特征

酸味剂	pH	酸感特征
柠檬酸	2.8	温和、爽快，有新鲜感
醋酸	3.35	带刺激性
乳酸	2.87	酸味柔和，具后酸味、稍有涩感
酒石酸	2.8	稍有涩感，有较强的葡萄、柠檬风味，酸味强烈
富马酸	2.79	酸味爽快，有强涩味
苹果酸	2.91	爽快、稍苦
琥珀酸	3.2	兼有海扇和豆酱类风味，有鲜味
葡萄糖酸	2.82	温和爽快、圆滑柔和
磷酸		强烈的收敛味和涩味

影响酸味剂酸味的因素如下。

1. 氢离子浓度　在相同条件下氢离子浓度大的酸味剂酸感也强，但二者间无函数关系。如酸味强度接近的苹果酸和醋酸相比较，醋酸的氢离子浓度要低得多。酸味感的时间长短和 pH 不成正比，解离速度慢的有机酸酸感持续时间长，解离速度快的有机酸酸感持续时间短。

2. 阴离子　在相同的浓度下，不同阴离子的酸味强弱不同。如同一浓度比较不同酸的酸味强度顺序为：盐酸＞硝酸＞硫酸＞甲酸＞乙酸＞柠檬酸＞苹果酸＞乳酸＞丁酸。

3. 温度　酸味与甜味、咸味及苦味相比，受温度的影响最小。酸以外的各种味觉常温与 0 ℃时的阈值相比，各种味觉变钝。

如各种呈味物质常温时的阈值与 0 ℃的阈值相比，盐酸奎宁产生的苦味阈值减少 97%，食盐产生的咸味阈值减少 80%，蔗糖产生的甜味阈值减少 75%，而柠檬酸产生的酸味阈值仅减少 17%。

4. 其他味觉的影响　酸味与甜味或咸味物质均会降低酸度，有消杀作用，因此一般在食品加工中要控制合适的糖酸比例。而酸味与苦味、咸味难于相互抵消，一般无消杀现象。酸味与涩味物质或收敛性物质（如单宁）混合，会使酸味增强。如无机酸中加入 3% 蔗糖，酸度会下降 15%。

知识链接

阈　值

阈值是指某一化合物能被人的感觉器官（味觉或嗅觉）所辨认时的最低浓度。感觉器官对味觉化合物感受敏感性及阈值各不相同。

甜味 - 蔗糖，阈值一般为 0.3%（w/w）。

咸味 - 氯化钠，阈值一般为 0.2%（w/w）。

酸味 - 柠檬酸，阈值一般为 0.02%（w/w）。

苦味 - 奎宁，阈值一般约为 16 mg/kg。

（三）酸度调节剂在食品中的应用

在食品生产中常用的有机酸味剂有柠檬酸、苹果酸、酒石酸、乳酸、葡萄糖酸等；常用的无机酸味剂有磷酸。目前我国使用量最大的酸度调节剂是柠檬酸，其次是乙酸、乳酸。

在食品工业中使用酸度调节剂不但可以调节食品体系的酸碱性，还可通过调节 pH 防止食品腐败变质，还可作为抑制微生物生长和抗氧化剂的增效剂等。

1. 赋予食品酸味　酸度调节剂用于调节食品体系的酸碱性，用在饮料、果酱、腌制食品、果酒、调味品等食品中。

2. 用于保持食品的最佳形态和韧度　在凝胶、干酪、果冻、软糖、果酱等食品中，为了取得产品的最佳形态和韧度，必须正确调整 pH，果胶的凝胶、干酪的凝固尤其如此。

3. 抑菌作用　降低了体系的 pH，可以抑制许多有害微生物的繁殖，抑制不良的发酵过程。微生物生长繁殖需要适宜的 pH，多数细菌为 $6.5 \sim 7.5$，酵母菌、霉菌为 $3 \sim 4$，因此，酸味剂通过调整 pH 起防腐作用，同时还能增强苯甲酸、山梨酸等酸型防腐剂的抗菌效果，减少食品高温杀菌温度和时间，从而减少高温对食品结构与风味的不良影响。

4. 作香味辅助剂　酸度调节剂在一定程度上配合香精香料发挥辅助作用。如添加苹果酸可以辅助水果和果酱的香味；磷酸可以辅助可口可乐香味；酒石酸辅助葡萄香味；柠檬酸的酸味可以掩蔽或减少某些异味。

5. 平衡风味、修饰蔗糖或者甜味剂的甜味　未加酸度调节剂的糖果、果酱、果汁、饮料等味道平淡，甜味也很单调，加入适量的酸度调节剂来调整糖酸比，就能使食品的风味显著改善，而且会使被掩蔽的风味再现，使产品更加适口。

6. 可螯合金属离子　作为螯合剂，通过螯合金属离子 Fe、Cu 等，避免食品发生氧化、变色，Fe、Cu 离子是油脂氧化、蔬菜褐变、色素褪色的催化剂，加入柠檬酸与其络合从而使其失去催化活性。

7. 具有缓冲作用　食品加工保存过程中都需稳定的 pH，要求 pH 变动范围很窄，单纯酸碱调整 pH 往往失去平衡，用有机酸及其盐类配成缓冲系统，不会引起 pH 过分波动。如在糖果生产中可用于蔗糖的转化、抑制褐变。

此外还可作为膨松剂、水果蔬菜的护色剂、肉类的护色助剂等。

二、酸度调节剂的使用注意事项

1. 固体酸味剂的保存　根据它的性质如吸湿性、溶解性等，采用适当的包装材料和包装容器。

2. 在加工工艺中注意加入的顺序和时间　酸味剂电离的 H^+ 会影响食品的加工条件，在加工中会与纤维素、淀粉等食品原料作用，也会同甜味剂、鲜味剂等食品添加剂相互影响。所以在食品加工工艺中一定要有加入酸味剂的程序和时间，否则会产生不良后果。如制备果酱在其浓缩接近终点时再添加柠檬酸；制备水果硬糖在制膏冷却时添加柠檬酸；生产冰棍和雪糕时先将柠檬酸在耐酸的容器中加沸水溶解，待灭菌的料液打入冷却罐冷却后再加入。柠檬酸不应与防腐剂山梨酸钾、苯甲酸钠等溶液同时添加，可分别先后添加，以防止形成难溶于水的山梨酸、苯甲酸结晶，影响防腐效果。

3. 注意副味的产生　阴离子除影响酸味剂的风味外，还能影响食品风味，常使食品产生另一种味，这种味称为副味。如磷酸具有苦涩味，会使食品风味变劣。一般有机酸可具有爽快的酸味，而无机酸一般酸味不很适口。

4. 会引起消化功能的疾病　酸味剂有刺激性，能增强唾液的分泌，增强肠胃的蠕动，促进消化吸收，但是过久的刺激，会引起消化功能的疾病。

三、常用的酸度调节剂

（一）柠檬酸

柠檬酸是功能最多、用途最广的酸度调节剂，又称枸橼酸，学名为3－羟基－3－羧基戊二酸，一水柠檬酸分子式为$C_6H_8O_7 \cdot H_2O$。柠檬酸在柑橘类及浆果类水果中含量最多，尤其是柑橘属的水果中都含有较多的柠檬酸，特别是柠檬和青柠中含量较高。人工合成的柠檬酸是用砂糖、糖蜜、淀粉、葡萄等含糖物质发酵而制得的。

1. 酸感特征　柠檬酸是食品酸度的标准物。柠檬酸有令人愉快的、爽快柔和的、有清凉感的酸味，最高酸感来得快，但味感消失快，后味时间短，能赋予水果的味道。使用时若与柠檬酸钠复配使用，酸味更柔美。

2. 性状与性能　根据其含水量的不同，有一水柠檬酸和无水柠檬酸。一水柠檬酸易风化失水即得无水柠檬酸。在室温下，柠檬酸为无色半透明晶体或白色颗粒或白色结晶性粉末，无臭，易溶于水、乙醇、乙醚，其水溶液有较强酸味，有吸湿性。柠檬酸除了可以调节酸味外，还有抑制细菌、护色、螯合有害金属、改进风味、促进蔗糖转化等作用。因此在食品中是功能最多、用途最广的酸度调节剂。

3. 安全性　大鼠经口LD_{50}为6730 mg/kg（体重），ADI不作特殊规定（FAO/WHO，2001）。柠檬酸是人体三羧酸循环的重要中间体，参与体内正常的代谢，无蓄积作用。

4. 应用　《食品安全国家标准　食品添加剂使用标准》（GB 2760—2024）规定：调制乳、风味发酵乳、饮料、水果罐头、糖果等食品中，按生产需要适量使用。汽水和果汁中一般用量为$1.2 \sim 1.5$ g/kg，浓缩果汁为$1 \sim 3$ g/kg，桃罐头一般使用量为$2 \sim 3$ g/kg，梨罐头一般使用量为1 g/kg，橘片罐头一般使用量为$1 \sim 3$ g/kg，使用时要注意现用现配，加酸后的糖液要在2小时内用完。在蔬菜罐头中，对调味及保持罐头品质有利。

（二）冰乙酸

又名冰醋酸，化学式CH_3COOH，为发酵调味料食醋主要成分，冰醋酸是我国应用最早、使用最多的酸味剂。

1. 酸感特征　酸味较柠檬酸强，有强烈的刺激性气味。

2. 性状与性能　无色液体，有强烈的刺激性气味，能溶于水、乙醇、乙醚、四氯化碳及甘油等有机溶剂，可用作酸度调节剂、增味剂、香料等。由于pH较低，有抑制微生物作用。

3. 安全性　小鼠经口LD_{50}为4.96 g/kg（体重），大鼠经口LD_{50}为3.3 g/kg，ADI不作特殊规定（FAO/WHO，1994）。但是有强烈的刺激性气味，吸入后对鼻、喉和呼吸道有刺激性。对眼有强烈刺激作用。皮肤接触，轻者出现红斑，重者引起化学灼伤。误服浓乙酸，口腔和消化道可产生糜烂，重者可因休克而致死。

4. 应用　《食品安全国家标准　食品添加剂使用标准》（GB 27600—2024）规定：调制乳、风味发酵乳、饮料、水果罐头、糖果等食品中，按生产需要适量使用。一般用于含有醋酸食品的调配，特别是酸味的强化，使用时应稀释后再使用。

（三）乳酸

学名为2－羟基丙酸，分子式是$C_3H_6O_3$，有三种异构体：L－乳酸、D－乳酸、DL－乳酸。乳酸在果菜中很少存在，为发酵乳品和蔬菜的特征酸，存在于酸奶、酸菜等发酵食品、腌渍物、果酒、清酒、酱油及乳制品中。

1. 酸感特征　酸味柔和，有后酸味，有特异收敛性酸味。

2. 性状与性能 乳酸为无色或浅黄色的透明液体，无臭，可溶于水、乙醇、乙醚、丙酮，几乎不溶于三氯甲烷、石油醚，有吸湿性，乳酸赋予食品清爽的酸味，也用于酱油、酱的香味缓冲剂。乳酸还具有较强的杀菌作用，能防止杂菌生长，抑制异常发酵，具有防腐剂的功能。

3. 安全性 大鼠经口 LD_{50} 为 4.8 g/kg（体重），小鼠经口 LD_{50} 为 1.8 g/kg（体重），ADI 不作限制性规定（FAO/WHO，2001）。

4. 应用 《食品安全国家标准 食品添加剂使用标准》（GB 2760—2024）规定：可用于婴幼儿配方食品、稀奶油、风味发酵乳、调制乳、腌渍蔬菜、蔬菜罐头、酱油、饮料、果酒等食品，按生产需要适量使用。多应用于乳酸饮料和果味露中，且与柠檬酸并用。用于果汁饮料 2.5～5.5 g/kg，乳酸饮料、果汁型饮料中一般用量为 0.4～2 g/kg；糖果 130 mg/kg；调味品 300 mg/kg。

（四）L–苹果酸

学名为羟基丁二酸。分子式是 $C_4H_6O_3$，苹果酸有 L–苹果酸、D–苹果酸、DL–苹果酸 3 种异构体。苹果酸酸味柔和，酸味比柠檬酸强，用量比柠檬酸少，产生的热量比柠檬酸低，且不损害口腔与牙齿，具有特殊的香味，被生物界和营养界誉为"最理想的食品酸度调节剂"，并有逐渐替代柠檬酸的势头，是目前世界食品工业中用量最大和发展前景较好的有机酸之一。

1. 酸感特征 苹果酸酸味比柠檬酸高 20% 左右，酸感圆润爽口，稍有苦涩感，呈味缓慢但持久，正好与柠檬酸呈味特性互补，当 50% L–苹果酸与 20% 柠檬酸共用时，可呈现强烈的天然果实风味。

2. 性状与性能 为白色结晶性粉末，有臭味，极易溶于水，微溶于乙醇，有较强的吸湿性，1% 水溶液的 pH 为 2.4，在水果中使用苹果酸有很好的抗褐变作用，可作为酸度调节剂、抗氧化增效剂。

3. 安全性 大鼠经口 LD_{50} 为 1.6～3.2 g/kg（体重），兔经口 LD_{50} 为 5.0 g/kg（体重），狗经口 LD_{50} 为 1.0 g/kg（体重）。ADI 不作特殊规定（FAO/WHO，2001）。但其高浓度时，对皮肤黏膜有刺激作用。

4. 应用 《食品安全国家标准 食品添加剂使用标准》（GB 2760—2024）规定：调制稀奶油、风味发酵乳、调制乳、腌渍蔬菜、蔬菜罐头、发酵面制品、糖果、酱油、饮料、果酒、膨化食品等食品，按生产需要适量使用。目前广泛应用于酒类、饮料、果酱、口香糖等多种食品中。用于焙烤食品 0.6～1.5 mg/kg，用于果酱果冻 1～3 g/kg，用于果汁饮料 2.5～5.5 g/kg。

（五）L(+)–酒石酸

学名为 2,3–二羟基丁二酸，分子式是 $C_4H_6O_6$。酒石酸有三种异构体：L–酒石酸、D–酒石酸、DL–酒石酸。L–酒石酸广泛存在于水果中，尤其是葡萄，也是葡萄酒中主要的有机酸之一。

1. 酸感特征 酸味是柠檬酸的 1.2～1.3 倍，酸味爽口，稍有涩味，在口中保持时间则最短，有较强的葡萄、柠檬风味。很少单独使用，多与柠檬酸、苹果酸并用，适合于添加到葡糖风味制品，也可作为速效合成膨松剂的酸味剂。

2. 性状与性能 为无色透明晶体或白色粉末，无臭，可溶于水、乙醇，几乎不溶于三氯甲烷，稍有吸湿性。

3. 安全性 小鼠经口 LD_{50} 为 4360 mg/kg（体重）。ADI 为 0～0.03 g/kg（体重）（FAO/WHO，1994）。酒石酸进入人体后，20%（质量）由尿排出。

4. 应用 《食品安全国家标准 食品添加剂使用标准》（GB 2760—2024）规定：葡萄酒，最大使用量为 4.0 g/L；果蔬汁（浆）类饮料、植物蛋白饮料、复合蛋白饮料、碳酸饮料、茶、咖啡、植物（类）饮料、特殊用途饮料、风味饮料，最大使用量为 5.0 g/L，固体饮料，按稀释倍数增加使用量；面糊（如用于鱼和禽肉的托面糊）、裹粉、煎炸粉、油炸面制品、固体复合调味料，最大使用量为 10.0 g/L；糖果，最大使用量为 30.0 g/L。以上皆以酒石酸计。

（六）富马酸

又名延胡索酸，学名为反丁烯二酸，分子式是 $C_4H_4O_4$，是最简单的不饱和二元羧酸。最早从延胡索中发现，此外也存在于多种蘑菇和新鲜牛肉中。

1. 酸感特征 有特殊酸味，有较强刺激性，有涩味，酸味为柠檬酸的1.5倍，是酸味最强的固体酸之一。

2. 性状与性能 为白色结晶性粉末，微溶于水，溶于乙醇，富马酸对油包水型乳化剂有稳定作用，有强缓冲作用，可保持水溶液在 pH 3.0 左右，可抑菌防霉，吸水率低，有助于延长粉末制品的保存期。在食品中可作酸度调节剂、增香剂、抗氧化助剂。

3. 安全性 大鼠经口 LD_{50} 为 10700 mg/kg（体重），ADI 不作特殊规定（FAO/WHO，2001）。富马酸是三羧酸循环的中间体，可参与机体正常代谢。富马酸的异构体马来酸（顺丁烯二酸）有毒性，而富马酸几乎无毒性。

4. 应用 《食品安全国家标准 食品添加剂使用标准》（GB 2760—2024）规定：碳酸饮料（固体饮料按稀释倍数增加使用量），最大使用量为 0.3 g/kg；果蔬汁（浆）饮料、生湿面制品（如面条、饺子皮、馄饨皮、烧麦皮），最大使用量为 0.6 g/kg；焙烤食品馅料及表面用挂浆、其他焙烤食品，最大使用量为 2.0 g/kg；面包、糕点、饼干，最大使用量为 3.0 g/kg；胶基糖果，最大使用量为 8.0 g/kg。

（七）磷酸（湿法）

别名正磷酸，化学式 H_3PO_4，是一种常见的无机酸，是中强酸。

1. 酸感特征 酸味为柠檬酸的 2.3~2.5 倍，有强烈的收敛味和涩味，风味不如有机酸好。磷酸为可乐型饮料的特征酸，主要用于可乐饮料的生产。

2. 性状与性能 为无色透明稠状液体，一般浓度为 85%~98%，无臭，易吸水，可与水或乙醇混溶，磷酸在空气中容易潮解。加热会失水得到焦磷酸，再进一步失水得到偏磷酸。

3. 安全性 磷酸无强氧化性、强腐蚀性，是较为安全的酸，属低毒类，大鼠经口 LD_{50} 为 1530 mg/kg（体重），兔经皮 LD_{50} 为 2740 mg/kg（体重），ADI 为 0~70 mg/kg（体重）。过多摄入不仅会降低人体对钙的吸收，还会加快钙的流失，引起钙磷失调，导致青少年骨骼发育缓慢，骨质疏松。

4. 应用 《食品安全国家标准 食品添加剂使用标准》（GB 2760—2024）规定：可乐型碳酸饮料，最大使用量为 5.0 g/kg。

第四节 增味剂 微课

PPT

一、增味剂的概念和分类

（一）增味剂的概念

《食品安全国家标准 食品添加剂使用标准》（GB 2760—2024）中定义：补充或增强食品原有风味的物质为增味剂，也称鲜味剂。鲜味不影响酸、甜、苦、咸4种基本味和其他呈味物质的味觉，而是增强味觉各自的风味特征，从而改进食品的可口性。

（二）增味剂的分类

《食品安全国家标准 食品添加剂使用标准》（GB 2760—2024）规定，目前我国规定允许使用的鲜味剂有：氨基乙酸（又名甘氨酸）、L-丙氨酸、琥珀酸二钠、谷氨酸钠、5′-鸟苷酸二钠、5′-肌苷酸二钠、5'-呈味核苷酸二钠（又名呈味核苷酸二钠）、辣椒油树脂、糖精钠。根据化学成分，增味剂可分为氨基酸类增味剂、核苷酸类增味剂、正羧酸类增味剂。

1. 氨基酸类鲜味剂　包括谷氨酸钠（MSG）、L-丙氨酸、甘氨酸。各种氨基酸有其独特的风味，如甘氨酸有虾及墨鱼味，L-丙氨酸增强腌制品风味，谷氨酸钠有鲜肉味。

2. 核糖核苷酸类鲜味剂　包括 5'-肌苷酸二钠、5'-鸟苷酸二钠、5'-呈味核苷酸二钠。

3. 正羧酸类增味剂　包括琥珀酸二钠。

（三）增味剂的协同效应

增味剂合用有显著的协同作用，可大大增强鲜度。如 12% 的鸟苷酸与 88% 的谷氨酸钠组合的复合物的鲜味强度相当于谷氨酸钠的 9.9 倍、12% 的鸟苷酸钠和肌苷酸钠 1：1 复合物与 88% 的谷氨酸钠组合形成的复合物的鲜味强度相当于谷氨酸钠的 8.1 倍。强力味精大都是基于这个原理制成的。

> **知识链接**
>
> 增味剂的发展
>
> 经历了五代。
>
> 第一代，主要是 L-谷氨酸钠，即味精。
>
> 第二代，主要各种核苷酸类，如肌苷酸、鸟苷酸。
>
> 第三代，增味剂指鸡精及其相似产品，主要由味精、核苷酸、动物蛋白质水解物、植物蛋白质水解物及酵母抽提物为主体，配以其他辅料制得。呈味能力更强、更丰富、更圆润。
>
> 第四代，主要是复合型增味剂。是由氨基酸、味精、核苷酸、天然的水解物或萃取物、有机酸、甜味剂无机盐甚至香辛料、油脂等各种具有不同增味作用的原料经科学方法组合、调配、制作而成的调味产品，能够直接满足某种调味目的。这些调味具有营养功能的同时，还具有特殊的风味。
>
> 第五代，鲜味调味料为天然提取物与天然复合调味料。

二、常用的鲜味剂

（一）谷氨酸钠

别名味精、麸氨酸钠、味素、L-谷氨酸一钠，简称 MSG。分子式为 $C_5H_8NNaO_4$。味精的主要成分为谷氨酸钠，味精是指以粮食为原料经发酵提纯的谷氨酸钠结晶。

1. 鲜感特征　具有强烈的肉类鲜味，略有甜味和咸味，谷氨酸钠鲜度阈值为 0.014%，是鲜度的标准物。在微酸性溶液中鲜味更突出，pH 在 6~7 时，谷氨酸钠全部解离，鲜味最高；在 pH<3.2 时，呈鲜能力最低；pH>7 时，鲜味消失。还具有缓和咸、酸、苦等味的作用，并能引出食品中所具有的自然风味。添加谷氨酸钠不仅能增进食品的鲜味，对香味也有促进作用。

2. 性状与性能　为无色至白色结晶或晶体粉末，无臭，易溶于水，微溶于乙醇，不溶于乙醚和丙酮等有机溶剂。不吸湿，对光稳定，贮存时无变化。在碱性加热条件下发生消旋作用，呈味力降低；在 pH<5 的酸性条件下加热会发生吡咯烷酮化，变成焦谷氨酸，呈味力降低；中性条件下加热很少发生变化；在更高温度和强酸或强碱条件下，会转化为 DL-谷氨酸盐，呈味力降低。

3. 安全性　大鼠经口 LD_{50} 为 17 g/kg（体重），ADI 不作规定。机体摄入后，参与体内正常的代谢，包括氧化脱氨、转氨、脱羧等，一般用量不存在毒性问题。但空腹大量食用味精会出现头晕、头痛、面潮红等症状，若与蛋白质或其他氨基酸同食则无此现象；由于谷氨酸钠中含钠，过多摄入会使血压升高；谷氨酸会造成婴儿体内锌的缺乏，婴儿不宜过多食用。

4. 应用 谷氨酸钠是味精的主要成分，市售味精谷氨酸钠含量分别为99%、98%、95%、90%、80%五种。味精一般使用浓度0.2%~0.5%。《食品安全国家标准 食品添加剂使用标准》（GB 2760—2024）规定：乳制品、冷冻制品、水果制品、蔬菜制品、豆制品、面制品、饮料、罐头等各类食品中，按生产需要适量使用。生产中，通常谷氨酸钠在食品中一般用量为0.2~1.5 g/kg，也有些用量为5 g/kg以上。在豆制品中添加1.5 g/kg谷氨酸钠，在曲酒中添加0.054 g/kg风味更好；加到竹笋、蘑菇罐头中，可防止内容物产生沉淀。

（二）L-丙氨酸

又称L-氨基丙酸，分子式为$C_3H_7NO_2$。

1. 鲜感特征 具有鲜味，味感甜稍酸，能诱发食物本身的味道，是甜味很强的氨基酸，甜度为蔗糖的1.2倍。具有良好的呈味性，可缓和食物中的酸味、咸味，淡化苦味、辣味和涩味，提高味道持久性，能显著提高食物的口感。将其添加在腌制食品、粥、酱油、味增等食品中，增加食品的鲜味和浓郁的香味。L-丙氨酸单独使用时能呈现出很好的鲜味，与核苷酸系呈味剂以及谷氨酸钠一起使用，可以起到协同增效的效果，产生独特的美味。L-丙氨酸与其他物质即使浓度都在临界值以下，也能明显地表现出美味的相互作用。

2. 性状与性能 为无色结晶至白色结晶性粉末，易溶于水，不溶于乙醇，不溶于乙醚和丙酮。

3. 安全性 小鼠经口$LD_{50} > 10$ g/kg（体重）。由于L-丙氨酸不含有钠离子，不会引起高血压，安全性更高。

4. 应用 《食品安全国家标准 食品添加剂使用标准》（GB 2760—2024）规定：调味料（盐及代盐制品、香辛料除外），按生产需要适量使用。

（三）甘氨酸

又名氨基己酸，分子式为$C_2H_5NO_2$。

1. 鲜感特征 具有鲜味，有虾及墨鱼风味，味甜稍酸。

2. 性状与性能 白色至灰白色结晶粉末，易溶于水，难溶于乙醇，易与糖类发生美拉德反应。

3. 安全性 大鼠经口$LD_{50} > 7935$ mg/kg（体重）。

4. 应用 《食品安全国家标准 食品添加剂使用标准》（GB 2760—2024）规定：调味料（盐及代盐制品、香辛料除外）、果蔬汁（浆）类饮料、植物蛋白饮料，最大使用量为1.0 g/kg；预制肉制品、熟肉制品，最大使用量为3.0 g/kg。

（四）5′-鸟苷酸二钠

也称5′-鸟苷酸钠、鸟苷-5′-磷酸钠，简称GMP。分子式为$C_{10}H_{12}N_5Na_2O_8P$。5′-鸟苷酸二钠广泛存在于核苷酸提取物中，以酵母提取物、沙丁鱼、肉类、贝类中尤多。

1. 鲜感特征 有特殊的香菇风味特征，鲜味阈值为0.0035%，与氨基酸类鲜味剂同时使用，才会发挥呈鲜效果作用，鲜味程度为肌苷酸钠的三倍以上。与谷氨酸钠合用有极强的相乘作用，增鲜倍数在5~6倍，混合时用量为谷氨酸钠的1%~5%；也可增加汤汁的"肉质"感。也可与5′-肌苷酸钠混合使用，市场上的5′-呈味核苷酸（I+G）是5′-肌苷酸钠与5′-鸟苷酸钠1:1的混合物，广泛应用于各类食品。

2. 性状与性能 为无色至白色结晶或白色晶体粉末，无臭，易溶于水，微溶于乙醇，几乎不溶于乙醚。吸湿性很强，在75%相对湿度下放置24小时，可吸收30%。对酸、碱、盐及热均稳定。240 ℃

时变褐色，250 ℃时分解，易受到磷酸分解酶的分解而失去呈味能力，不适合于生鲜食品。

3. 安全性　小白鼠经口 LD_{50} 为 20 g/kg，ADI 不作特殊规定（FAO/WHO，1994）。

4. 应用　《食品安全国家标准　食品添加剂使用标准》（GB 2760—2024）规定：乳制品、冷冻制品、水果制品、蔬菜制品、豆制品、面制品、饮料、罐头等各类食品中，按生产需要适量使用。FAO/WHO 规定：5′-鸟苷酸钠可用于午餐肉、火腿、咸肉等腌制肉类，最大允许使用量为 0.5 g/kg（5′-鸟苷酸计）。

（五）5′-肌苷酸二钠

又称5′-肌苷酸二钠、肌苷-5′-磷酸二钠，简称 IMP。分子式为 $C_{10}H_{12}N_5Na_2O_8P$。天然存在于鲔鱼中，可由酵母所得核酸经分解、分离制得。

1. 鲜感特征　具有特异的鲜鱼味，味阈值为 0.012%。味鲜强度低于鸟苷酸钠，但两者合用有显著协同作用。5′-肌苷酸二钠与谷氨酸钠有协同效应，若与谷氨酸钠以 1∶7 复配，则有明显的强味效果。实际使用时，常与谷氨酸钠及鸟苷酸钠等联合作用。对磷酸分解酶非常敏感，可被动植物的磷酸分解酶分解而失去呈味作用，所以当将其加入发酵食品或生鲜食品中时应予以注意。

2. 性状与性能　为无色至白色结晶或晶体粉末，40 ℃开始失去结晶水，120 ℃以上成无水物。无臭，有特有的鲜鱼味，易溶于水，水溶液稳定，呈中性，在酸性溶液中加热易分解，失去呈味力。微溶于乙醇，不溶于乙醚。不吸湿，对热、酸、碱、盐均稳定，但在 pH 为 3 以下的酸性条件下长时间加压、加热时则有一定的分解。

3. 安全性　大鼠经口 LD_{50} 为 14.4 g/kg（体重），小鼠经口 LD_{50} 为 12.0 g/kg（体重），ADI 不作特殊规定。

4. 应用　《食品安全国家标准　食品添加剂使用标准》（GB 2760—2024）规定：乳制品、冷冻制品、水果制品、蔬菜制品、豆制品、面制品、饮料、罐头等各类食品中，按生产需要适量使用。5′-IMP 单独使用较少，多与谷氨酸钠混合使用。酱油、食醋、肉制品、鱼制品、速溶汤粉、速溶面条和罐头食品等添加用量为 0.01～0.1 g/kg。

（六）5′-呈味核苷酸二钠

5′-呈味核苷酸二钠主要由5′-肌苷酸二钠、5′-鸟苷酸二钠组成，其余为5′-胞苷酸二钠、5′-尿苷酸二钠。由酵母所得核酸分解、分离制得或由发酵法制取。

1. 鲜感特征　味鲜，呈味阈值为 0.0063%，与谷氨酸钠有相乘作用。5′-尿苷酸二钠和5′-胞苷酸二钠的呈味力较弱。易受到磷酸分解酶的分解破坏。常与谷氨酸钠混合使用，其用量为谷氨酸钠的 2%～10%，也可与其他多种成分并用。

2. 性状与性能　为白色至米黄色结晶或粉末，无臭，易溶于水，微溶于乙醇和乙醚，易吸湿，吸湿量达到 20%～30%。

3. 安全性　大鼠经口 LD_{50} > 10 g/kg（体重）。ADI 不作特殊规定。

4. 应用　《食品安全国家标准　食品添加剂使用标准》（GB 2760—2024）规定：乳制品、冷冻制品、水果制品、蔬菜制品、豆制品、面制品、饮料、罐头等各类食品中，按生产需要适量使用。

（七）琥珀酸二钠

琥珀酸二钠又称为干贝素、海鲜精。琥珀酸二钠存在于鱼类、鸟、兽的肉中，尤其在贝壳、水产品中含量较多，是贝壳肉质鲜美的主要原因，在香菇中也有存在，主要用于增强食品中的海鲜风味。

1. 鲜感特征　有特殊鲜味，有特异的贝类鲜味，鲜味阈值 0.03%，是我国许可的唯一一种有机酸类食品鲜味剂。琥珀酸二钠常与谷氨酸钠配合使用，一般使用量为谷氨酸钠的 10% 左右。琥珀酸二钠分为结晶琥珀酸二钠和无水琥珀酸二钠，无水琥珀酸二钠鲜度约为结晶琥珀酸二钠的 1.5 倍。琥珀酸二钠与其他鲜味剂有协同效应，通常与谷氨酸钠配合使用，一般使用量为谷氨酸钠的 10% 左右。

2. 性状与性能　为无色结晶至白色结晶性粉末，无臭，无酸味，在空气中稳定，易溶于水，不溶于乙醇。结晶琥珀酸二钠在 120 ℃时完全失去结晶水，成为无水琥珀酸二钠。

3. 安全性　大鼠经口 $LD_{50} > 10$ g/kg（体重）。ADI 不作特殊规定。猫经口 1 g/kg 剂量的琥珀酸二钠未见异常；剂量增至 5 g/kg 时，4 ~ 5 分钟后出现呕吐，过后未发现其他异常症状。静脉注射 0.5 g/kg 时，数分钟后出现呕吐。剂量增至 1 g/kg 时，很快出现呕吐、下泻，进而导致运动障碍，最小致死量为 2 g/kg。

4. 应用　《食品安全国家标准　食品添加剂使用标准》（GB 2760—2024）规定：调味料，最大用量为 20 g/kg。在调味料中，用量一般为 0.01% ~ 0.05%。

知识链接

味觉的相互作用

两种相同或不同的呈味物质进入口腔时，会使二者呈味味觉都有所改变的现象，称为味觉的相互作用。

1. 味的对比现象　味的对比又称味的突出，指两种或两种以上的呈味物质，适当调配，可使某种呈味物质的味觉更加突出的现象。如在味精中添加氯化钠会使鲜味更加突出，如菠萝泡在氯化钠水溶液中可以使甜味更加突出。

2. 味的相乘作用　指两种具有相同味感的物质进入口腔时，其味觉强度超过两者单独使用的味觉强度之和，又称为味的协同效应。如谷氨酸钠与核苷酸共用鲜味会成倍增强。

3. 味的消杀作用　指一种呈味物质能够减弱另外一种呈味物质味觉强度的现象，又称为味的拮抗作用、味的掩盖作用。如蔗糖、食盐、硫酸奎宁、柠檬酸之间任意两种以适当比例混合，都会比单独使用时味感要弱，如砂糖能明显降低乳酸、酒石酸和苹果酸的酸味感。食品工业中利用此作用可以制备酸甜可口的食物。

4. 味的变调作用　又称味的转化作用，指两种呈味物质相互影响而导致其味感发生改变的现象。如刚吃过苦味的东西，喝一口水就觉得水是甜的。

5. 味的疲劳作用　当长期受到某中呈味物质的刺激后，就感觉刺激量或刺激强度减小的现象。如连续吃糖，会感觉甜度减小。

实训8　酸度调节剂的性能比较与甜酸比确定试验

一、实训目的

通过本次实训，掌握不同酸度调节剂的酸感特征，了解并比较几种酸味剂的性能，掌握酸度调节剂与甜味剂的相互作用对味道的影响。

二、实训原理

调味是非常复杂的过程，味之间还会有相互作用，味的抑制效应又称味的掩盖。是将两种以上味道明显不同的主味物质混合使用，导致各种品味物质的味均减弱的调味方式；也即某种原料的存在而明显地减弱其显味强度。甜酸比是产品中甜度与酸度之比，甜度是指全部甜味剂的总甜度（按蔗糖计），酸度是指全部酸味剂的总酸度（按柠檬酸计），是决定食品风味的重要因素。甜酸比值愈大，食品愈甜；反之，食品则显示酸的风味。若甜酸比失调或严重失调，都会使产品失去酸甜适度的清爽感觉，给人们留下过甜的腻感或过酸的不愉快感。因此，确定饮料的甜酸比值是饮料配方中的重要工作。

通常饮料的甜酸比值由下式计算：甜酸比＝总甜度（按蔗糖计）／总酸度（按柠檬酸计），本次实训通过不同浓度蔗糖溶液与同浓度不同酸度调节剂进行复配，然后利用感官评定法进行评定，确定最佳的甜酸比值、与蔗糖溶液配合达到最佳口感的酸度调节剂。

三、设备与材料

1. 设备 电子天平、滴瓶、容量瓶、烧杯、吸管、移液管。

2. 材料 柠檬酸（食用）、酒石酸（食用）、苹果酸（食用）、乳酸（食用）、醋酸（食用）、磷酸（食用）、白糖。

四、实训步骤

（一）酸度调节剂的性能比较

1. 用电子天平分别称取 0.2 g 柠檬酸、酒石酸、苹果酸、磷酸于 250 mL 的烧杯中，量取 200 mL 蒸馏水倒入烧杯，用玻璃棒搅拌至溶解；乳酸、醋酸用移液管直接量取加入 250 mL 的烧杯中，然后加入蒸馏水至 200 mL。

2. 取少许品尝，以柠檬酸的酸度为 100 分，比较柠檬酸（食用）、酒石酸（食用）、苹果酸（食用）、乳酸（食用）、醋酸（食用）、磷酸（食用）的酸度。

酸味特点评价可参考下列文字：①酸感锐利；②酸感柔和；③后味悠长；④有涩味；⑤有收敛味。

（二）甜酸比确定实验

1. 取上述各种酸味剂溶液 0.1% 柠檬酸溶液、0.1% 酒石酸溶液、0.1% 苹果酸溶液、0.1% 乳酸溶液、0.1% 醋酸溶液、0.1% 磷酸溶液各 100 mL，准确加入蔗糖 8 g 后，即蔗糖浓度为 8%，再通过品尝比较各种酸味剂溶液酸度和适口性的变化。

2. 在上述溶液中继续加入蔗糖 2 g、4 g 后，即蔗糖浓度分别为 10%、12%，比较各种酸味剂酸度的变化。再通过品尝对酸味剂溶液的酸度进行比较鉴别，将结果填入表 5-3，并计算甜酸比，根据感官评定结果确定最佳甜酸比值、达到最佳甜酸比的酸度调节剂。

甜酸比特点评价可参考下列文字：①酸甜可口；②酸味浓烈；③太甜。

五、数据处理

1. 各种酸味剂酸度及甜酸比记录 记录在表 5-3 各种酸味剂酸度及进行甜酸比比较。

表 5-3 各种酸味剂酸度及甜酸比比较

	0.1%柠檬酸溶液	0.1%酒石酸溶液	0.1%苹果酸溶液	0.1%乳酸溶液	0.1%醋酸溶液	0.1%磷酸溶液
固体颜色和形状						
在水中的溶解性						

续表

	0.1%柠檬酸溶液	0.1%酒石酸溶液	0.1%苹果酸溶液	0.1%乳酸溶液	0.1%醋酸溶液	0.1%磷酸溶液
与0.15%柠檬酸溶液相比的酸度	100					
综合口感评价						
加入8%的蔗糖后的酸度和口感						
加入10%的蔗糖后的酸度和口感						
加入12%的蔗糖后的酸度和口感						

2. 甜酸比值计算

$$甜酸比 = 总甜度（按蔗糖计）/总酸度$$

六、思考题

在调味时应注意哪些事项？

答案解析

一、单项选择题

1. 阿斯巴甜是指（　　）。

    A. 二氢查耳酮　　　　　　　　　　B. 山梨糖醇

    C. 天门冬酰苯丙氨酸甲酯　　　　　D. 木糖醇

2. 下列甜味剂中甜度最高的是（　　）。

    A. 三氯蔗糖　　　　B. 糖精　　　　C. 阿斯巴甜　　　　D. 安赛蜜

3. 下列物质属于甜味剂的有（　　）。

    A. 山梨糖醇　　　　B. 苯甲酸　　　　C. 亚硝酸钠　　　　D. 谷氨酸钠

4. 吃第二块糖不如第一块糖甜，是因为不同味之间的（　　）现象。

    A. 对比　　　　B. 疲劳　　　　C. 相乘　　　　D. 变调

5. 可乐饮料中的酸度调节剂是（　　）。

    A. 磷酸　　　　B. 苹果酸　　　　C. 碳酸　　　　D. 柠檬酸

6. 不属于有机酸的酸味剂为（　　）。

    A. 柠檬酸　　　　B. 酒石酸　　　　C. 乙酸　　　　D. 磷酸

7. 味精的化学名是（　　）。

    A. 谷氨酸钠　　　　B. 谷氨酸钾　　　　C. 天门冬氨酸钠　　　　D. 谷氨酸钙

8. 三鲜水饺中的5′-呈味核苷酸二钠是（　　）。

    A. 增味剂　　　　B. 防腐剂　　　　C. 面粉处理剂　　　　D. 食用香料香精

9. 目前我国允许使用的有机酸增味剂有（　　）。

    A. 味精　　　　B. 鸡精　　　　C. 琥珀酸二钠　　　　D. 鸟苷酸二钠

10. 相对甜度是以（　　）为标准，其他甜味剂的甜度与其比较的甜度。

　A. 葡萄糖　　　　　B. 麦芽糖　　　　　C. 蔗糖　　　　　D. 乳糖

二、简答题

简述甜味剂的分类。

书网融合……

　本章小结　　　　　　微课　　　　　　题库

第六章

食品护色剂与漂白剂

 学习目标

知识目标

1. **掌握** 护色剂和漂白剂的种类、特性和使用注意事项。
2. **熟悉** 护色剂和漂白剂的作用机制。
3. **了解** 护色剂和漂白剂的使用建议。

能力目标

通过本章的学习，能够在食品中熟练应用护色剂和漂白剂。

素质目标

培养分析问题和解决问题的能力。

 情境导入

情境 在热闹的市集上，各种美食摊位琳琅满目，一股股诱人的香气弥漫在空气中。在肉类摊位前，新鲜的牛肉呈现出诱人的红色，鸡肉则呈现出浅粉色，让人食欲大增。超市货架上一排排外观雪白的各式面粉，让人不禁想起面包店里可口的面包和糕点。

问题 1. 护色剂是如何让肉类保持鲜艳颜色的？

2. 超市中的面粉为什么呈现雪白色？

PPT

第一节 食品护色剂

一、食品护色剂的概念与护色机制 🅔微课

（一）食品护色剂的概念

在食品加工过程中，为了改善或保护食品的色泽，除了可以使用着色剂对食品进行着色外，有时也需要添加适量的护色剂。护色剂又称为发色剂或呈色剂，是指能与肉及肉制品中呈色物质作用，使之在食品加工、保藏等过程中不致分解、破坏，呈现良好色泽的物质。护色剂本身无色，在与食品中的色素发生反应后形成新的物质，这种物质可增加色素的稳定性，使之在食品加工、保藏过程中不被分解、破坏。目前我国允许使用的护色剂主要有亚硝酸钠（钾）、硝酸钠（钾）和葡萄糖酸亚铁。

（二）食品护色剂的护色机制

1. 肉制品护色机制 肉类是人类摄取营养的重要来源，而肉类的色泽则直接影响了它的可接受性。

肉类的红色，是由肌红蛋白（Mb）及血红蛋白（Hb）所呈现的一种感官性质。由于肉的部位不同和家畜品种的差异，其含量和比例也不一样。一般来说，肌红蛋白占 70%～90%，血红蛋白占 10%～30%。由此可见肌红蛋白是肉类呈色的主要成分。

鲜肉中的肌红蛋白为还原性，呈暗紫红色，不稳定，易被氧化而变色。还原性肌红蛋白分子中的二价亚铁离子的结合水被分子态的氧置换，形成氧合肌红蛋白（MbO_2），呈鲜红色，此时的铁仍然为二价。氧合肌红蛋白继续被氧化，则变成褐色的高铁肌红蛋白（MMb），此时二价亚铁离子被氧化成三价铁离子。若仍继续氧化，则变成氧化卟啉，呈绿色或黄色。

为了使肉制品呈现鲜艳的红色，在加工过程中添加亚硝酸盐和硝酸盐。亚硝酸盐与硝酸盐在肉类腌制中往往是以混合盐的形式添加，硝酸盐在细菌（亚硝酸菌）的作用下，还原成亚硝酸盐，亚硝酸盐在一定的酸性条件下会生成亚硝酸。一般屠宰后成熟的肉因含乳酸，pH 为 5.6～5.8，所以不需加酸即可生成亚硝酸，主要反应式如下。

$$NaNO_2 + CH_3CHOCOOH \longrightarrow HNO_2 + CH_3CHOCOONa$$

亚硝酸很不稳定，在常温下即可分解为亚硝基（NO）。

$$3HNO_2 \longrightarrow H^+ + NO_3^- + 2NO + H_2O$$

亚硝基很快与肌红蛋白反应生成亮红色的亚硝基肌红蛋白（MbNO）。亚硝基肌红蛋白遇热后释放出巯基（—SH），生成较稳定具有鲜红色的亚硝基血色原。

$$Mb + NO \longrightarrow MbNO$$

亚硝酸在分解产生亚硝基时，生成少量的硝酸，不仅可使亚硝基被氧化，而且抑制了亚硝基肌红蛋白的生成。由于硝酸的氧化作用很强，即使肉类中含有烟酰胺的还原型辅酶或类似含巯基的还原性物质，也不能阻止部分肌红蛋白被氧化成高铁肌红蛋白。因此，在使用亚硝酸盐与硝酸盐时，常使用 L - 抗坏血酸（盐）等还原性物质来防止肌红蛋白的氧化，使肉制品保持长时间不褪色。

$$2NO + O_2 \longrightarrow 2NO_2$$
$$2NO + H_2O \longrightarrow HNO_3 + HNO_2$$

此外，烟酰胺、磷酸盐和柠檬酸盐也有助色作用。烟酰胺可与肌红蛋白结合生成很稳定的烟酰胺肌红蛋白，难以被氧化，故在肉制品的腌制过程中添加适量的烟酰胺，可以防止肌红蛋白在从亚硝酸生成亚硝基期间氧化变色。磷酸盐和柠檬酸盐作为金属离子螯合剂，也可防止肌红蛋白氧化变色。

2. 果蔬制品护色机制　在加工过程中果蔬颜色发生变化主要是由于其中的化学成分暴露在空气中发生反应造成的褐变现象，从而影响产品的感官品质。褐变现象主要分为酶促褐变和非酶促褐变。酶促褐变是指果蔬中含有的酚类物质、酪氨酸等在多酚氧化酶和过氧化物酶等的催化作用下发生氧化反应，氧化产物醌的累积和进一步聚合、氧化成黑色，使果蔬产品失去原有色泽和风味，同时也破坏了其中的色素成分和维生素等营养物质。果蔬加工过程中主要抑制酶促褐变对其护色，通常使用 D - 异抗坏血酸及其钠盐进行护色。

二、常见的食品护色剂

（一）亚硝酸钠及亚硝酸钾

亚硝酸钠（钾）既是护色剂，也是防腐剂。可有效降低和抑制多种厌氧性梭状芽孢杆菌（如肉毒梭状芽孢杆菌）产毒作用。同时，还具有提高肉制品风味的效果。

1. 性状与性能 亚硝酸钠为白色至淡黄色结晶性粉末或颗粒，无臭，味微咸。易溶于水，微溶于乙醇。易吸潮，且容易吸收空气中的氧而逐渐转变为硝酸钠。亚硝酸钾为白色或淡黄色晶体或棒状体，极易溶于水，微溶于冷乙醇，易溶于热乙醇，有吸湿性。

2. 安全性 亚硝酸钠（钾）为毒性较强的食品添加剂，ADI 为 0～0.06 mg/kg（FAO/WHO，2006），不得用于不足三个月大的婴儿食品。

3. 应用 GB 2760—2024 规定，亚硝酸钠（钾）仅限用于腌腊肉制品类，酱卤肉制品类，熏、烧、烤肉类，油炸肉类，西式火腿，肉灌肠类，发酵肉制品类，肉罐头类等肉制品。最大使用量不得超过 0.15 g/kg。

> **知识链接**
>
> 中欧文化交流的使者——亚硝酸盐
>
> 中国与欧洲的文化交流源远流长。亚硝酸盐制作技术的传播就是一个很好的例子。北宋时期，中国开始使用亚硝酸盐腌制腊肉和制作火腿。这一技术于 13 世纪传到了欧洲，在这之前德国有一句名言，叫"香肠不应该听到中午教堂的钟声"，意思是说香肠的保存期只有半天，为了防止变质，人们往往会在上午就将香肠当作早点吃掉，而不会将它放到中午甚至是下午的正餐去吃。亚硝酸盐的应用使欧洲的香肠行业得以重新焕发生机。许多著名的香肠品牌如法兰克福香肠、图林根香肠等都大量使用了亚硝酸盐。这表明，不同文化之间的交流与互动，可以促进彼此的繁荣与发展。同时，也展示了中国人民的智慧和创新精神。我们应该珍视文化多样性，促进不同文化之间的交流与融合，共同推动人类文明的发展。

（二）硝酸钠及硝酸钾

硝酸钠（钾）既是护色剂，也是防腐剂。在细菌作用下可转变为亚硝酸盐，从而起到亚硝酸对肉类的护色作用。

1. 性状与性能 硝酸钠为无色透明结晶或白色结晶性粉末，无臭、味咸、微苦，易吸潮。易溶于水，微溶于乙醇。硝酸钾为无色透明菱状结晶、白色颗粒或结晶性粉末，无臭、咸味、口感清凉，有吸湿性。易溶于水，微溶于乙醇。

2. 安全性 ADI 为 0～3.7 mg/kg（FAO/WHO，2006），不得用于不足三个月大的婴儿食品。对皮肤、黏膜有刺激性，口服可引起中毒。

3. 应用 GB 2760—2024 规定，其与亚硝酸盐使用范围相同，主要用于肉制品。最大使用量不得超过 0.5 g/kg。

（三）葡萄糖酸亚铁

1. 性状与性能 浅黄灰色或微带灰绿的黄色粉末或颗粒，有类似焦糖的气味，味涩。溶于热水，几乎不溶于乙醇。

2. 安全性 大鼠经口 LD_{50} >2.24 g/kg（体重），ADI 不作特殊规定（FAO/WHO，2006）。

3. 应用 GB 2760—2024 规定，葡萄糖酸亚铁仅在腌渍的蔬菜（仅限橄榄）中使用。最大使用量（以铁计）不得超过 0.15 g/kg。

（四）D-异抗坏血酸及其钠盐

D-异抗坏血酸钠为护色剂、抗氧化剂以及防腐保鲜剂。

1. 性状与性能 白色或黄白色结晶性粉末或颗粒。几乎无臭，略有咸味。易溶于水，几乎不溶于乙醇。干燥状态下稳定；在溶液中，有空气、金属离子、热或光存在下，易发生变质。

2. 安全性 小鼠经口 LD_{50} > 9.4 g/kg（体重），大鼠经口 LD_{50} > 15 g/kg（体重），ADI 不作特殊规定（FAO/WHO，2006）。

3. 应用 GB 2760—2024 规定，D - 异抗坏血酸钠仅适用于浓缩果蔬汁（浆）和葡萄酒。

三、常见的食品护色助剂

1. 抗坏血酸 又称为维生素 C，为抗氧化剂和面粉处理剂。仅适用于去皮或预切的鲜水果，去皮、切块或切丝的蔬菜，小麦粉，浓缩果蔬汁（浆）。抗坏血酸与柠檬酸、磷酸盐同时使用，可防止抗坏血酸氧化。

2. 烟酰胺 可用作肉制品的护色助剂，与肌红蛋白结合成稳定的烟酰胺肌红蛋白，使之不再被氧化，防止肌红蛋白在亚硝酸生成亚硝基期间被氧化变色。同时也可作为食品营养强化剂使用。

四、食品护色剂的使用及注意事项

1. 由于护色剂的安全性问题，应严格限制护色剂的使用量 肉制品中含有的护色剂亚硝酸盐能与多种氨基酸化合物反应，生产 N - 亚硝基化合物，如亚硝胺等。亚硝胺是目前国际上公认的一种强致癌物质，动物实验结果表明：不仅长期小剂量使用有致癌作用，若一次性摄入足够量也有致癌作用，甚至可通过胎盘或乳汁对下一代产生作用。我国规定各类肉制品中亚硝酸盐添加量不得超过 0.15 g/kg，硝酸盐添加量不得超过 0.5 g/kg。成品中亚硝酸盐残留量均不得超过 30 mg/kg（以亚硝酸盐计）。这些规定在生产中应严格执行。

2. 护色剂一般与护色助剂共同使用 通过加入适量的 L - 抗坏血酸等还原性物质，可以防止护色剂中含有的少量硝酸将肌红蛋白氧化，同时还可以将褐色的高铁肌红蛋白还原为红色的肌红蛋白。

3. 充分混合使用 使用时，应将护色剂与原料混匀，再进行加工。如果腌制时干腌，应与食盐混匀后腌制；如果是湿腌时，应先用少量水将其溶解后再进行添加。

4. 妥善保管，做好标志，防止误食 硝酸盐、亚硝酸盐的外观、口味均与食盐相识，所以必须妥善保管、做好标志，防止误用引起中毒。

第二节　食品漂白剂

PPT

一、食品漂白剂的概念和作用机制

漂白剂是指能够破坏、抑制食品的发色因素，使其褪色或使食品免于褐变的物质。漂白剂的种类很多，但鉴于食品的安全性及其本身的特殊性，GB 2760—2024 规定用于食品的漂白剂品种却不多。按其作用方式不同分为还原型漂白剂和氧化型漂白剂。还原型漂白剂如二氧化硫、焦亚硫酸钾、焦亚硫酸钠、亚硫酸钠、亚硫酸氢钠、低亚硫酸钠等。氧化型漂白剂如偶氮甲酰胺。食品漂白剂多数有毒性和一定的残留量，开发低毒性和低残留量的复合型食品漂白剂是目前发展的趋势。

（一）还原型漂白剂的漂白机制

能使着色物质还原而起漂白作用的物质称为还原型漂白剂。还原型漂白剂的活性物质是二氧化硫和亚硫酸。还原型漂白剂的作用机制：亚硫酸盐在酸性环境中生成还原性的亚硫酸，亚硫酸在被氧化时可以将着色物质还原，而呈现强烈的漂白作用。还原型漂白剂对植物性食品比较有效，如可使果蔬中的花青素、类胡萝卜素、叶绿素等色素物质褪色。但这类漂白剂不稳定，有漂白剂存在时，有色物质褪色，漂白效果很好，漂白剂失效时，由于空气中氧的氧化作用，褪色的物质会再次呈现颜色。

植物性食品的褐变，多与氧化酶的活性有关。亚硫酸盐的还原作用会抑制或破坏植物类食品引起褐变的氧化酶的氧化系统，阻止氧化褐变作用，使果蔬中的多酚类物质不被氧化呈现颜色。此外，二氧化硫的强还原性可以使酶促褐变的某些中间体产生逆转，共同防止褐变。二氧化硫同时还是抑制非酶促褐变最有效的物质之一，其作用的化学机制尚未完全弄清。

（二）氧化型漂白剂的漂白机制

氧化型漂白剂主要是通过本身的氧化作用破坏着色物质而达到漂白的目的。新磨制的小麦面粉，总会不同程度地呈现黄色或淡黄色。面粉的色泽主要是类胡萝卜素存在形成的，在氧化型漂白剂的作用下褪色，达到增白的效果。氧化型漂白剂优点是经过漂白后，再暴露于空气中，不会再受空气中的氧所氧化而使颜色再现；缺点是有些色素不受氧化型漂白剂的作用，有些经过氧化后不能达到漂白的目的。

二、常见的漂白剂

（一）还原型漂白剂

1. 二氧化硫（SO_2） 又称为亚硫酸酐，是一种很强的还原剂，在食品中作为漂白剂、防腐剂、抗氧化剂和防褐变剂。与半胱氨酸结合形成硫酯，能降解硫胺素和辅酶Ⅱ（NAD^+），从而抑制醋化醋杆菌的代谢。此外还能抑制某些酵母的代谢。

（1）性状与性能 在标准状态下为无色、不燃性气体。具有极强烈的刺激臭味，有窒息性。易溶于水和乙醇，溶于水后形成亚硫酸。

（2）安全性 有毒，吸入二氧化硫含量多于0.2%，会使嗓子变哑、喘息，可因声门痉挛窒息而死亡，ADI为0～0.7 mg/kg（FAO/WHO，2006）。另外，二氧化硫有一定的腐蚀性。

（3）应用 GB 2760—2024规定，二氧化硫可用于经表面处理的鲜水果、水果干类、蜜饯凉果、干制蔬菜、腌渍的蔬菜、蔬菜罐头、干制的食用菌和藻类、食用菌和藻类罐头、腐竹类、坚果与籽类罐头、可可制品、巧克力和巧克力制品以及糖果、生湿面制品、食用淀粉、冷冻米面制品、饼干、白糖及白糖制品、其他糖和糖浆、淀粉糖、调味糖浆、半固体复合调味料、果蔬汁（浆）、果蔬汁（浆）类饮料、葡萄酒、果酒、啤酒和麦芽饮料。

2. 焦亚硫酸钾（$K_2S_2O_5$） 又称偏亚硫酸钾，在食品中作为漂白剂、防腐剂、抗氧化剂和护色剂使用。

（1）性状与性能 白色单斜晶系晶体或粉末与颗粒，有二氧化硫臭味；溶于水，难溶于乙醇。遇酸会分解释放二氧化硫气体，具有强还原性。

（2）安全性 兔子经口LD_{50} >600～700 mg/kg（体重），ADI为0～0.7 mg/kg（以总二氧化硫计）（FAO/WHO，2006）。

（3）应用 GB 2760—2024规定，焦亚硫酸钾的使用范围与二氧化硫相同。主要用于蜜饯、饼干、食糖等。

3. 焦亚硫酸钠，亚硫酸氢钠 焦亚硫酸钠（$Na_2S_2O_5$）与亚硫酸氢钠（$NaHSO_3$）呈可逆反应，市售一般为二者的混合物，但主要成分为焦亚硫酸钠。在食品中作为漂白剂、防腐剂、抗氧化剂和护色剂使用，亚硫酸氢钠还可作为疏松剂使用。在空气中易分解，并释放出二氧化硫气体。能消耗食物中的氧，抑制嗜氧菌的活性及微生物体内酶的活性，起到防腐的目的。

（1）性状与性能　焦亚硫酸钠为微黄色粉末或白色结晶，有二氧化硫臭味；易溶于水和甘油，微溶于乙醇；水溶液呈酸性。亚硫酸氢钠为白色或黄白色结晶或粗粉，有二氧化硫气味；易溶于水，微溶于乙醇；受热易分解，有强还原性、强抑菌性。

（2）安全性　焦亚硫酸钠兔子经口 LD_{50} > $600 \sim 700$ mg/kg（体重），亚硫酸氢钠大鼠经口 LD_{50} > 115 mg/kg（体重），ADI 为 $0 \sim 0.7$ mg/kg（以总二氧化硫计）（FAO/WHO，2006）。

（3）应用　GB 2760—2024 规定，焦亚硫酸钠和亚硫酸氢钠的使用范围与二氧化硫相同。

4. 亚硫酸钠（Na_2SO_3）　在食品中可作为漂白剂、防腐剂、抗氧化剂和疏松剂使用。有强还原性，能产生亚硫酸，与着色物质反应，将其还原，具有强烈的漂白作用。在空气中慢慢氧化成硫酸钠。与酸反应生成二氧化硫。对霉菌有较强的抑菌作用。

（1）性状与性能　无色结晶体或粉末，无臭、无味。易溶于水，难溶于乙醇。水溶液呈碱性。

（2）安全性　兔子经口 LD_{50} > $600 \sim 700$ mg/kg（体重），ADI 为 $0 \sim 0.7$ mg/kg（以总二氧化硫计）（FAO/WHO，2006）。人内服 4 g 即出现中毒症状，5.8 g 则呈现明显的胃肠道刺激症状。

（3）应用　GB 2760—2024 规定，亚硫酸钠的使用范围与二氧化硫相同。

5. 低亚硫酸钠（$Na_2S_2O_4$）　又称保险粉，在食品中可作为漂白剂、防腐剂和抗氧化剂使用。

（1）性状与性能　白色结晶性粉末，无臭或略有二氧化硫刺激臭味。易溶于水，不溶于乙醇。具有较强的还原性，极不稳定，容易氧化分解，易吸潮。

（2）安全性　兔子经口 LD_{50} > $600 \sim 700$ mg/kg（体重），ADI 为 $0 \sim 0.7$ mg/kg（以总二氧化硫计）（FAO/WHO，2006）。

（3）应用　GB 2760—2024 规定，低亚硫酸钠的使用范围与二氧化硫相同。

6. 硫黄（S）　在食品中作为漂白剂、防腐剂、杀虫剂和加工助剂使用。

（1）性状与性能　黄色或淡黄色粉状固体。易燃烧，燃烧产生二氧化硫。不溶于水，微溶于乙醇和乙醚，易溶于二硫化碳、四氯化碳和苯。

（2）安全性　燃烧产生二氧化硫气体，即使浓度只有 0.0001% ~ 0.0002% 也有刺激性，能引起慢性喘息和上呼吸道及鼻孔的出血，还能导致淋巴增大和血红蛋白升高。

（3）应用　GB 2760—2024 规定，硫黄只限用于水果干类、蜜饯凉果干制蔬菜、经表面处理的鲜食用菌和藻类、白糖及白糖制品、糖浆和魔芋粉的熏蒸；以及作为食品加工助剂，在制糖工艺中作为澄清剂使用。

（二）氧化型漂白剂

偶氮甲酰胺　为面粉处理剂，具有漂白与氧化双重作用。本身不与面粉作用，当加水搅成面团时，快速释放出活性氧，将面粉蛋白质中氨基酸的巯基（—SH）氧化成二硫键（—S—S—），使蛋白质相互连接成立体网状结构，改善面团的弹性、韧性和均匀性。

（1）性状与性能　黄色至橘红色结晶性粉末，无臭。几乎不溶于水和大多数有机溶剂，微溶于二甲亚砜。

（2）安全性　小鼠口服 LD_{50} > 10 g/kg（体重），ADI 为 $0 \sim 40$ mg/kg（FAO/WHO，2011），骨髓试验无致突变作用。

（3）应用　GB 2760—2024 规定，偶氮甲酰胺为面粉处理剂只限用于小麦粉，最大使用量为 0.045 g/kg。

实训9 亚硫酸氢钠对马铃薯切片的护色作用

一、实训目的

1. 掌握 亚硫酸氢钠在食品加工中的应用。
2. 熟悉 亚硫酸氢钠溶液对马铃薯切片的护色原理。

二、实训原理

在加工中尽量保持果蔬原有美丽鲜艳的色泽，是加工的目标之一，但是果蔬中所含的酶，在加工环境条件不同的情况下，会产生各种不同的化学反应而引起产品色泽的变化。可以通过酶的灭活或者加入抗氧化剂的方法防止果蔬褐变的发生。

三、设备与材料

1. 设备 烘干箱、酸度计、切片机（或普通菜刀）、实验室用不锈钢罐、不锈钢托盘。
2. 材料 新鲜马铃薯、食品添加剂（亚硫酸氢钠、柠檬酸、柠檬酸钠）。

四、实训步骤

1. 称取一定量的亚硫酸氢钠，加水配制3种护色溶液。
（1）护色液2.5 g/L亚硫酸氢钠溶液。
（2）护色液2.5 g/L亚硫酸氢钠溶液，其中含柠檬酸5 g/L（以适量柠檬酸钠调节pH为4~5）。
（3）同样体积蒸馏水（空白试验）。
2. 选择若干块新鲜、完整、无虫蛀伤痕的马铃薯，清洗干净待用。
3. 将马铃薯削皮后切成3~5 mm厚的薯片，分成三等份，分别放入以上3种护色溶液中，浸泡2小时后，用蒸馏水冲洗、沥干。
4. 将以上经过不同溶液处理的马铃薯片，分别装入3个不锈钢托盘中，放入烘干箱。
5. 控制烘干箱温度为85~95 ℃，烘干1小时后取出。
6. 比较褐变与护色效果，将结果记入表6-1。

表6-1 马铃薯色泽变化

条件/色泽变化	2.5 g/L亚硫酸氢钠溶液	2.5 g/L亚硫酸氢钠+柠檬酸5 g/L溶液	蒸馏水
马铃薯片			

7. 根据国家标准方法检测残留二氧化硫是否超标（二氧化硫残留量不得超过0.49 g/kg）。

五、思考题

1. 马铃薯的护色机制是什么？
2. 观察上述实验结果，分析马铃薯护色过程添加柠檬酸的原因。

答案解析

练 习 题

一、选择题

（一）单项选择题

1. 肉类呈现红色色泽的主要物质是（　　）。
　　A. 肌红蛋白　　　　　　　B. 血红蛋白　　　　　　C. 氧合肌红蛋白　　　　D. 高铁肌红蛋白

2. 柠檬酸盐在肉制品护色中作为（　　）。
　　A. 护色剂　　　　　　　　B. 抗氧化剂　　　　　　C. 氧化剂　　　　　　　D. 金属螯合剂

3. 下列属于还原型漂白剂的是（　　）。
　　A. 过氧化氢　　　　　　　B. 二氧化氯　　　　　　C. 二氧化硫　　　　　　D. 高锰酸钾

（二）多项选择题

4. 护色剂的作用有（　　）。
　　A. 护色作用　　　　　　　B. 营养强化作用　　　　C. 抑菌作用　　　　　　D. 增强风味作用

5. 下列关于硫黄的描述，正确的是（　　）。
　　A. 在食品中作为漂白剂、防腐剂、杀虫剂和加工助剂使用
　　B. 黄色或淡黄色粉状固体
　　C. 易燃烧，燃烧产生二氧化硫有刺激性
　　D. 在制糖工艺中作为澄清剂使用

二、简答题

1. 简述护色剂的发色机制。
2. 简述还原型漂白剂的漂白机制及主要特点。
3. 简述氧化型漂白剂的漂白机制及主要特点。

书网融合……

本章小结　　　　　　　　　微课　　　　　　　　　题库

第七章

食品乳化剂

学习目标

知识目标

1. **掌握** 食品乳化剂的概念及其作用机制。
2. **熟悉** 乳化剂的 HLB 值和常用乳化剂的基本特征及应用。
3. **了解** 乳浊液的类别及制备。

能力目标

1. 能运用食品乳化剂的性能进行食品品质的改良。
2. 具备正确使用食品乳化剂的能力。

素质目标

通过本章的学习，帮助学生树立严谨认真的专业精神和实事求是的工作态度。

情境导入

情境 小红放学回家后，总习惯喝一瓶乳酸饮料再写作业。乳酸饮料的配料表中有水、白砂糖、全脂乳粉、脱脂乳粉、羧甲基纤维素钠、磷脂、柠檬酸、柠檬酸钠、三聚磷酸钠、单硬脂酸甘油酯、蔗糖脂肪酸酯、山梨酸钾、阿斯巴甜（含苯丙氨酸）、安赛蜜、乳酸链球菌素、浓缩乳清蛋白粉、食用香精。

问题 1. 羧甲基纤维素钠、磷脂、单硬脂酸甘油酯、蔗糖脂肪酸酯属于哪一类食品添加剂？

2. 乳酸饮料中如果不添加上述食品添加剂，会出现什么结果？

第一节　食品乳化剂概述

PPT

食品是由水、蛋白质、脂肪、糖类等组分构成的多相体系，食品中的各种组分经过调制、加工、包装成为商品。食品中部分组分互不相溶，如水相和油相很难均匀地混合，这些互不相溶的组分之间就会形成界面。由于各组分难以混合均匀，致使食品出现水油分离、焙烤食品发硬、巧克力糖起霜等现象，影响食品的感官品质。食品乳化剂可以通过改变界面张力使食品多相体系中各组分相互融合，形成均一、稳定的乳化体系，以改善食品内部结构，简化和控制加工过程，提高加工食品的质量。

食品乳化剂是一类高效多功能的食品添加剂，品种多，应用范围广，在食品工业中很重要。

一、乳化现象与乳化剂的概念 e 微课

（一）乳化现象

将等量的水和油一起注入烧杯，静置一段时间后，在水油两相分界面处形成一层明显的接触膜。采用强烈搅拌等机械方法仍无法使之均匀。此时，如果在上述体系中加入少量的乳化剂，再进行搅拌混合，那么油就可以以微小的液滴分散于水中，形成乳化液，这种现象称为乳化现象。

（二）乳化剂的概念

两种互不混溶的液相，一相以微粒状（液滴或液晶）分散在另一相中形成的两相体系称为乳浊液或乳化液。由于两液体的界面积增大，所形成的新体系在热力学上是不稳定的，为稳定体系，需要加入降低界面能的第三种成分——乳化剂。

《食品安全国家标准 食品添加剂使用标准》（GB 2760—2024）规定，食品乳化剂是指能改善乳化体中各种构成相之间的表面张力，形成均匀分散体或乳化体的物质。乳化剂属于表面活性剂，能使两种或两种以上不相混合的液体均匀分散。在乳浊液中，以液滴形式存在的那一相称为分散相，也称内相、不连续相；另一相是连成一片的，称为分散介质，也称外相、连续相。

二、乳化剂的结构及作用机制

（一）乳化剂的结构

乳化剂分子是由亲水基和亲油基两部分构成。这两类基团存在于同一结构中，分别处于分子的两端，形成不对称结构，使乳化剂具有既亲水又亲油的两亲性质。乳化剂的亲水基是极性的，一般是能被水湿润或易溶于水的基团，如羟基、羧基等；其亲油基是非极性的，一般是与油脂中的烷烃结构相似，或易溶于油的基团，如长碳氢链等。

在乳浊液中，乳化剂为保持自身稳定状态，在油水两相的界面上，乳化剂分子的亲水基伸入水相内，亲油基伸入油相内，在两相界面上形成了乳化剂的分子膜，改变了油水两相界面的特性，使其中一相能在另一相中均匀地分散，形成了稳定的乳浊液。分子结构的两亲特性，使乳化剂具有将水油两相混合均匀的乳化性能，乳化剂加入量越多，界面张力的降低也越大。

（二）乳化剂的作用机制

食品中加入乳化剂后，使原来互不相溶的组分得以均匀混合，形成均质状态的分散体系，改变了原来的物理状态。

1. 形成界面 在互不相溶的水油两相中加入乳化剂后，其两亲基团能吸附于界面上，形成一层界面膜。界面膜对分散相液滴具有保护作用，可以防止相互碰撞的液滴发生聚结，界面膜的机械强度是决定乳浊液稳定性的重要因素之一。

当乳化剂吸附于界面上时，极性端与水相结合，非极性端与油相结合，定向排列于界面上。当乳化剂浓度较低时，界面上吸附的分子少，不能紧密地定向排列，界面膜的强度较差，因而乳浊液不稳定；当乳化剂浓度足够大时，界面上吸附的分子较多，这些分子能紧密地定向排列，界面膜强度大大增加，提高了乳浊液的稳定性。

在食品生产加工中，通常使用复合乳化剂，这主要是因为复合乳化剂能够形成更加紧密的界面复合膜，甚至形成带电膜，增加界面膜的强度，提高乳浊液的稳定性。

2. 降低界面张力 使物体保持最小表面积的趋势称为界面张力，界面张力也是影响乳浊液稳定性

的一个重要因素。在制备乳浊液时，一种液体以微小的液滴分散在另一种液体中，此时被分散的液体表面积显著增大。这些微小的液滴较连成一片的液体具有高得多的能量，这种能量（也称表面能或表面张力）与表面平行，并阻碍液滴的分布。因此，为增加乳浊液的稳定性，必须通过做功来反抗表面张力，所消耗的功 W 与表面积增加 ΔF 和表面张力 δ 成正比。

$$W = \Delta F \cdot \delta$$

表面活性剂能够降低界面张力，是良好的乳化剂。乳化剂必须吸附或富集于两相之间的界面上，以亲水基和亲油基将水相和油相互相连接起来，防止了两相之间的排斥，降低了界面张力，提高了两相的乳化作用。

3. 形成双电层 乳化剂要发挥作用，必须通过吸附、电离或摩擦等作用，使乳浊液的液滴带有电荷。对于离子型乳化剂，其电荷大小由电离强度决定；对于非离子型乳化剂，其电荷大小与外相离子浓度和摩擦常数有关。带电荷的液滴相互靠近时，由于排斥力作用使得液滴分子难以聚结，提高了乳浊液的稳定性。乳浊液的带电液滴在界面两侧形成双电层结构，双电层的排斥作用，对稳定乳浊液具有重要意义。

三、乳化剂的 HLB 值及其与用途的关系

（一）乳化剂的 HLB 值

乳化剂的乳化能力与其亲水、亲油能力有关，即由其分子中亲水基的亲水性和亲油基的疏水性的相对强度所决定，良好的乳化剂在亲水基和亲油基之间有相当的平衡。

乳化剂的亲水亲油平衡值（HLB）是指乳化剂分子中亲油和亲水的这两类相反基团的大小和力量的平衡。每一种乳化剂的 HLB 值都可用实验方法测定。规定完全由疏水基团组成的石蜡分子的 HLB 值为 0，完全由亲水的氧乙烯基组成的聚氧乙烯 HLB 值为 20，其间分成 20 等份，以此表示其亲水、亲油性的强弱和应用特性（绝大部分食品乳化剂属于非离子型的，HLB 值为 0～20；离子型乳化剂的 HLB 值为 0～40）。HLB 值越大，其亲水性越强；HLB 值越小，其亲油性越强。因此，当 HLB 值 <10 时，乳化剂主要表现为亲油性；当 HLB 值≥10 时，乳化剂主要表现为亲水性。

乳化剂分子同时含有亲水、亲油两个基团，其乳化性能是两类基团亲和力平衡后表现的综合效果。目前，HLB 值的计算公式主要有下列两种形式。

差值式：HLB = 亲水基的亲水性 − 亲油基的疏水性

比值式：HLB = 亲水基的亲水性/亲油基的疏水性

此外，乳化剂的 HLB 值具有加和性，当两种或两种以上乳化剂进行复配时，可使原 HLB 值范围扩大，增加其应用范围。复配乳化剂的 HLB 值可按以下公式进行计算。

$$HLB_{复} = HLB_1 \cdot x\% + HLB_2 \cdot y\%$$

式中，$HLB_{复}$ 为复配乳化剂的 HLB 值；HLB_1 为第一种乳化剂的 HLB 值；HLB_2 为第二种乳化剂的 HLB 值；$x\%$ 为第一种乳化剂在复配物中所占的质量分数，%；$y\%$ 为第二种乳化剂在复配物中所占的质量分数，%。

（二）乳化剂的作用

1. 乳化作用 乳化剂能将互不相溶的油水两相物质均匀、稳定地分散在一个体系中，可防止油水分离、糖和油脂起霜等。

2. 起泡作用 泡沫是气体分散在液体介质中产生的多相不均匀体系，部分食品如啤酒、蛋糕、冷

冻甜食等在加工过程中需要形成泡沫。泡沫的性质决定了产品的外观和味感，恰当地选择乳化剂是极其重要的。乳化剂可以吸附在气-液界面上，降低界面张力，增加气体和液体的接触面积，有利于发泡和泡沫的稳定。

3. 悬浮作用　悬浮液是不溶性物质以极细小的颗粒形式均匀分散到液体介质中形成的稳定分散液，分散颗粒大小为 $0.1 \sim 100~\mu m$。用于悬浮液的乳化剂，对不溶性颗粒也有润湿作用，有助于确保产品的均匀性。悬浮液乳化剂通常与稳定剂或增稠剂共用，能应用于巧克力、植物蛋白饮料、乳酸饮料中。

4. 破乳和消泡作用　在许多需要破乳化作用的过程中，为控制泡沫的生成量和减少过多泡沫对产品的危害，常加入相反类型的乳化剂或添加超出需求量的乳化剂来抑制泡沫的大量产生。如冰淇淋的生产、炼乳和豆制品的制作。

5. 润湿和润滑作用　乳化剂具有良好的润湿性，有助于方便食品在冷水或热水中速溶和复水，能够提供食品的分散性、悬浮性和可溶性。甘油单酸酯和甘油二酸酯使淀粉制品在被挤压时可获得优良的润滑性，在焦糖中加入 $0.5\% \sim 1.0\%$ 的该类型乳化剂，能减少对切刀、包装物和消费者牙齿的黏结力。

6. 结晶控制　乳化剂能定向吸附于晶体表面，改变晶体表面张力，促进细小晶体的生成。在糖果、巧克力制品中，通过乳化剂控制固体脂肪结晶的形成、析出，防止糖果返砂、巧克力起霜，及人造奶油、起酥油、巧克力和冰淇淋中粗大结晶的形成。

7. 络合作用　很多乳化剂含有长的脂肪酸链，淀粉可与脂肪酸的长链形成络合物，防止淀粉的凝沉老化，降低淀粉食品复水时的黏性。在面包和蛋卷的生产中，乳化剂可以调理生面团，促使其形成均匀的结构，改善面团的性能。

（三）HLB 值与其用途的关系

HLB 值是影响乳化剂应用特性的因素之一。不同的乳化剂具有不同的 HLB 值。在食品加工中，应根据被乳化液体需要的 HLB 值来选择具有相同或相近 HLB 值的乳化剂。

格里芬（Griffin）认为，可以根据 HLB 值的大小对乳化剂进行分类，从其 HLB 值即可得知其用途。乳化剂的 HLB 值与其乳化、润湿、分散、增溶、起泡、消泡等一系列表面活性作用的关系为：HLB 值为 $1 \sim 3$ 时，具有消泡作用；HLB 值为 $3 \sim 6$ 时，具有油包水（W/O）型乳化作用；HLB 值为 $7 \sim 9$ 时，具有润湿作用；HLB 值为 $8 \sim 18$ 时，具有水包油（O/W）型乳化作用；HLB 值为 $13 \sim 15$ 时，具有清洗去污作用；HLB 值为 $15 \sim 18$ 时，具有增溶作用。

乳化剂的性质、功效还与亲水、亲油基的种类、分子结构和相对分子质量有关。在结构上，乳化剂亲水基与亲油基间的距离越远，亲水性越好。相对分子质量越大的乳化剂，其乳化分散能力越好。直链结构的乳化剂，乳化特性在 8 个碳原子以上的才显著表现出来，$10 \sim 14$ 个碳原子的乳化与分散性较好。因此，在选择乳化剂时，应综合考虑多种因素并结合一定的实验进行。

四、乳浊液的类别与制备技术

（一）乳浊液的类别

食品中常见的乳浊液，一相是水或水溶液，称为亲水相；另一相是与水不相混溶的有机相，如油脂、蜡、或由亲油物质与亲水又亲油溶剂组成的溶液，称为亲油相。两种互不相溶的液体，如水和油相混合时能形成两种类型的乳浊液，即水包油型（O/W）和油包水型（W/O）乳浊液。在水包油型乳浊液中，油以微小液滴分散在水中，油滴为分散相，水为连续相，牛奶即为一种水包油型乳浊液；在油包水型乳浊液中，水以微小液滴分散在油中，水为分散相，油为连续相，人造奶油即为一种油包水型乳浊液。在复杂体系中也可形成水包油包水型（W/O/W）和油包水包油型（O/W/O）乳浊液，类似于冰淇淋。

（二）乳浊液的制备

1. 制备工艺 在食品工业中，一般先将乳化剂制备成乳浊液后再使用，需根据不同的乳化对象选择合适的乳化剂和条件。制备工艺主要有确定、配比、调整3个环节。

（1）确定 ①确定乳化剂的HLB值。为符合实际，需要通过实验检测乳化剂的HLB值。②根据HLB值确定乳化剂"对"。为提高乳化效果，通常使用多种不同乳化剂进行复配，根据所需乳浊液类型，筛选出效果最好的组合。③确定最佳的单一乳化剂。以前两步为基础，确定乳化效果最好的单一品种，同时还需考虑成本、来源、使用等因素。④确定最佳乳化剂的用量。因为在实际应用中，水、油的比例有所不同，乳化剂用量也多少不一，需根据实验最终确定。

（2）配比 使用复配乳化剂时，需使各组分的配比符合乳浊液类型要求。当乳化剂的HLB值与最佳HLB值相等时，体系会发生乳浊液类型的转相，故应调整配比以避开转相点，使其基本符合最佳的HLB值。

（3）调整 根据实际需要调整乳浊液的pH、黏度和乳化剂的比例，使之适合全液相。

2. 制备方法

（1）相的准备 乳浊液的主要成分是水和油，因此需要准备水相和油相。水相的准备：乳浊液中水相的成分较多，通常将全部水相的各种组分和水边加热边搅拌，使水相和油相温度一致。油相的准备：油相中有低熔点固态成分时，需把油相混合物加热到超过其熔点的2~4℃；油相中有高熔点成分时，加热前加入2~3倍液相油与其混合后再加热融化；若油相中高熔点成分较多，需把全部混合物加热到超过其熔点的5~10℃。

（2）相的乳化 一种是间歇式乳化法，按乳化剂的加入方式可分为3种。①乳化剂在油中法：先将溶有乳化剂的油加热，然后边搅拌边加入温水，开始为W/O型乳浊液，继续加水可得O/W型乳浊液。②乳化剂在水中法：将乳化剂先溶于水，在搅拌中加入油，得到O/W型乳浊液，继续加入油至发生转相可得W/O型乳浊液。③轮流加液法：每次取少量的水或油，轮流加入乳化剂，可形成O/W、W/O型乳浊液。另一种是连续式乳化法，即将加热的水相和油相按配方要求连续加到乳化设备中，利用高压配料泵把水油两相按比例送入混合喷嘴或高剪切均质泵，可得到满足要求的乳浊液。

第二节 常用的食品乳化剂

PPT

食品乳化剂按来源可分为天然和人工合成乳化剂，天然乳化剂常见的有卵磷脂、改性大豆磷脂、酪蛋白等；合成乳化剂有甘油脂肪酸酯类、蔗糖脂肪酸酯类、山梨糖醇酐脂肪酸酯类等。按亲水基团在水中是否解离成离子可分为离子型乳化剂和非离子型乳化剂，绝大部分乳化剂属于非离子型，如蔗糖脂肪酸酯、甘油脂肪酸酯、司盘60等；离子型乳化剂应用较少，主要有硬脂酰乳酸钠、磷脂、改性磷脂等。

一、单甘油脂肪酸酯

单甘油脂肪酸酯又称甘油单硬脂酸酯，简称单甘酯，分子式$C_{21}H_{42}O_4$，相对分子质量358.57。可通过硬脂酸与甘油在催化剂存在下加热酯化而得，也可通过三硬脂酸甘油酯和甘油进行交酯反应后分馏制得。

（一）性状

单甘油脂肪酸酯为乳白色至微黄色蜡状固体，无臭，无味。不溶于水，溶于热乙醇、苯、丙酮、矿物油等，与热水强烈振荡可分散于热水中，凝固点不低于 54 ℃。

（二）性能

单甘油脂肪酸酯 HLB 值 2.8 ~ 3.5，具有良好的亲油性，是乳化性很强的水包油（W/O）型乳化剂。

（三）安全性

单甘油脂肪酸酯经人体摄入后，在肠道内完全水解形成正常的代谢产物，对人体无害，因此 ADI 不作限制性规定，安全。

（四）应用

《食品安全国家标准　食品添加剂使用标准》（GB 2760—2024）规定：黄油和浓缩黄油，最大使用量为 20.0 g/kg；生干面制品，最大使用量为 30.0 g/kg；其他糖和糖浆（如红糖、赤砂糖、冰片糖、原糖、果糖、糖蜜、部分转化糖、槭树糖浆等），最大使用量为 6.0 g/kg；香辛料类，最大使用量为 5.0 g/kg；稀奶油、生湿面制品（如面条、饺子皮、馄饨皮、烧麦皮）、婴幼儿配方食品、婴幼儿辅助食品，按生产需要适量使用。

在实际生产中，先将单甘油脂肪酸酯用少量热水溶化均匀后再进行添加。

二、蔗糖脂肪酸酯

蔗糖脂肪酸酯，又称脂肪酸蔗糖酯，简称蔗糖酯（SE），由蔗糖和脂肪酸（主要是硬脂酸、棕榈酸、油酸、月桂酸）酯化而成，分为单酯、双酯、三酯和多酯，蔗糖脂肪酸酯成品主要是单酯、双酯和三酯的混合物。蔗糖脂肪酸单酯的 HLB 值为 10 ~ 16，亲水性强；双酯为 7 ~ 10，三酯为 3 ~ 7，多酯为 1。

（一）性状

蔗糖脂肪酸酯为白色至微黄色粉末、蜡状、块状固体，或无色至微黄色的黏稠液体或凝胶，无臭或稍有特殊气味（未反应的脂肪酸臭）。溶于乙醇，微溶于水（单酯溶于温水，双酯难溶于水）。具有旋光性，耐热性差，软化点 50 ~ 70 ℃，120 ℃ 以下稳定，145 ℃ 以上则分解。

（二）性能

蔗糖脂肪酸酯在酸性或碱性条件下加热可皂化，对淀粉有特殊的防老化作用。具有表面活性，能降低界面张力，其水溶液有黏性和湿润性，乳化作用良好。蔗糖酯的 HLB 值为 3 ~ 15，成品中单酯含量越多，HLB 值越高，亲水性越强。由于其脂肪酸种类和酯化度不同，使蔗糖酯的 HLB 值范围增大，具有良好的乳化、分散、增溶、润滑、渗透、发泡、黏度调节、抗菌等性能，既可用作 W/O 型乳化剂，也可用作于 O/W 型乳化剂。

（三）安全性

蔗糖脂肪酸酯毒性小，安全。大鼠经口 $LD_{50} \geqslant 30$ g/kg，ADI 为 0 ~ 10 mg/kg。

（四）应用

《食品安全国家标准　食品添加剂使用标准》（GB 2760—2024）规定：调制乳、焙烤食品，最大使用量为 3.0 g/kg；稀奶油（淡奶油）及其类似品、基本不含水的脂肪和油、水油状脂肪乳化制品、混合的和（或）调味的脂肪乳化制品、可可制品、巧克力和巧克力制品（包括代可可脂巧克力及制品）以及糖果、其他（仅限乳化天然色素），最大使用量为 10.0 g/kg；冷冻饮品（食用冰除外）、经表面处理的鲜水果、杂粮罐头、肉及肉制品、鲜蛋（用于鸡蛋保鲜）、饮料类（包装饮用水除外，固体饮料按稀释倍数增加使用量），最大使用量为 1.5 g/kg；果酱、专用小麦粉（如自发粉、饺子粉等）、面糊（如用于鱼和禽肉的拖面糊）、裹粉、煎炸粉、调味糖浆、调味品、其他（仅限即食菜肴），最大使用量为5.0 g/kg；生湿面制品（如面条、饺子皮、馄饨皮、烧麦皮）、生干面制品、方便米面制品、果冻（如用于果冻粉，按冲调倍数增加使用量），最大使用量为 4.0 g/kg。

在食品加工中，添加蔗糖脂肪酸酯时，可先将蔗糖酯用适量冷水调合成糊状，再加入所需的水，边加热边搅拌溶解；或将蔗糖酯加入适量油中，搅拌令其溶解和分散，再加到制品原料中。

三、磷脂

大豆磷脂又称卵磷脂、磷脂，是由生产大豆油的副产品提制而成。磷脂与甘油单硬脂酸酯、蔗糖脂肪酸酯、聚甘油脂肪酸酯等较为柔和的食品乳化剂相比，其 HLB 值较小，乳化稳定性较差，同时天然磷脂分子中有较多不饱和双键，易氧化，流动性差，因此需对磷脂进行改性，提高大豆磷脂的性能和应用范围。改性大豆磷脂又称羟基化卵磷脂，是以天然磷脂为原料，经过乙酰化和羟基化改性后，再经物化处理、脱脂后制得。

（一）性状

磷脂为浅黄色至褐色半透明或透明的黏稠状物质，无臭或有特殊的类似果仁的气味和轻微刺激味。易溶于乙醚、苯或三氯甲烷，稍溶于乙醇，难溶于丙酮。吸湿性较强，对热敏感，高温（80 ℃）条件下颜色变深，气味和滋味变劣，120 ℃开始分解。纯品不稳定，在空气中易变色。

改性大豆磷脂为黄色至棕褐色粉末或颗粒，无臭，吸湿性强，易溶于动植物油，部分溶于水，但在水中很容易形成乳浊液。新鲜制品为白色，在空气中迅速转变为黄色或棕褐色。

（二）性能

改性大豆磷脂 HLB 值为 10 ~ 12，有较强亲水性，适用于水包油型乳化剂，其水分散性、溶解性及乳化性等均比大豆磷脂好，乳化效果也更佳，用量较少，可应用于多种食品中。其乳化性能可以改良油脂的性状，增加面团体积及均一性，具有良好的起酥性、贮藏稳定性。改性大豆磷脂还可增强溶质的溶解性及分散性，同时具有良好的抗氧化能力和抗菌能力。

（三）安全性

一般公认安全，ADI 不作限制性规定。

（四）应用

《食品安全国家标准 食品添加剂使用标准》（GB 2760—2024）规定：稀奶油、氢化植物油、婴幼儿配方食品、婴幼儿辅助食品，按生产需要适量使用。改性大豆磷脂可在各类食品中按生产需要适量使用。

四、司盘系列乳化剂

司盘（span）类乳化剂是山梨醇酐脂肪酸酯的商品名，是由脂肪酸和山梨醇酐酯化而得。制备时因脂肪酸种类和数量不同，可得到一系列不同的脂肪酸酯，主要包括山梨醇酐单月桂酸酯（司盘20）、山梨醇酐单棕榈酸酯（司盘40）、山梨醇酐单硬脂酸酯（司盘60）、山梨醇酐三硬脂酸酯（司盘65）、山梨醇酐单油酸酯（司盘80）。

（一）性状

山梨醇酐脂肪酸酯为淡黄色至黄褐色的油状液体或蜡状颗粒，有特异性臭味，不溶于水，可分散于热水中；易溶于热乙醇、甲苯等有机溶剂。

（二）性能

山梨醇酐脂肪酸酯因脂肪酸构成种类不同，其 HLB 值为 1.8~8.6，适于制成 W/O 型和 O/W 型两种乳浊液。司盘类乳化剂具有较强的乳化、分散、润湿等性能，但因风味较差，通常与其他乳化剂复配使用。不同的山梨醇酐脂肪酸酯的性质见表 7-1。

表 7-1　司盘类乳化剂性质比较

名称	HLB 值	性状	类型
山梨醇酐单月桂酸酯（司盘20）	8.6	浅褐色油状	O/W
山梨醇酐单棕榈酸酯（司盘40）	6.7	浅褐色蜡状	O/W
山梨醇酐单硬脂酸酯（司盘60）	4.7	浅黄色蜡状	W/O
山梨醇酐三硬脂酸酯（司盘65）	2.1	浅黄色蜡状	W/O
山梨醇酐单油酸酯（司盘80）	4.3	浅褐色油状	W/O
山梨醇酐三油酸酯（司盘85）	1.8	浅黄色蜡状	W/O

（三）安全性

一般公认安全，ADI 为 0~25 mg/kg。

（四）应用

《食品安全国家标准　食品添加剂使用标准》（GB 2760—2024）规定：调制乳、冰淇淋、雪糕类、经表面处理的鲜水果、经表面处理的新鲜蔬菜、除胶基糖果以外的其他糖果、面包、糕点、饼干、果蔬汁（浆）类饮料、固体饮料（速溶咖啡除外），最大使用量为 3.0 g/kg；稀奶油（淡奶油）及其类似品、氢化植物油、可可制品、巧克力和巧克力制品（包括代可可脂巧克力及制品）、速溶咖啡、干酵母，最大使用量为 10.0 g/kg；脂肪、油和乳化脂肪制品（植物油除外），最大使用量为 15.0 g/kg；豆类制品（以每千克黄豆的使用量计），最大使用量为 1.6 g/kg；植物蛋白饮料，最大使用量为 6.0 g/kg；风味饮料（仅限果味饮料），最大使用量为 0.5 g/kg；其他（仅限饮料混浊剂），最大使用量为 0.05 g/kg。

五、吐温系列乳化剂

吐温（tween）类乳化剂是聚氧乙烯山梨醇酐脂肪酸酯的商品名，又称聚山梨酸酯。由司盘在碱性条件下与环氧乙烷加成精制而得。由于脂肪酸种类不同，可以有一系列不同产品，主要包括聚氧乙烯山梨醇酐单月桂酸酯（吐温20）、聚氧乙烯山梨醇酐单棕榈酸酯（吐温40）、聚氧乙烯山梨醇酐单硬脂酸酯（吐温60）、聚氧乙烯山梨醇酐单油酸酯（吐温80）。

（一）性状

聚氧乙烯山梨醇酐脂肪酸酯为淡米色至淡黄色的黏稠液体或膏状物，有特殊臭味和苦味。可溶于水、乙醇、丙酮等溶剂，可分散于猪油、大豆油等动植物油脂中。

（二）性能

聚氧乙烯山梨醇酐脂肪酸酯的 HLB 值范围为 9.6~16.7，适于制成 O/W 型乳浊液。吐温类乳化剂的界面活性不受 pH 的影响，对难溶于水的亲油性物质有良好的助溶作用，故可用于配制乳化香精。吐温类乳化剂为亲水性的，在食品中有良好的充气和搅拌起泡作用，适宜在低脂食品或水相中使用。不同的吐温类乳化剂的性质见表 7-2。

表7-2 吐温类乳化剂性质比较

商品名	脂肪酸种类	HLB 值	类型	性状
吐温 20	单月桂酸	16.9	O/W	油状液体
吐温 40	单棕榈酸	15.6	O/W	油状液体
吐温 60	单硬脂酸	14.9	O/W	油状液体
吐温 80	单油酸	15.0	O/W	油状液体

（三）安全性

从吐温 80 到吐温 20，HLB 值越来越大，是因为加入的聚氧乙烯不断增多。聚氧乙烯增多，乳化剂的毒性随之增大，故吐温 20 和吐温 40 很少作为食品添加剂使用，食品工业中使用较多的是吐温 60 和吐温 80。ADI 为 0~25 mg/kg。

（四）应用

《食品安全国家标准 食品添加剂使用标准》（GB 2760—2024）规定：调制乳、冷冻饮品（食用冰除外），最大使用量为 1.5 g/kg；稀奶油、调制稀奶油、液体复合调味料，最大使用量为 1.0 g/kg；水油状脂肪乳化制品、混合的和（或）调味的脂肪乳化制品、半固体复合调味料，最大使用量为 5.0 g/kg；豆类制品（以每千克黄豆的使用量计），最大使用量为 0.05 g/kg；面包，最大使用量为 2.5 g/kg；糕点、含乳饮料、植物蛋白饮料（固体饮料按稀释倍数增加使用量），最大使用量为 2.0 g/kg；固体复合调味料，最大使用量为 4.5 g/kg；饮料类（包装饮用水及固体饮料除外），最大使用量为 0.5 g/kg；果蔬汁（浆）类饮料（固体饮料按稀释倍数增加使用量），最大使用量为 0.75 g/kg；其他（仅限乳化天然色素），最大使用量为 10.0 g/kg。

> 🔗 **知识链接**
>
> 食品乳化剂的复配
>
> 当今社会，人们的生活水平不断提高，在解决基本饮食问题的同时，也更加注重食品的色、香、味、形和质地。为了满足消费者的需求，改善单一乳化剂的有限性，通常将安全优质的乳化剂复配使用。一般是通过实验来确定乳化剂的复配方法，但如果对乳化剂的性质有比较全面的了解，并且掌握一定的复配原则、使用技巧，可取得事半功倍的效果。
>
> 乳化剂复配主要有三种类型。①乳化剂间复配：将不同性质的乳化剂复配，可以产生协同增效作用。②功能复配：将不同功能的乳化剂复配，如与防腐剂、增稠剂等复配。③辅助复配：以一种乳化剂为主，添加两种或两种以上填充料或分散剂作为辅助剂加以复配。
>
> 常见的复配技术主要有：以单甘酯和蔗糖酯为主的复配乳化剂；以蔗糖酯和大豆磷脂为主的复配乳化剂；由乳化剂、增稠剂和品质改良剂等食品添加剂复配的专业乳化剂。
>
> 市场对乳化剂的需求不断上升，食品乳化剂的应用前景十分广阔，普遍用于面包、饼干、糕点、冰淇淋、肉制品、罐头、糖果、巧克力等各类食品中，但切记并不是乳化剂的添加量越多越好，而是要根据生产需要适量使用。

实训10　食品乳化剂在乳饮料加工中的应用

一、实训目的

1. 掌握食品乳化剂在乳饮料加工中的应用。
2. 熟悉乳化剂的乳化性能，对比不同乳化剂在乳饮料中的乳化效果。

二、实训原理

食品乳化剂中含有亲水基和亲油基，亲水基与水相结合，亲油基与油相结合，使互不相溶的水油两相形成均一、稳定的乳浊液，其中一相以液滴形式分散在另一相中。在乳饮料加工中，为避免出现脂肪上浮、油水分离等影响感官品质的问题，可适当添加食品乳化剂，维持乳饮料的稳定性。食品乳化剂种类繁多，不同的食品乳化剂其乳化稳定性有所差异。

三、设备与材料

1. 设备　均质机、冰箱、电炉、常压水浴杀菌器、数显恒温水浴锅、电子天平、温度计。
2. 材料　鲜牛乳、蔗糖脂肪酸酯、改性大豆磷脂（均为食用级）。

四、实训步骤

1. 混合　取3 L鲜牛乳经过水浴加热至60～70 ℃，平均分成6份，每份500 mL，编号为1～6号，作为实验组。1～3号鲜牛乳中每份加入1.5 g蔗糖脂肪酸酯，蔗糖脂肪酸酯用少量热水或热牛乳振荡分散后再加入到热的鲜牛乳中；4～6号鲜牛乳中每份加入5 g改性大豆磷脂，可直接加入，搅拌均匀。

2. 均质　分别将上述添加了食品乳化剂的1～6号鲜牛乳在5 MPa压力下均质，均质前保持鲜牛乳温度为60 ℃左右。

3. 灭菌　将均质后的6份鲜牛乳分装入四旋玻璃瓶中，扣盖后于常压水浴灭菌器中加热至中心温度高于80 ℃，然后拧紧瓶盖，继续灭菌15～25分钟。

4. 冷却　进行梯度降温，避免玻璃瓶炸裂。将灭菌后的鲜牛乳置于55 ℃水浴中冷却10分钟，再置于冷水浴中使鲜牛乳中心温度降至38 ℃以下。

5. 空白对照　根据步骤1～4制作空白鲜牛乳作对照，即不添加任何食品乳化剂。

6. 冷藏　将对照组和实验组的鲜牛乳置于4～10 ℃冰箱中冷藏保存，每隔5日观察一次，观察牛乳是否出现脂肪上浮分层或乳晕，20日后对各组待测样品进行感官评价。

7. 记录　对比空白牛乳样品、添加了蔗糖脂肪酸酯的牛乳样品、添加了改性大豆磷脂的牛乳样品，记录这3组样品中出现脂肪上浮分层或乳晕的天数、口感、风味、色泽、组织状态，对实验结果进行分析。

五、思考题

1. 食品乳化剂在乳饮料中是如何发挥作用的？
2. 根据实验分析，影响乳化效果的因素有哪些？
3. 食品乳化剂在乳饮料加工中应该如何添加？最大添加剂量是多少？
4. 在乳饮料加工中，应该如何选择合适的食品乳化剂？

答案解析

练习题

一、选择题

（一）单项选择题

1. 乳化剂分子中亲水和亲油这两类相反基团的大小和力量的平衡称为乳化剂的（　　）。

    A. 亲水值　　　　　　B. 亲油值　　　　　　C. 亲水亲油平衡值　　D. 亲水亲油差值

2. 乳化剂的 HLB 值越大，其亲水性（　　）。

    A. 越小　　　　　　　B. 越大　　　　　　　C. 不变　　　　　　　D. 不相关

3. 一般规定亲油性强的石蜡分子的 HLB 值为（　　）。

    A. 0　　　　　　　　　B. 20　　　　　　　　C. 40　　　　　　　　D. 3

4. 下列乳化剂中，可用于 W/O 型和 O/W 型乳浊液的是（　　）。

    A. 改性大豆磷脂　　　B. 单硬脂酸甘油酯　　C. 吐温 80　　　　　　D. 司盘系列乳化剂

5. 聚氧乙烯（20）山梨醇酐单油酸酯广泛用于制糖工业、发酵工艺等，又称（　　）。

    A. 吐温 20　　　　　　B. 吐温 40　　　　　　C. 吐温 60　　　　　　D. 吐温 80

（二）多项选择题

6. 下列关于 HLB 值描述正确的是（　　）。

    A. 亲水亲油平衡值　　　　　　　　　　B. HLB 值通常在 0 ~ 20

    C. 亲油性为 100% 的 HLB 值为 0　　　D. 亲水性为 100% 的 HLB 值为 20

    E. HLB 值的大小与亲水、亲油基的种类无关

7. 乳化剂的作用主要有（　　）。

    A. 乳化作用　　　　　　B. 起泡作用　　　　　　C. 润滑作用

    D. 氧化作用　　　　　　E. 悬浮作用

8. 下列属于乳化剂的是（　　）。

    A. 甘油单硬脂酸酯　　　B. 山梨酸钾　　　　　　C. 司盘 80

    D. 蔗糖脂肪酸酯　　　　E. 吐温 20

二、简答题

1. 请分析乳化剂对水包油型乳浊液的乳化作用机制。

2. 举例说明乳化剂的 HLB 值与其用途之间的关系。

书网融合……

    本章小结　　　　　　　　　　微课　　　　　　　　　　题库

第八章

食品增稠剂

学习目标

知识目标
1. **掌握** 增调剂的概念、作用；常见增稠剂的性质、性能。
2. **熟悉** 常见增调剂的作用机制和应用。
3. **了解** 影响增稠剂作用的因素；食品增调剂的发展趋势和前景。

能力目标
1. 能运用食品增稠剂的性能进行食品品质的改良。
2. 具备正确使用增稠剂的能力。

素质目标
培养主动参与的专业兴趣和乐于思索的职业情感。

情境导入

情境 张大爷对果酱情有独钟，但由于其身体肥胖，并患有高血压、冠心病，不能食用高糖、高热量的食品，所以经常在家自制低糖果酱，配方为：50% 草莓、36% 砂糖、13% 水、0.6% 果胶、0.4% 柠檬酸。

问题 配方中果胶属于哪一类食品添加剂？

PPT

第一节　食品增稠剂概述

一、增稠剂的概念及其在食品加工中的作用 e微课

（一）增稠剂的概念

在食品中，增稠剂主要是增加液态食品的黏度或形成凝胶，从而改善其物理性质，使之稳定、均匀，并赋予食品黏滑适口的感觉。食品增稠剂通常能溶解于水中，并在一定条件下充分水化形成黏稠、滑腻或胶冻液的大分子物质，所以又称糊料或食品胶。增稠剂在食品工业中有广泛用途，常被用作胶凝剂、增稠剂、乳化剂、成膜剂、持水剂、黏着剂、悬浮剂、晶体阻碍剂、泡沫稳定剂、润滑剂等。

（二）增稠剂在食品加工中的作用

追溯增稠剂的历史，渊源就在食品。在很早以前，我国便有人在烹调菜肴时用淀粉来勾芡，使得菜肴的汤汁更为浓厚、黏稠，这其实就是最早的"增稠剂"。现代，仍然有些国家，把淀粉划归为食品添

117

加剂中的增稠剂。《食品安全国家标准 食品添加剂使用标准》（GB 2760—2024）明确规定，允许添加增稠剂的食品主要有乳与乳制品、脂肪、油和乳化脂肪制品、冷冻饮品、水果制品、糖果类、淀粉制品、糕点类、肉与肉制品、水产制品、糖浆类、调味品、特殊膳食用食品、饮料类、酒类等。可见，增稠剂在食品加工中有着重要的作用。

1. 增稠作用 增稠剂在食品中主要是赋予食品所要求的流变特性，改变食品的质构和外观，将液体、浆状食品变成特定形态，并使其稳定、均匀，提高食品质量，以使食品具有黏滑适口的特点。

2. 稳定作用 增稠剂加入食品中，可使食品组织趋于稳定、不易变动、不易改变品质。如在冰淇淋中可抑制冰晶生长，在糖果中能防止糖结晶，在饮料、调味品和乳化香精中具有乳化稳定作用，在啤酒、汽水中有泡沫稳定作用。

3. 胶凝作用 增稠剂的凝胶作用，是利用它的胶凝性。当体系中溶有特定分子结构的增稠剂，浓度达到一定值，而体系的组成也达到一定要求时，体系可形成凝胶。

胶凝作用常用于果冻、奶冻、软糖、仿生食品中，其中以琼脂最为有效。琼脂凝胶坚挺、硬度高、弹性小；明胶凝胶坚韧而富有弹性，承压性好，并有营养；卡拉胶凝胶透明度好、易溶解，适用于制作奶冻；果胶具有良好的风味，适于制作果味制品。在糖果、巧克力中使用增稠剂，目的是起凝胶、防霜作用，同时增稠剂还能保持糖果的柔软性和光滑性。

4. 起泡作用 增稠剂可使加工食品更易起泡并保证泡沫更加持久，如在蛋糕、啤酒、面包、冰淇淋等食品中广泛使用。其中明胶作为发泡剂，发泡能力是鸡蛋的 6 倍。

5. 黏合作用 增稠剂可使食品中各种组分很好地黏合在一起，形成稳定的整体，如在香肠中使用槐豆胶、鹿角菜胶等。

6. 成膜作用 增稠剂能在食品表面形成非常光润的薄膜，可以防止冰冻食品、固体粉末食品表面吸湿而导致的质量下降，如醇溶性蛋白、明胶、琼脂、海藻酸等。当前，可食用包装膜是增稠剂发展的方向之一。

7. 保水作用 增稠剂有强亲水作用，能吸收几十倍乃至上百倍于自身重量的水分。并兼有持水性，可改善面团的吸水量，使产品的重量增大。食品胶具有强烈的水化作用，可保持加工食品中的水分。如在面包中加入增稠剂，可保持面包的含水量，使其新鲜。在肉和面粉制品中增稠剂能起改良品质的作用。

8. 矫味作用 增稠剂对不良气味有掩蔽作用。其中环糊精效果较好，可消除食品中的异味，但绝不能将其用于腐败变质的食品。

9. 控制结晶作用 增稠剂能赋予食品较高的黏度，使食品在冻结过程中生成的冰晶细微化，降低冰晶析出的可能性，使其结构均匀、口感细腻、外观整洁。

增稠剂都是大分子物质，许多来自于天然胶质，在人体内几乎不被消化吸收，很容易降低食品的热量，所以常用其代替部分糖浆、蛋白质溶液等原料，用于保健、低热量食品的生产。

（三）增稠剂的应用

1. 在肉制品加工中的应用 目前肉质品中使用的增稠剂主要有淀粉、变性淀粉、大豆蛋白、明胶、琼脂、黄原胶、卡拉胶、瓜尔豆胶、复合食用胶及禽蛋等。增稠剂不仅可以改善肉制品的结构、质地、保水性等功能，还可以降低生产成本。例如在火腿制品中加入大豆蛋白，可以增加蛋白质的含量，使产品呈现出良好的形态。在肉类罐头中添加明胶，可提高产品表面光泽度，增加产品弹性。在方火腿、午餐肉等肉糜制品中添加黄原胶可明显提高制品的嫩度、色泽和风味，增加肉制品的持水性，从而提高出品率。

2. 在面制品中的应用 增稠剂可以提高面条的韧性和爽滑度，降低面条的蒸煮损失，增加咬劲，提高口感，大幅度提升了面条制品的综合品质。面条中应用的增稠剂主要有黄原胶、海藻酸钠、瓜尔豆胶、魔芋胶、羟甲基纤维素钠等。如在挂面中添加 1%～1.5% 的海藻酸钠，可改善产品口感，提高熟化度，提高面团的弹性和可塑性。瓜尔豆胶可增加面条黏弹性，提高耐煮性，改善表面光洁度等。魔芋胶能提高面条黏弹性和筋力，增加咬劲等。

3. 在果冻、饮品中的应用 增稠剂在果冻、冰淇淋中，可起到增稠、胶凝等作用。如添加卡拉胶的果冻凝胶效果好、清凉爽口、色泽透明、富有弹性，且制备工艺简单，因此可用之取代琼脂、明胶和果胶等。增稠剂在饮品中具有增稠、稳定、均质、乳化、胶凝等作用。

4. 在其他食品中的应用 增稠剂作为一种食品添加剂。除上述应用外，还可以用于罐头、糖果等食品中。如在保健食品中添加海藻酸钠具有抑制血清和肝脏中胆固醇、总脂肪、总脂肪酸浓度上升的作用；以琼脂、卡拉胶、果胶等为凝胶剂生产的软糖，具有良好的弹性和韧性，还可制成多种口味。在肉味香精中添加增稠剂还有增浓、耐盐、耐温等作用。

二、增稠剂作用效果的影响因素

增稠剂在食品加工中重要作用之一，即为利用其黏度保持制品的稳定均一性，因此增稠剂的黏度是一个十分重要的指标。

（一）结构及相对分子质量对黏度的影响

增稠剂具有较多亲水基团，在溶液中容易形成网状结构，具有较高的黏度。

因此，不同分子结构的增稠剂，即使在相同浓度和条件下，黏度亦可能有较大的差别。增稠剂的黏度与相对分子质量密切相关，即分子质量越大，黏度也越大。食品在生产和贮存加工中黏度下降，其主要原因是增稠剂降解，相对分子质量变小。

（二）浓度对黏度的影响

多数增稠剂在低浓度时，随着浓度的增高，分子的体积增大，相互作用的概率增加，吸附的水分子增多，故溶液的黏度增大，而在较高浓度时呈现假塑性。

（三）pH 对黏度的影响

介质的 pH 与增稠剂的黏度及其稳定性的关系极为密切。增稠剂的黏度通常随 pH 发生变化。如海藻酸钠在 pH 为 5～10 时，黏度稳定；pH 小于 4.5 时，黏度明显增加。在 pH 为 2～3 时，藻酸丙二醇酯呈现最大的黏度，而海藻酸钠则沉淀析出。明胶在等电点时黏度最小，而黄原胶（特别是在少量盐存在时）pH 变化对黏度影响很小。

（四）温度对黏度的影响

随着温度升高，分子运动速度加快，一般溶液的黏度降低。高分子胶体解聚时，黏度的下降是不可逆的，应尽量避免胶体溶液长时间高温受热。如在通常条件下的多种胶体溶液，温度每升高 5～6 ℃，黏度约下降 12%。但也有例外，少量氯化钠存在时，黄原胶的黏度在 -4 ℃～93 ℃ 范围内变化很小；位阻大的黄原胶和藻酸丙二醇酯，热稳定性较好。

（五）切变力对黏度的影响

切变力的作用是降低分散相颗粒间的相互作用力，在一定条件下，这种作用力越大，结构黏度降低也越多。具有假塑性的液体饮料或食品物料，在挤压、搅拌等切变力的作用下发生的切变稀化现象，有利于这些产品的管道运送和分散包装。

（六）增稠剂的协同效应

增稠剂的配合有较好增效作用，如 CMC 与明胶，卡拉胶、瓜尔豆胶和 CMC，琼脂与刺槐豆胶，黄原胶与刺槐豆胶等。

第二节 常用的食品增稠剂

PPT

增稠剂在食品工业中添加量很微小，通常只占到制品总重的千分之几，但却能既有效又科学健康地改善食品体系的稳定性。食品增稠剂的化学成分大多是天然多糖或者其衍生物，它们在自然界分布广泛。

食品增稠剂按来源大致可分为天然和人工合成（包括半合成）两大类。天然增稠剂是从植物、动物、海藻等组织中提取或利用微生物发酵法得到的物质。人工合成增稠剂主要以纤维素、淀粉为原料，在酸、碱、盐等化学原料作用下，经过水解、缩合、提纯等工艺制得的。迄今世界上可供使用的食品增稠剂已有 40 余种，具体分类见表 8 – 1。

表 8 – 1　食品增稠剂的分类

种类	品种
动物类增稠剂	明胶、干酪素、甲壳素、壳聚糖
植物类增稠剂	果胶、魔芋胶、卡拉胶、海藻胶、琼脂、阿拉伯胶、瓜尔豆胶、刺槐豆胶
微生物类增稠剂	黄原胶、结冷胶
其他来源增稠剂	羧甲基纤维素钠、聚丙烯酸钠、海藻酸钠丙二醇酯

一、动物类增稠剂

（一）明胶

明胶是一种能形成凝胶体的水溶性蛋白质类物质，通常由动物皮肤、骨、肌膜等结缔组织中的胶原部分，经分类、脱脂、漂洗、中和、水解等十几道工序提取的胶原蛋白，又称动物明胶、膘胶。明胶的分子量在 10 000 ~ 70 000，分子式 $C_{102}H_{151}O_{39}N_{31}$。

1. 性状与性能　白色或者淡黄色、半透明、微带光泽的薄片或粉粒；无臭，无味，受潮解后易被细菌分解。明胶不溶于冷水，在冷水中吸水膨胀至自身体积的 5 ~ 10 倍，易溶于温水，冷却后形成凝胶，熔点在 24 ~ 28 ℃，其溶解度与凝固温度相差很小，易受水分、温度、湿度的影响而变质。不溶于乙醇、乙醚、三氯甲烷等有机溶剂，但溶于醋酸和甘油。

明胶是亲水性的胶体，具有很强的保护胶体的性质，可作为疏水胶体的稳定剂、乳化剂。明胶是两性电解质，在水溶液中可将带电的微粒凝聚成块，此特性可用作啤酒、果汁、乳饮料的澄清剂。明胶有发泡和稳泡作用，可用作奶糖、软糖的支撑骨架。明胶溶液的黏度受 pH、温度、静置时间等的影响。通常温度越低，溶液黏度增长越快；静置时间越长，溶液黏度越大。

2. 安全性　纯净的食用级明胶是无毒的。应注意生产及储存过程的卫生，防止受污染。ADI 不作特殊规定。

3. 应用　《食品安全国家标准　食品添加剂使用标准》（GB 2760—2024）规定，明胶作为增稠剂，可在各类食品中按生产需要适量使用。

食用明胶广泛应用于食品工业的糖果、果冻、果酱、冰淇淋、糕点、各种乳制品、保健食品及肉干、肉松、肉冻、罐头、香肠、粉丝、方便面等产品的生产。

（二）干酪素

干酪素又称酪蛋白、酪朊、乳酪素、奶酪素。干酪素是牛奶中的主要蛋白质，占牛奶中蛋白质总量的 80%，约占其质量的 3%，也是奶酪的主要成分，分子量 75 000 ~ 375 000。干酪素主要有四种类型：α - 干酪素、β - 干酪素、k - 干酪素、γ - 干酪素。干酪素是一种全价蛋白，含有人体必需的 8 种氨基酸，不易被消化吸收，是优质氨基酸的供给源，也是婴幼儿及幼畜的主要蛋白源。

1. 性状与性能　干酪素一般为白色无定形粉末或颗粒，是一种含磷复合蛋白质，无臭，无味，有吸湿性。干燥时性质稳定，潮湿时易变质。溶于碱性水溶液，溶于浓盐酸呈浅紫色，几乎不溶于水和非极性有机溶剂。相对密度 1.25 ~ 1.31，等电点（pI）4.6。

（1）溶解性　干酪素在升温过程中蛋白质空间构象的变化，导致球状分子内的许多疏水基团外露，使得蛋白质凝结、沉淀、聚合，降低了蛋白质的溶解性。pH 为 4 ~ 5 时，靠近干酪素的等电点范围，溶解度最低。而当 pH 大于 5，或者当 pH 小于 4 时，体系的静电排斥作用有助于使蛋白质溶解，且溶解度增高。

（2）疏水性　随着温度的升高，干酪素表面疏水性显著增强。随着 pH 的降低，其表面疏水性也有逐渐升高的趋势。

（3）黏度　干酪素溶液的黏度随着温度升高而逐渐下降。温度升高，分子间氢键作用被削弱，使溶液黏度降低。

（4）乳化性　蛋白质是食品中使用最广泛的发泡剂。干酪素溶液中溶解态蛋白质浓度越高，所形成的泡沫越多，常用作啤酒和苹果汁的乳化剂。

2. 安全性　毒性：LD_{50} 为 400 ~ 500 mg/kg（干酪素酸钠，大鼠，经口）。

3. 应用　《食品安全国家标准　食品添加剂使用标准》（GB 2760—2024）规定，干酪素作为增稠剂，可在各类食品中按生产需要适量使用。用碱性物处理干酪素凝乳，可得到应用更广泛的水溶性干酪素钠。干酪素广泛用于面包、糕点、冰淇淋、人造奶油、酸乳饮料、火腿肠、午餐肉等食品的生产。

（三）甲壳素

甲壳素又名甲壳质、几丁质、壳多糖，是一种线性天然高分子聚合物，结构类似于纤维素，由 1000 ~ 3000 个 N - 乙酸 - 2 - 氨基 - 2 - 脱氧 - D - 葡萄糖以 β - 1,4 - 糖苷键连接起来的聚合物，属于直链氨基多糖。甲壳素主要存在于节肢动物、软体动物、环节动物、原生动物、腔肠动物、海藻及真菌等中。另外，在动物的关节、蹄、足的坚硬部分，肌肉与骨结合处及低等植物中，均发现有甲壳素的存在。

1. 性状与性能　甲壳素是白色或灰白色无定形、半透明固体，无臭，无味，是聚合度较小的一种几丁质。不溶于水、稀酸、稀碱、浓碱和一般有机溶剂，可溶于浓盐酸、硫酸、磷酸和无水甲酸，但同时主链会发生降解。

壳聚糖是甲壳素最重要的衍生物，其由甲壳素脱去乙酰基获得。甲壳素具有良好的生物相容性和可降解性，与甲壳素不同，壳聚糖的溶解性有较大改善，常称之为可溶性甲壳素。

2. 安全性　甲壳质是天然纤维素（动物性食物纤维），没有毒性和副作用，其安全性和砂糖近似。（砂糖致死量为 18 g/kg，而甲壳质为 16 g/kg）。

3. 应用　《食品安全国家标准　食品添加剂使用标准》（GB 2760—2024）规定：甲壳素作为增稠剂，可在各类食品中按生产需要适量使用。啤酒和麦芽饮料，最大使用量为 0.4 g/kg；醋，最大使用量为 1.0 g/kg；氢化植物油、其他油脂或油脂制品（仅限植脂末）、冷冻饮品（食用冰除外）、坚果与籽类的泥（酱）包括花生酱等、蛋黄酱、沙拉酱，最大使用量为 2.0 g/kg；乳酸菌饮料，最大使用量为

2.5 g/kg；果酱，最大使用量为5.0 g/kg。

二、植物类增稠剂

（一）果胶

天然果胶类物质以原果胶、果胶、果胶酸的形态广泛存在于植物的果实、根、茎、叶中，是细胞壁的一种组成成分，它们伴随纤维素而存在于植物相邻细胞壁的中胶层，构成相邻细胞中间层黏结物，使植物组织细胞紧紧黏结在一起。原果胶是不溶于水的物质，但可在酸、碱、盐等化学试剂及酶的作用下，加水分解转变成水溶性果胶。果胶本质上是一种线形的多糖聚合物，D-吡喃半乳糖醛酸是其基本结合单元，果胶含有数百至约1000个脱水半乳糖醛酸残基，以 $\alpha-1,4-$ 键连接成长链状，常带有乙酰基和其他中性多糖支链，其相应的平均相对分子质量50 000~15 0000，分子式为 $(C_6H_{10}O_6)_n$。

酯化度是果胶分类的最基本指标。果胶的酯化度（DE）是果胶分子中酯化的半乳糖醛酸单体占全部单体总数的百分比。酰胺化果胶的酰化度（DA）则表示酰化的半乳糖醛酸单体占单体总数的百分比。一般果胶的最大酰化度不超过25%。

根据DE值的不同，商业化果胶可以分为高酯果胶、低酯果胶和酰胺化果胶。

1. 性状与性能 果胶为白色或带黄色或浅灰色、浅棕色的粗粉至细粉，几乎无臭，口感黏滑，略带果香味。溶于20倍体积的水，形成乳白色黏稠状胶体溶液，呈弱酸性。耐热性强，几乎不溶于乙醇及其他有机溶剂。用乙醇、甘油、白砂糖糖浆湿润，或与3倍以上的白砂糖混合可提高果胶的溶解性。

2. 安全性 果胶是一类构成细胞结构的高分子碳水化合物，广泛存在于绿色植物中。果胶来源于植物提取物，完全无毒，是FAO/WHO食品添加剂联合专家委员会推荐的公认安全的食品添加剂。

3. 应用 《食品安全国家标准 食品添加剂使用标准》（GB 2760—2024）规定：果胶作为增稠剂，可在各类食品中按生产需要适量使用。果胶还可用作乳化剂、稳定剂，用于果蔬汁（浆），最大使用量为3.0 g/kg（固体饮料按冲调倍数增加使用量）。广泛用于稀奶油、黄油和浓缩黄油、生湿面制品（如面条、饺子皮、馄饨皮、烧麦皮）、生干面制品、糖和糖浆（如红糖、赤砂糖、冰片糖、原糖、果糖、糖蜜、部分转化糖、槭树糖浆等）、香辛料类等产品的生产。

> **知识链接**
>
> #### 果胶的用途
>
> 1825年，法国人Bracennot首次从胡萝卜根中提取出一种能够形成凝胶的物质，并将其命名为"Pectin"，中文译为"果胶"。果胶是在所有较高等植物中均存在的一种结构性多糖，自第一次被发现以来，人们一直致力于其结构、性质、功能、应用等方面的研究。果胶因具有良好的凝胶性、增稠性、稳定性等，被广泛用于果冻、果酱、酸乳、酒类、糖果等各类食品中。
>
> 果胶的结构非常复杂，生物活性多样，具有免疫调节、抗肿瘤、抗氧化、降血糖、改善胃肠道功能等功效，作为一种高档的天然食品添加剂和保健品，也用于医疗保健、化妆品中，发展前景十分广阔。
>
> 果胶的原料主要是柑橘皮及苹果皮，目前国内资源丰富，但其加工利用率低，大部分原料被直接丢弃。如能加以综合利用，必将给经济带来巨大的效应。

（二）卡拉胶

卡拉胶是从麒麟菜、石花菜、鹿角菜等红藻类海草中提炼出来的亲水性胶体，是由半乳糖及脱水半乳糖所组成的多糖类硫酸酯的钙、钾、钠、铵盐。依其半乳糖残基上硫酸酯基团的不同，分为 κ - 型、ι - 型、λ - 型。分子式 $C_{24}H_{36}O_{25}S_2$，分子量 788.6587。

1. 性状与性能 卡拉胶为白色至淡黄褐色半透明片状固体或粉末，表面皱缩、微有光泽，无臭或有微臭，无味，口感黏滑。与蛋白质反应起乳化作用，能使乳化液稳定。

（1）溶解性 不溶于冷水，但可溶胀成胶块状，不溶于有机溶剂，易溶于热水成半透明的胶体溶液（在 70 ℃以上热水中溶解速度提高）。

（2）胶凝性 在钾离子存在下能生成热可逆凝胶。

（3）增稠性 浓度低时形成低黏度的溶胶，接近牛顿流体；浓度高时形成高黏度溶胶，则呈非牛顿流体。

（4）协同性 与刺槐豆胶、魔芋胶、黄原胶等产生协同作用，能提高凝胶的弹性和保水性。

（5）健康价值 卡拉胶具有可溶性膳食纤维的基本特性，在体内降解后的卡拉胶能与血纤维蛋白形成可溶性络合物。可被大肠细菌酵解成 CO_2、H_2、沼气及甲酸、乙酸、丙酸等，是益生菌的能量源。

2. 安全性 大鼠经口（其钙盐和钠盐混入 25% 玉米油）LD_{50} 为 5.1 ~ 6.28 g/kg。

3. 应用 《食品安全国家标准 食品添加剂使用标准》（GB 2760—2024）规定，卡拉胶作为增稠剂，可在各类食品中按生产需要适量使用。卡拉胶也可用作乳化剂、稳定剂。其使用范围和最大使用量为：生干面制品 8.0 g/kg；糖和糖浆（如红糖、赤砂糖、冰片糖、原糖、果糖、糖蜜、部分转化糖、槭树糖浆等）5.0 g/kg。婴幼儿配方食品（以即食状态食品中的使用量计）0.3 g/L。广泛用于稀奶油、黄油和浓缩黄油、生湿面制品（如面条、饺子皮、馄饨皮、烧麦皮）、香辛料类、果蔬汁（浆，固体饮料按冲调倍数增加使用量）等产品的生产。

（三）琼脂

琼脂亦称琼胶，是一种从石花菜、江蓠等红藻中提取的多糖物质，富含人体所必需的多种微量元素，在促进肠胃消化吸收方面具有一定功效。

1. 性状与性能 琼脂为亲水性胶体，色泽由白到微黄，具有胶质感，分为条状和粉末状，无气味或有轻微的特征性气味，不溶于冷水，易溶于热水，能吸收相当自身体积 20 倍的水。稀释液在 42 ℃仍保持液状，但在 37 ℃凝成紧密的胶冻。琼脂由琼脂糖和琼脂果胶两部分组成，作为胶凝剂的琼脂糖是不含硫酸酯（盐）的非离子型多糖，是形成凝胶的组分。而琼脂果胶是非凝胶部分，是带有硫酸酯（盐）、葡萄糖醛酸和丙酮酸醛的复杂多糖。

2. 安全性 ADI 不作特殊规定，一般公认安全。

3. 应用 《食品安全国家标准 食品添加剂使用标准》（GB 2760—2024）规定，琼脂作为增稠剂，可在各类食品中按生产需要适量使用。琼脂用于软糖，可改善口感；用于冰淇淋，可改善组织状态，提高黏度和膨胀率，防止冰晶析出，使制品口感细腻；用于发酵酸奶、冰饮，可改善组织状况和口感；用于豆馅，可提高黏着性、弹性、持水性和保型性；用于果冻，可使制品凝胶坚脆。

（四）阿拉伯胶

阿拉伯胶又称阿拉伯树胶、金合欢胶，是一种由树的汁液凝结而成的天然植物胶。阿拉伯胶有着复杂的分子结构，主要包括树胶醛糖、半乳糖、葡萄糖醛酸等高分子多糖类及其钙、镁和钾盐，一般由 D - 半乳糖、L - 阿拉伯糖、L - 鼠李糖、D - 葡萄糖醛酸组成，相对分子质量为 25 万 ~ 100 万。

1. 性状与性能 阿拉伯胶为黄色至淡黄褐色半透明块状固体，或者为白色至淡黄色颗粒或粉末，无臭，无味。相对密度为 1.35 ~ 1.49。阿拉伯胶极易溶于水，形成低黏度溶液，只有在高浓度时黏度才开始急剧增大，这一点与其他多糖的性质不同。其水溶液呈酸性，不溶于乙醇及多数有机溶剂。

2. 安全性 LD_{50}（小鼠，口服）>16 g/kg，FAO/WHO（1995）规定，ADI 不作特殊规定，一般公

认安全。

3. 应用 《食品安全国家标准 食品添加剂使用标准》（GB 2760—2024）规定，阿拉伯胶作为增稠剂，可在各类食品中按生产需要适量使用。广泛应用于食品工业的糖果、冷冻食品、面包制品、饮料、助香剂等产品的生产。

（五）瓜尔胶

瓜尔胶又称瓜尔豆胶，是由豆科植物瓜尔豆的种子去皮去胚芽后的胚乳部分，干燥粉碎后加水，进行加压水解后用20%的乙醇沉淀，离心分离后干燥粉碎而得。瓜尔胶是目前国际上应用最多的天然食用胶，主要由半乳糖和甘露糖（1∶2）黏合而成的高分子亲水多糖类。

1. 性状与性能 白色至淡黄褐色粉末，接近无嗅，也无其他任何异味，一般含有75%~85%的多糖、5%~6%的蛋白质、2%~3%的纤维及1%的灰分。能分散在热或冷水中形成胶体溶液，且在较低浓度时即可形成高黏度溶液。水溶液为中性，黏度随pH的变化而变化，pH为6~8时黏度最高，pH在3.5~10范围内对其黏度影响不明显。

2. 安全性 ADI不作特殊规定，一般公认安全。

3. 应用 《食品安全国家标准 食品添加剂使用标准》（GB 2760—2024）规定，瓜尔胶作为增稠剂，可在各类食品中按生产需要适量使用。瓜尔胶与大量水的结合能力强，主要用作增稠剂、持水剂，通常单独或与其他食用胶复配使用。用于色拉酱、肉汁起增稠作用，用于冰淇淋使产品融化缓慢，面制品增进口感，方便面防止吸油过多，烘焙制品延长老化时间，肉制品作黏合剂。

三、微生物类增稠剂

（一）黄原胶

黄原胶又称黄胶、汉生胶，是一种由假黄单胞菌属发酵产生的单孢多糖，由甘蓝黑腐病野油菜黄单胞菌以碳水化合物为主要原料，经发酵技术，得到的一种高黏度水溶性微生物胞外多糖。黄原胶作为乳化剂、稳定剂、凝胶增稠剂、浸润剂、膜成型剂等，广泛应用于国民经济各领域。

1. 性状与性能 黄原胶为浅黄色至白色可流动粉末，稍带臭味。易溶于冷、热水中，溶液呈中性，耐冻结和解冻，不溶于乙醇。遇水分散、乳化变成稳定的亲水性黏稠胶体。

（1）悬浮性和乳化性 黄原胶对不溶性固体和油滴具有良好的悬浮作用。黄原胶溶胶分子能形成超结合带状的螺旋共聚体，构成脆弱的类似胶的网状结构，所以能够支撑固体颗粒、液滴和气泡的形态，显示出很强的乳化稳定作用和高悬浮能力。

（2）良好的水溶性 黄原胶在水中能快速溶解，有很好的水溶性，可省去繁杂的加工过程，使用方便。

（3）增稠性 黄原胶溶液在低浓度下具有较高黏度（1%黄原胶溶液的黏度相当于明胶的100倍），是一种高效的增稠剂。

（4）假塑性 黄原胶溶液在静态或低剪切作用下具有高黏度，在高剪切作用下表现为黏度急剧下降，但分子结构不变。而当剪切力消除时，则立即恢复原有的黏度。剪切力和黏度的关系是完全可塑的。黄原胶的这种假塑性，对稳定悬浮液、乳浊液极为有效。

（5）对热的稳定性 黄原胶溶液的黏度不会随温度的变化而发生很大的变化，即使低浓度的黄原胶溶液在较宽的温度范围内仍然显示出稳定的高黏度。1%黄原胶溶液（含1%氯化钾）从25℃加热到120℃，其黏度仅降低3%。

（6）对酸碱的稳定性 黄原胶溶液对酸碱十分稳定，在pH为5~10其黏度不受影响，在pH小于4

和大于 11 时黏度有轻微的变化。pH 在 3 ~ 11 范围内，黏度最大值和最小值相差不到 10%。

（7）对盐的稳定性　黄原胶溶液能和许多盐溶液（钾、钠、钙、镁等）混溶，且黏度不受影响。如在较高盐浓度下，甚至在饱和盐溶液中仍保持其溶解性而不发生沉淀和絮凝。

（8）对酶解反应的稳定性　黄原胶稳定的双螺旋结构使其具有极强的抗氧化和抗酶解能力，许多酶类如蛋白酶、淀粉酶、纤维素酶和半纤维素酶等都不能使黄原胶降解。

2. 安全性　小鼠经口 $LD_{50} > 10$ g/kg，ADI 不作特殊规定。

3. 应用　《食品安全国家标准　食品添加剂使用标准》（GB 2760—2024）规定，黄原胶作为增稠剂，可在各类食品中按生产需要适量使用。黄原胶也可用作稳定剂。其使用范围和最大使用量为：生干面制品 4.0 g/kg；黄油和浓缩黄油、糖和糖浆［如红糖、赤砂糖、冰片糖、原糖、果糖（蔗糖来源）、糖蜜、部分转化糖、槭树糖浆等］5.0 g/kg；生湿面制品（如面条、饺子皮、馄饨皮、烧麦皮）10.0 g/kg；稀奶油、香辛料类、果蔬汁（浆，固体饮料按冲调倍数增加使用量），按生产需要适量使用。

（二）结冷胶

结冷胶又称凯可胶，是一种高分子线性多糖，由 4 个单糖分子组成的基本单元重复聚合而成，其相对分子质量约为 50 万。

1. 性状与性能　结冷胶干粉呈米黄色，无特殊的滋味和气味，约于 150 ℃时不经熔化而分解。耐热、耐酸性能良好，对酶的稳定性亦高。不溶于非极性有机溶剂，也不溶于冷水，但略加搅拌即分散于水中，加热即溶解成透明的溶液，冷却后形成透明且坚实的凝胶。溶于热的去离子水或整合剂存在的低离子强度溶液，水溶液呈中性。

2. 安全性　LD_{50} 大鼠口服为 5000 g/kg（体重），ADI 不作特殊规定。

3. 应用　《食品安全国家标准　食品添加剂使用标准》（GB 2760—2024）规定，结冷胶作为增稠剂，可在各类食品中按生产需要适量使用。可广泛用于面制品、饼干、乳制品、糖果、饮料、肉制品、焙烤食品等产品的生产。

四、其他来源增稠剂

（一）羧甲基纤维素钠

羧甲基纤维素钠又称纤维素胶、改性纤维素，简称 CMC 或 SCMC，是葡萄糖聚合度为 100 ~ 2000 的纤维素衍生物，相对分子质量 242.16。羧甲基纤维素可形成高黏度的胶体溶液，有黏着、增稠、流动、乳化分散、赋形、保水、保护胶体、薄膜成型、耐酸、耐盐、悬浊等特性，因此在食品、医药、日化、石油、造纸、纺织、建筑等领域中有广泛应用。羧甲基纤维素钠（CMC）是纤维素醚类中产量最大、用途最广、使用最为方便的产品，俗称"工业味精"。

1. 性状与性能　羧甲基纤维素钠属于阴离子型纤维素醚类，外观为白色或微黄色粉末、粒状或纤维状固体，无嗅，无味，无毒，易溶于水，形成具有一定黏度的透明溶液。溶液为中性或微碱性，不溶于乙醇、乙醚、异丙醇、丙酮等有机溶剂，可溶于含水 60% 的乙醇或丙酮溶液。吸湿性强，对光热稳定，其溶液黏度随温度升高而降低，随浓度增大而增大。当 pH 为 7 时，溶液黏度最高，pH 为 2 ~ 10 时较稳定。

2. 安全性　小鼠经口 LD_{50} 为 27 g/kg（体重），ADI 为 0 ~ 25 mg/kg（体重），一般公认安全。

3. 应用　《食品安全国家标准　食品添加剂使用标准》（GB 2760—2024）规定，羧甲基纤维素钠作为增稠剂，可在各类食品中按生产需要适量使用。CMC 在豆奶、冰淇淋、雪糕、果冻、饮料、罐头中的用量为 1% ~ 1.5%，还可与醋、酱油、植物油、果汁、肉汁、蔬菜汁等形成性能稳定的乳化分散液，其用量为 0.2%~0.5%。CMC 常与果胶、瓜尔豆胶、黄原胶等复配用于酸性乳饮料中，用量一般为 0.2%~0.6%。

（二）聚丙烯酸钠

聚丙烯酸钠是一种具有亲水基团的高分子化合物，吸湿性极强，遇水膨胀，缓慢溶于水形成极黏稠的透明溶液。0.2% 聚丙烯酸钠溶液的黏度约为 400cp，黏度约为羧甲基纤维素钠（CMC）、海藻酸钠的 15~20 倍。

1. 性状与性能　聚丙烯酸钠为白色结晶性粉末，无臭，无味，不溶于乙醇、丙酮等有机溶剂。久存黏度变化极小，不易腐败。聚丙烯酸钠相对分子质量小到几百，大到几千万，因中和程度不同，水溶液的 pH 一般在 6~9。易溶于氢氧化钠水溶液，但在氢氧化钙、氢氧化镁等水溶液中随碱土金属离子数量增加。

2. 安全性　小鼠经口 $LD_{50} > 10 \, g/kg$，ADI 不作特殊规定。

3. 应用　《食品安全国家标准　食品添加剂使用标准》（GB 2760—2024）规定，聚丙烯酸钠作为增稠剂，可在各类食品中按生产需要适量使用。聚丙烯酸钠在食品加工中可用作增稠剂、稳定剂、澄清剂、脱水调湿剂、保鲜剂等（表 8-2）。

表 8-2　聚丙烯酸钠在各种食品中的应用

食品种类	作用
面包、蛋糕、面条类、通心面	提高原材料利用率，改善口感和风味
水产糜状制品、罐头食品、紫菜干等	强化组织，保持新鲜味，增强味感
调味酱、果酱、蛋黄酱、番茄沙司、稀奶油、酱油	增稠，稳定
果汁、酒类等	分散剂
冰淇淋	改善味感及稳定性
冷冻食品、水产加工品	作为表面胶冻剂，起保鲜作用

 实训 11　食品增稠剂在果酱加工中的应用

一、实验目的

1. 掌握果酱制作的基本工艺流程和操作要点。
2. 熟悉果酱制作的基本原理。

二、实验原理

果酱是果肉加糖和酸煮制成具有较好的凝胶态，不需要保持果实或果块原来性状的糖制品。其制作原理是利用果实中亲水性的果胶物质，在一定条件下与糖和酸结合，形成"果胶-糖-酸"凝胶。凝胶的强度与糖、酸含量及果胶物质的形态和含量等有关。

三、设备与材料

1. 设备　不锈钢刀具（去核、切分）、不锈钢调羹、水果刨、电子天平、不锈钢锅、打浆机、温度计、手持糖度计、电磁炉、高压锅、不锈钢碗、蒸屉、压盖机。

2. 材料 苹果、胡萝卜、白砂糖、柠檬酸、食盐、果胶、玻璃罐等。

四、实训步骤

1. 原料选择 选择成熟度适宜、含果胶及酸多、芳香味浓的新鲜苹果和胡萝卜为原料。

2. 原料处理 将苹果洗净后去皮、切半、去心，切成小块，称重；将胡萝卜洗净、去皮后切成 0.5 cm 的薄片，称重；计算好苹果和胡萝卜所用的比例，用 1%~2% 的食盐水对苹果和胡萝卜护色 1 ~ 2 分钟。

3. 预煮 将苹果块倒入不锈钢锅内，加苹果果重 40% 左右的水，加热煮沸，保持微沸状态 15 ~ 20 分钟。要求果肉煮透，使之软化兼防变色。胡萝卜切成小薄片放入高压蒸屉中（下面放入 500 mL 水），蒸 12 ~ 15 分钟。

4. 打浆 苹果、胡萝卜的果肉软化后，趁热用打浆机打浆或破碎机破碎。

5. 配料 按果肉计，白砂糖 70%、水 30%、柠檬酸 0.13%、果胶 0.5%。

例如：果肉 500g（苹果：胡萝卜 =9：1）、白砂糖 350g、水 150g、柠檬酸 0.65g、果胶 2.5g、砂糖一般用水溶解成糖液备用。

6. 浓缩 先将果浆倒入锅中，分 2 ~ 3 次加入糖液。在浓缩过程中不断搅拌，当酱体浓缩至可溶性固形物达 65% 时即可出锅，出锅前依次加入果胶液、柠檬酸，搅搅拌均匀。

7. 装罐、封口 出锅后立即趁热装罐，封罐时酱体的温度不低于 85 ℃，装罐不可过满，所留顶隙度以 3 mm 左右为宜。瓶盖、瓶身要事先清洗、消毒。装罐后迅速拧紧瓶盖。封口后应逐瓶检查封口是否严密。瓶口若黏附有酱体，应立即擦拭干净，避免贮存期间瓶口发霉。

8. 杀菌、冷却 封罐后在沸水中杀菌 15 分钟，产品分段冷却至常温。将实训操作记录至表 8-3。

表 8-3 果酱加工原始记载表结果

品种名称					
原料重量（g）					
食盐重量（g）					
调配	苹果（g）	水（g）	白砂糖（g）	果胶粉（g）	柠檬酸（g）
可溶性固形物含量					
杀菌时间（分）					

五、思考题

1. 为什么要用盐护色？还有其他具有护色作用的食品添加剂吗？

2. 根据实验分析，影响增稠效果的因素有哪些？

答案解析

一、选择题

（一）单项选择题

1. 增稠剂在果冻、奶冻、软糖等食品中的作用是（　　）。

   A. 抗氧化   B. 防腐   C. 矫味   D. 胶凝

2. 能使食品组织趋于稳定、不易变动、不易改变品质的食品添加剂是（   ）。

    A. 鲜味剂　　　　　　　　B. 防腐剂　　　　　　　　C. 增稠剂　　　　　　　　D. 酸味剂

3. 下列增稠剂中，化学组成属于蛋白质类的是（   ）。

    A. 琼脂　　　　　　　　　B. 明胶　　　　　　　　　C. 果胶　　　　　　　　　D. 黄原胶

4. 从微生物分泌物中制取的增稠剂是（   ）。

    A. 卡拉胶　　　　　　　　B. 黄原胶　　　　　　　　C. 琼脂　　　　　　　　　D. 海藻酸钠

5. 下列增稠剂中，用化学方法合成的是（   ）。

    A. 果胶　　　　　　　　　B. 黄原胶　　　　　　　　C. 琼脂　　　　　　　　　D. 羧甲基纤维素钠

（二）多项选择

6. 下列属于植物性增稠剂的有（   ）。

    A. 明胶　　　　　　　　　B. 阿拉伯胶　　　　　　　C. 果胶

    D. 干酪素　　　　　　　　E. 瓜尔豆胶

7. 下列增稠剂中，从植物种子中提取的有（   ）。

    A. 瓜尔胶　　　　　　　　B. 刺槐豆胶　　　　　　　C. 琼脂

    D. 明胶　　　　　　　　　E. 结冷胶

8. 影响增稠剂作用效果的因素主要有（   ）。

    A. 相对分子质量　　　　　B. 浓度　　　　　　　　　C. pH

    D. 温度　　　　　　　　　E. 切变力

二、简答题

1. 增稠剂按来源可分为几类？请举例说明。

2. 简述增稠剂在食品加工中的功能特性。

书网融合……

本章小结　　　　　　　　微课　　　　　　　　题库

第九章

食品稳定剂和凝固剂与被膜剂

 学习目标

知识目标

1. **掌握** 稳定剂和凝固剂、被膜剂的种类、性质。
2. **熟悉** 稳定剂和凝固剂、被膜剂在食品加工中的应用范围。
3. **了解** 稳定剂和凝固剂、被膜剂的使用准则及注意事项。

能力目标

1. 能够运用凝固剂制备豆腐。
2. 会运用凝固剂的基本知识解决豆腐制备过程中出现的相关问题。

素质目标

1. 培养食品安全和实验室安全意识。
2. 培养自身教育能力和社会实践能力。

第一节　食品稳定剂和凝固剂

PPT

 情境导入

情境 有人说我国允许使用的稳定剂和凝固剂主要有氯化钙、硫酸钙、氯化镁、葡萄糖酸－δ－内酯、丙二醇、乙二胺四乙酸二钠、柠檬酸亚锡二钠、不溶性聚乙烯吡咯烷酮、谷氨酰胺转氨酶、薪草提取物、可得然胶。

问题 1. 这个说法对吗，为什么？

　　　2. 我国允许使用的稳定剂和凝固剂都有哪些？

我国早在古代《食经》和《齐民要术》等书中就有稳定凝固剂在食品加工中的记载。如用盐使食品防腐，在磨好的豆浆煮开后添加卤水（氯化镁）可做成豆腐等。

一、稳定剂和凝固剂的概念与分类

（一）稳定剂和凝固剂的概念

《食品安全国家标准　食品添加剂使用标准》（GB 2760—2024）中规定：使食品结构稳定或使食品组织结构不变，增强黏性固形物的物质为稳定剂和凝固剂。

（二）稳定剂和凝固剂的分类及作用机制

根据《食品安全国家标准　食品添加剂使用标准》（GB 2760—2024）我国允许使用的稳定剂和凝

固剂主要有氯化钙、硫酸钙、乳酸钙、氯化镁、葡萄糖酸-δ-内酯、丙二醇、乙二胺四乙酸二钠、柠檬酸亚锡二钠、谷氨酰胺转氨酶、可得然胶等。在 GB 2760—2024 标准中撤销原有的食品添加剂薪草提取物。按照用途不同，可以将常用的稳定剂和凝固剂分为以下几类。

1. 凝固剂 包括氯化镁、硫酸钙、葡萄糖酸-δ-内酯，其主要作用是使豆浆凝固为不溶性凝胶状物的豆腐、豆腐脑。利用其分子所含的钙盐、镁盐或带多电荷的离子团，促进蛋白质变性而凝固。它们通过破坏蛋白质胶体溶液的夹电层，使悬浊液形成凝胶或沉淀。用氯化镁制作的豆腐为北豆腐（盐卤豆腐、老豆腐）、用硫酸钙制作的豆腐为南豆腐（石膏豆腐、嫩豆腐）、用葡萄糖酸-δ-内酯制作的豆腐为内酯豆腐。

> **🔗 知识链接**
>
> **凝固剂的功能**
>
> 凝固剂在食品中的功能很多。凝固剂可以使食品中的蛋白质发生凝固反应，从而改变食品的质地和结构，起到凝固蛋白质的作用，如添加凝固剂于豆制品中可制成豆腐、豆皮等，凝固剂种类不同，豆腐的质地口感各不相同。凝固剂还可以使食品变得更加硬实，增强食品的硬度，从而提高食品的保存性和耐压性。另外凝固剂可以抑制微生物的生长和繁殖，防止微生物繁殖，从而延长食品的保质期。

2. 果蔬硬化剂 主要包括氯化钙等钙盐类物质，主要用于果蔬产品加工。由于钙离子是多价螯合剂，果蔬中可溶性果胶酸的羧基与钙离子反应生成凝胶状不溶性果胶酸钙，加强了果胶分子的交联作用，形成具有弹性的凝胶固体，从而保持了果蔬加工制品的脆度和硬度。

3. 螯合剂 主要包括乙二胺四乙酸二钠、葡萄糖酸-δ-内酯，螯合剂通过与多价金属离子结合形成可溶性络合物，以消除易引起氧化作用的金属离子，从而提高食品的质量和稳定性。

4. 罐头除氧剂 主要指柠檬酸亚锡二钠，常用于果蔬罐头中除氧。柠檬酸亚锡二钠能与罐头中的残留氧发生作用，使 Sn^{2+} 氧化成 Sn^{4+}，从而表现出良好的抗氧化性能。

5. 保湿剂 主要指丙二醇，作为食品中许可使用的有机溶剂，通过保存食品中的水分而增强食品稳定性，可用于糕点、生湿面制品保湿，能增加食品的柔软性、光泽度和保水性。

二、常见的稳定剂和凝固剂

（一）硫酸钙

硫酸钙俗称石膏，分子式为 $CaSO_4$，含有 2 分子结晶水的石膏又称生石膏，将其加热到 100 ℃，失去部分结晶水而成为煅石膏，又称烧石膏、熟石膏。

1. 性状与性能 生石膏为白色结晶性粉末，无臭，有涩味。微溶于甘油，难溶于水，不溶于乙醇，加水后为可塑性浆体，很快凝固。生产豆腐常用磨细的煅石膏作为凝固剂，效果最佳。硫酸钙对蛋白质凝固有缓和性，所生产的豆腐质地细嫩，持水性好，有弹性，颜色白，有豆香味。但因其难溶于水，易残留涩味和杂质。此外，石膏还可用作过氧化苯甲酰的稀释剂及钙离子硬化剂。用作番茄罐头和马铃薯罐头的硬化剂时，可根据配方添加 0.1%～0.3%。

2. 安全性 钙和硫酸根都是人体正常成分，而且硫酸钙溶解度较小，难以被吸收，几乎无毒，ADI 不作特殊规定。

3. 应用 《食品安全国家标准 食品添加剂使用标准》（GB 2760—2024）规定：豆类制品中，按生产需要适量使用；小麦粉制品，最大使用量为 1.5 g/kg；肉灌肠类，最大使用量为 3 g/kg；腌腊肉制品（如咸肉、腊肉、板鸭、中式火腿、腊肠）（仅限腊肠），最大使用量为 5 g/kg；面包、糕点、饼干，最大使用量为 10 g/kg。

（二）氯化镁

氯化镁俗称盐卤、卤片、卤水，分子式为 $MgCl_2$。

1. 性状与性能 氯化镁为无色、无嗅的结晶或粉末，味苦，极易受潮，极易溶于水，溶于乙醇。盐卤一般用来制作老豆腐、豆腐干，具有独特的豆腐风味，难于制作嫩豆腐。用盐卤点浆时，18.5 ℃ 的盐卤相对豆浆的最适用量为 0.7%~1.2%，以纯 $MgCl_2$ 计，其最适用量为 0.13%~0.22%。

2. 安全性 大鼠经口 LD_{50} 为 2.8 g/kg（体重），ADI 不作特殊规定。少量食用对人体无害。

3. 应用 《食品安全国家标准　食品添加剂使用标准》（GB 2760—2024）规定：豆类制品，按生产需要适量使用。

（三）葡萄糖酸-δ-内酯

又称葡萄糖酸内酯，简称 GDL，分子式为 $C_6H_{10}O_6$。

1. 性状与性能 葡萄糖酸-δ-内酯为白色结晶或结晶性粉末，几乎无臭，口感先甜后酸，易溶于水，微溶于乙醇，在水中发生解离生成葡萄糖酸，能使蛋白质溶胶形成凝胶，温度越高或 pH 越高，水解速度越快。用葡萄糖酸-δ-内酯制作的豆腐产品洁白细嫩，使用方便，质地细腻、滑嫩可口、无苦涩味、保水性好、防腐性好、保存期长，在内酯盒装豆腐中使用广泛，缺点是制备的豆腐稍带酸味。由于葡萄糖酸内酯有一定的吸水性，温度太高会使其发生"糖化"。葡萄糖酸内酯对霉菌和一般细菌有抑制作用，可用于鱼、肉、禽、虾等的防腐保鲜，使制品外观光泽好、不褐变，同时可保持肉质的弹性。还具有螯合剂作用，用于葡萄汁或其他浆果酒中能防止生成酒石，用于奶制品中可防止生成乳石，用于啤酒生产中可防止产生啤酒石。

2. 安全性 兔静脉注射 LD_{50} 为 7.63 g/kg（体重），ADI 不作特殊规定。

3. 应用 《食品安全国家标准　食品添加剂使用标准》（GB 2760—2024）规定：稀奶油、乳制品、冷饮制品、加工水果、豆类制品等食品，按生产需要适量使用。

（四）氯化钙

分子式为 $CaCl_2 \cdot 2H_2O$。

1. 性状与性能 白色坚硬的碎块状结晶，无臭，微苦，易溶于水，可溶于乙醇，吸湿性强，干燥的氯化钙置于空气中会很快吸收空气中的水分，成为潮解性的 $CaCl_2 \cdot 6H_2O$。一般不用作豆腐凝固剂，作为果蔬硬化剂，可用作低甲氧基果胶和海藻酸钠的凝固剂。用于冬瓜硬化处理时，可将冬瓜去皮，泡在 0.1% $CaCl_2$ 溶液中，抽真空，使 Ca^{2+} 渗入组织内部，渗透 20~25 分钟，经水煮、漂洗后备用；同样可用作什锦菜番茄、莴苣等的硬化剂。

2. 安全性 大鼠经口 LD_{50} 为 1 g/kg（体重），ADI 不作特殊规定。

3. 应用 《食品安全国家标准　食品添加剂使用标准》（GB 2760—2024）规定：稀奶油、调制稀奶油、豆类制品，按生产需要适量使用；装饰糖果（如工艺造型，或用于蛋糕装饰）、顶饰（非水果材料）和甜汁、调味糖浆，最大使用量为 0.4 g/kg；其他类饮用水（自然来源饮用水除外），最大使用量为 0.1 g/kg；畜禽血制品，最大使用量为 0.5 g/kg；水果罐头、蔬菜罐头、果酱，最大使用量为 1 g/kg。

（五）乙二胺四乙酸二钠

又叫作 EDTA 二钠，分子式为 $C_{10}H_{14}N_2Na_2O_8$。

1. 性状与性能 为无味无臭或微咸的白色或乳白色结晶或颗粒状粉末。溶于水，不溶于乙醇，常温下性质稳定，有吸湿性。乙二胺四乙酸二钠是一种重要络合剂，用于络合金属离子和分离金属，可与铁、铜、钙等多价离子螯合形成稳定的水溶性络合物，可与钇、锆、镭等放射性物质络合，利用其络合作用可防止由金属引起的变色、变质、维生素损失等现象。

2. 安全性 大鼠经口 LD_{50} 为 2 g/kg（体重），ADI 为 0~2.5 mg/kg（体重）。

3. 应用 《食品安全国家标准 食品添加剂使用标准》（GB 2760—2024）规定：饮料类（包装饮用水除外），最大使用量为 0.03 g/kg；果酱、蔬菜泥（酱）（番茄沙司除外），最大使用量为 0.07 g/kg；复合调味料，最大使用量为 0.075 g/kg；地瓜果脯、腌渍的蔬菜、蔬菜罐头、坚果与籽类罐头、杂粮罐头，最大使用量为 0.25 g/kg。

（六）丙二醇

又叫作 1,2 - 丙二醇，分子式为 $C_3H_8O_2$。

1. 性状与性能 为无色、清亮、透明黏稠液体，外观与甘油相似，有吸湿性，无臭，略有辛辣味和甜味，能与水、醇等多数有机溶剂任意混合。对光热稳定，有可燃性。主要用作难溶于水的食品添加剂的溶剂，也可用作糖果、面包、包装肉类、干酪等的保湿剂、柔软剂。其水溶液不易结冰，可用作抗冻液，对食品有防冻作用。

2. 安全性 小鼠经口 LD_{50} 为 22~23.9 g/kg（体重），ADI 为 0~25 mg/kg（体重）。

3. 应用 《食品安全国家标准 食品添加剂使用标准》（GB 2760—2024）规定：生湿面制品（如面条、饺子皮、馄饨皮、烧麦皮），最大使用量为 1.5 g/kg；糕点，最大使用量为 3 g/kg。加工面条添加丙二醇，能增加弹性，防止面条干燥崩裂，增加光泽度。

（七）柠檬酸亚锡二钠

分子式为 $C_6H_6O_8SnNa_2$。

1. 性状与性能 白色结晶性粉末，呈强还原性，有防腐蚀和护色作用，易潮解，易溶于水，极易氧化。在罐头中能逐渐消耗残余氧气，起到抗氧防腐作用，保持食品的色质与风味。

2. 安全性 小鼠经口 LD_{50} 为 2.7 g/kg（体重）。柠檬酸亚锡二钠在机体内胃肠吸收率为 2.3%，48 小时后由尿排出吸收量 50%，属无毒品。

3. 应用 《食品安全国家标准 食品添加剂使用标准》（GB 2760—2024）规定：水果罐头、蔬菜罐头、食用菌和藻类罐头，最大使用量为 0.3 g/kg。

第二节 食品被膜剂

PPT

一、被膜剂的概念与作用

（一）被膜剂的概念

《食品安全国家标准 食品添加剂使用标准》（GB 2760—2024）中规定：涂抹于食品外表，起保质、保鲜、上光、防止水分蒸发等作用的物质为被膜剂。

（二）被膜剂的作用

被膜剂通过覆盖在食物的表面形成薄膜，从而防止微生物入侵、抑制水分蒸发、调节呼吸作用，从而达到延长水果新鲜度的目的。还有一些食品如糖果、巧克力等，表面涂被膜剂后不仅可以防止粘连防潮而且还可使其外表光亮、美观。

《食品安全国家标准　食品添加剂使用标准》（GB 2760—2024）规定，我国允许使用的被膜剂有巴西棕榈蜡、白油（又名液体石蜡）、蜂蜡、聚二甲基硅氧烷及其乳液、聚乙二醇、聚乙烯醇、可溶性大豆多糖、吗啉脂肪酸盐果蜡、普鲁兰多糖、松香季戊四醇酯、脱乙酰甲壳素（又名壳聚糖）、硬脂酸（又名十八烷酸）、紫胶（又名虫胶）。

被膜剂根据其来源分为两类：天然被膜剂和人工被膜剂。天然被膜剂，如紫胶、桃胶、蜂蜡等；人工被膜剂，如液体石蜡、聚二甲基硅氧烷及其乳液、聚乙二醇、聚乙烯醇等。

二、常见的被膜剂

（一）紫胶

又名虫胶，为紫胶虫分泌物紫胶、原胶经加工而制得，虫胶的化学成分较为复杂，其主要成分是树脂。

1. 性状与性能　普通紫胶为暗褐色的片状物或粉末，有光泽，可溶于碱、乙醇，不溶于酸，脆而坚，无味，稍有特殊气味，有一定的防潮能力。漂白紫胶为白色无定型颗粒状树脂，微溶于醇，不溶于水。现在食品工业主要多用的是漂白紫胶。紫胶涂于食品表面可以形成光亮的膜，不仅隔离水分、保持食品质量稳定，而且美观。

2. 安全性　大鼠经口 LD_{50} 为 1.5 g/kg（体重），安全性较好。紫胶还具有清热凉血、解毒之功能，在长期使用过程中未发现有害的作用。

3. 应用　《食品安全国家标准　食品添加剂使用标准》（GB 2760—2024）规定：可可制品、巧克力和巧克力制品（包括代可可脂巧克力及制品）、威化饼干，最大使用量为 0.2 g/kg；经表面处理的鲜苹果，最大使用量为 0.4 g/kg；经表面处理的柑橘类鲜水果，最大使用量为 0.5 g/kg；胶基糖果、除胶基糖果以外的其他糖果，最大使用量为 3.0 g/kg。还可作为着色剂用于胶原蛋白肠衣，按生产需要适量使用。

（二）白油

又称液体石蜡、白色油或白矿物油，是从石油中精炼制得的液态烃的混合物，主要为含碳数在 16 ~ 24 的饱和环烷烃与链烷烃混合物。

1. 性状与性能　无色半透明油状液体，室温下无臭、无味，加热后略有石油臭，不溶于水，溶于挥发油，混溶于多数非挥发性油，除蓖麻油外，对光、热、酸等稳定，但长时间接触光和热会慢慢氧化。具有消泡、润滑、脱模、抑菌等作用，不被细菌污染，易乳化，有渗透性、软化性和可塑性。

2. 安全性　安全性较好，ADI 不作特殊规定。少量食用几乎不呈现毒性，大量食用则会使食欲减退、脂溶性维生素吸收减少、发生消化器官及肝脏的功能障碍。

3. 应用　《食品安全国家标准　食品添加剂使用标准》（GB 2760—2024）规定：软糖、鸡蛋的保鲜、鲜蛋、除胶基糖果以外的其他糖果，最大使用量为 5.0 g/kg。

（三）吗啉脂肪酸盐果蜡

吗啉脂肪酸盐果蜡为乳化剂，用天然动、植物蜡和水制成的。主要成分为天然棕榈蜡（10% ~ 20%）、吗啉脂肪酸盐果蜡（2.5% ~ 3%）、水（85% ~ 87%）。

1. 性状与性能　淡黄色至黄褐色的油状或蜡状物质，随脂肪酸的碳链长度不同、物态不同，低级脂肪酸者为液态，高级脂肪酸者为固态，微有氨臭。可混溶于丙酮、苯和乙醇中。溶于水，在水中溶解量大时呈凝胶状。在水果表面形成半透膜，从而抑制果实的呼吸，防止水分的蒸发和细菌的侵入，达到改善外观、延长货架期的目的。

2. 安全性 大鼠经口 LD_{50} 为 1600 mg/kg（体重）。

3. 应用 果蜡主要用作水果保鲜剂。将果蜡涂于柑橘、苹果等果实表面，形成薄膜，以抑制果实呼吸，防止内部水分蒸发，抑制微生物侵入，并改善商品外观，提高商品价值，延长水果货架期。《食品安全国家标准 食品添加剂使用标准》（GB 2760—2024）规定：经表面处理的鲜水果，按生产需要适量使用。

（四）巴西棕榈蜡

巴西棕榈蜡是指由巴西棕榈树叶中取得的蜡，主要成分为含碳数在 24～34 的直链脂肪酸酯、直链烃基脂肪酸酯、桂酸脂肪酸酯等，以 C_{26} 和 C_{32} 酯最为常见。

1. 性状与性能 为棕色至淡黄色的硬质脆性腊，具有树脂状断面，微有气味，熔点 80～86 ℃，不溶于水，但溶于碱液，微溶于乙醇，溶于三氯甲烷、乙醚及 40 ℃ 以上的脂肪。具有极高的光泽和超乎寻常的硬度，在可可制品、巧克力和巧克力制品以及糖果中可作为被膜剂。也具有良好的乳化性、附着性，还可作为抗结剂，是世界上适用性最为广泛的天然蜡之一。

2. 安全性 ADI 值为 0～7 mg/kg（体重）。通常认为基本无毒、无刺激性。

3. 应用 《食品安全国家标准 食品添加剂使用标准》（GB 2760—2024）规定：新鲜水果，最大使用量为 0.0004 g/kg，以残留量计；可可制品、巧克力和巧克力制品（包括代可可脂巧克力及制品）以及糖果，最大使用量为 0.6 g/kg。

（五）松香季戊四醇酯

是由浅色松香与季戊四醇酯化后，经蒸汽气提法精制而成的，主要成分是枞酸季戊四醇酯。

1. 性状与性能 为淡黄色粒状或片状固体，溶于丙酮、苯，不溶于水及乙醇，稳定性高、耐热性好、酸值低、硬度较大、熔点较高、抗老化。

2. 安全性 大鼠摄入含有 1% 松香季戊四醇酯的饲料，经 90 天喂养未见毒性作用。

3. 应用 《食品安全国家标准 食品添加剂使用标准》（GB 2760—2024）规定：经表面处理的鲜水果、经表面处理的新鲜蔬菜，最大使用量为 0.09 g/kg。

实训 12　食品稳定剂和凝固剂在豆腐制作中的应用

 微课

一、实训目的

掌握稳定剂和凝固剂在制备豆腐中的作用；熟悉豆腐制作的操作步骤。

二、实训原理

选取硫酸钙、氯化镁、葡萄糖酸 $-\delta-$ 内酯作为稳定凝固剂分别制备三种豆腐：南豆腐、北豆腐、内酯豆腐。通过实训结果来观察 3 种豆腐的感官特性，以考察硫酸钙、氯化镁、葡萄糖酸 $-\delta-$ 内酯 3 种稳定凝固剂对豆腐品质的影响。由于煮浆过程中会产生大量泡沫，若不及时消泡，则从容器中溢出，妨碍操作的进行，因此在制备豆腐时加入消泡剂乳化硅油以除去泡沫。

三、设备与材料

1. 设备 磨浆机、干燥箱、水浴锅、电子天平、离心机、尼龙布、滤网、不锈钢盆。

2. 材料 市售大豆、葡萄糖酸 $-\delta-$ 内酯。

四、实训步骤

1. 选料 选择颗粒整齐、无虫眼、无发霉变质的新大豆。

2. 泡料 按 0.5 kg 黄豆加 1.25 kg 冷水的比例浸泡 2.5 ~ 7 小时。黄豆去皮,夏季浸泡 2.5 ~ 3.5 小时,春季浸泡 4 ~ 5 小时,冬季浸泡 6 ~ 7 小时。浸泡到黄豆捏着有劲、有弹性、无硬感、不脱袍,豆瓣饱满,裂开一线,搓开豆瓣稍凸,皮瓣发脆不发糠为合适,浸泡好的大豆约为原料干豆重量的 2.2 倍。浸泡时间过长黄豆易发酵,磨浆时产沫多,不爱上浆,损失蛋白质;浸泡时间过短,出豆浆少。在浸泡过程中,可按黄豆的 0.2% ~ 0.38% 的比例加入适量碱面,以提高蛋白质的溶解度,提高产量。

3. 磨料 将浸泡好的大豆以水:干豆为 8:1 的比例用磨浆机磨浆。要求磨匀、磨细,添豆、添水要匀。

4. 过滤 是保证豆腐成品质量的前提,使用离心机过滤,要先粗后细,分段进行。也可用 120 目和 80 目的尼龙布依次过滤,滤网制成喇叭筒型过滤效果较好。过滤中三遍洗渣、滤渣,务必充分利用洗渣水残留物,渣内蛋白含有率不宜超过 2.5%,洗渣用水量以"磨糊"浓度为准,一般 0.5 kg 大豆总加水量(指豆浆)4 ~ 5 kg。

5. 煮浆 对豆腐成品质量的影响也是至关重要的,煮浆要快,时间要短,时间不超过 15 分钟。锅三开后立即放出备用。煮浆开锅应使豆浆"三起三落",以消除浮沫。落火通常采用封闭气门,三落即三次封闭。锅内第一次浮起泡沫,封闭气门泡沫下沉后,再开气门。二次泡沫浮起中间可见有裂纹,并有透明气泡产生,此时可加入消泡剂消泡,消泡后再开气门,煮浆达 97 ~ 110 ℃ 时,封闭气门,稍留余气放浆。然后将烧熟的豆浆迅速盛在容器内,放在阴凉处或凉水中,降温至 30 ℃ 为止。

煮浆过程中要注意:①开锅的浆中不得注入生浆或生水;②消泡剂必须按规定剂量使用;③锅内上浆也不能过满;④煮浆还要随用随煮,用多少煮多少,不能久放在锅内。

6. 过滤 煮后的浆液要用 80 ~ 100 目的铜纱滤网过滤,或振动筛加细过滤,消除浆内的微量杂质和锅巴,以及膨胀的渣滓。放浆时不得操之过急,浆水流量要与滤液流速协调一致,即滤的快流量大些,滤的慢流量小些。

7. 凝固 是决定豆制品质量和成品率的关键,首先应掌握豆浆的浓度和 pH。温度控制在 80 ℃ 左右,凝固豆浆的最佳 pH 为 6.0 ~ 6.5。内酯豆腐加入凝固剂按 0.5 kg 黄豆 6 ~ 9 g 的剂量,将内酯预先用少量温水溶解,迅速加入降温至 30 ℃ 左右的豆浆中,并搅拌均匀。

8. 成型 撇出冒出的黄浆水,正常的黄浆水应是清澄的淡黄色,说明点脑适度,不老不嫩。将点酯后的浆倒进成型模中,放入凝固槽或盒内蒸煮。90 ℃ 保温 20 分钟,静置冷却即为内酯豆腐成品。

9. 感官评价 由小组为单位组成感官评定小组对成品豆腐进行感官评价。评价人员应根据评价标准对成品进行相关评定,取其平均值作为样品的最终得分。豆腐的品质评分标准见表 9 - 1。

表 9 - 1 豆腐感官评价表

项目	评分标准	分值	南豆腐得分	北豆腐得分	内酯豆腐得分
色泽	乳白色	2.5			
	淡黄色	2.0			
	黄色	1.5			
滋味及气味	具有豆腐应有的豆香味	3.0			
	有豆香味,但有少量酸味	2.5			
	有豆香味,且有大量酸味	2.0			

续表

项目	评分标准	分值	南豆腐得分	北豆腐得分	内酯豆腐得分
组织形态	细腻滑嫩，刀切后不塌陷，不裂	3.0			
	较细腻滑嫩，刀切后不塌陷，不裂	2.5			
	粗糙，刀切后塌陷，裂开	2.0			
杂质	无肉眼可见外来杂质	1.5			
	有少量可见外来杂质	1.0			
	有较多杂质	0.5			
总分					

五、注意事项

内酯豆腐制作注意事项如下。

1. 内酯系葡萄糖脱水产物，应防潮，否则会失效。

2. 用内酯要随用随配，不能过早配制。

3. 内酯豆腐要求豆浆浓度高，一般豆浆浓度为10%～11%时做出的内酯豆腐质地较坚实；浓度小于9%时，豆腐有些嫩，划开豆腐后浆水较多；浓度大于13%时，豆腐质地坚实，划开豆腐后基本无浆水流出。

4. 加用内酯的数量，要控制在黄豆量的1.2%～1.8%，豆浆量的0.2%～0.3%。过少不易凝固，过多会发酵出酸味。

5. 加内酯前，豆浆必须先加热煮熟变性。生豆浆加入内酯后，一次加热变性凝固，使内酯不能充分发挥作用，产品有豆腥味、苦味和生浆味，不能食用。

6. 加入内酯时的豆浆，温度要降至30 ℃以下，否则豆浆凝固不均匀。

7. 豆浆的凝固温度应控制在90 ℃的恒温。温度上升到98 ℃以上，豆浆沸腾，豆腐在凝固过程中产生大量气泡，保水力下降，离析水增加，严重影响产率，豆腐质地粗硬；若温度下降到70 ℃以下时，虽然也可凝固，但其凝固得松散稀流，成品硬度差。

8. 为保持凝固温度稳定在90 ℃，当温度升到90 ℃时，可把锅盖掀一个缝，继续加温，保持锅内温度稳固在90 ℃，防止温度继续上升引起容器内豆浆沸腾。

六、思考题

不同的稳定凝固剂对豆腐品质有什么影响？

答案解析

一、单项选择题

1. 不属于稳定剂和凝固剂的是（   ）。

    A. 硫酸钙　　　　　　　　　　　　B. 氯化镁

    C. 葡萄糖酸－δ－内酯　　　　　　D. 苯甲酸钠

2. 氯化镁可作为（   ）使用。

    A. 稳定剂和凝固剂　　　　　　　　B. 防腐剂

    C. 抗氧化剂　　　　　　　　　　　D. 酸度调节剂

3. 俗称盐卤的是（　　）。

  A. 氯化镁   B. 硫酸钙

  C. 葡萄糖酸 $-\delta-$ 内酯   D. 氯化钙

4. 俗称石膏的是（　　）。

  A. 氯化镁   B. 硫酸钙

  C. 葡萄糖酸 $-\delta-$ 内酯   D. 氯化钙

5. 石膏属于（　　）。

  A. 稳定剂和凝固剂   B. 防腐剂

  C. 抗氧化剂   D. 酸度调节剂

6. 可用于鸡蛋的保鲜添加剂有（　　）。

  A. 松香季戊四醇酯   B. 巴西棕榈蜡

  C. 白油   D. 紫胶

7. 属于天然被膜剂的有（　　）。

  A. 松香季戊四醇酯   B. 巴西棕榈蜡

  C. 白油   D. 紫胶

8. 制作豆腐干使用的稳定剂和凝固剂有（　　）。

  A. 氯化镁   B. 硫酸钙

  C. 葡萄糖酸 $-\delta-$ 内酯   D. 氯化钙

9. 卤水豆腐使用的稳定剂和凝固剂是（　　）。

  A. 氯化镁   B. 硫酸钙

  C. 葡萄糖酸 $-\delta-$ 内酯   D. 山梨酸钾

10. 石膏豆腐使用的稳定剂和凝固剂是（　　）。

  A. 氯化镁   B. 硫酸钙

  C. 葡萄糖酸 $-\delta-$ 内酯   D. 山梨酸钾

二、简答题

简述常用的凝固剂有哪几种？盐卤豆腐、石膏豆腐及内酯豆腐分别使用哪种凝固剂？

书网融合……

本章小结   微课   题库

第十章

食品香料与香精

 学习目标

《知识目标》

1. 掌握 食品香料与香精的概念和分类；食用香精的分类和调配步骤。

2. 熟悉 食品香料与香精的关系；常见的食用香料。

3. 了解 香味的分类和香气的强度；常见香料的用途；香精有关的专业术语和香精的基本组成。

《能力目标》

1. 能根据食品香精与香料的质量要求，查阅产品的相关信息

2. 能够掌握食品香料与香精的作用和常见的香精制作方法。

3. 学会食品香料与香精的使用方法和条件。

《素质目标》

1. 具有良好的思想政治素质、行为规范和职业道德及法制观念。

2. 具有互助协作的团队精神、较强的责任感和认真的工作态度。

3. 热爱香精香料行业，具有科学求实的态度、严谨的学风和开拓创新的精神。

 情境导入

情境 某食品公司根据生产任务要生产一批不同风味的水果味硬糖，生产工艺流程为领料→化糖→过滤→真空熬制→冷却→加辅料→浇注→成型→筛选→包装→成品检验→外包→入库。

问题 1. 根据生产情况，如何在生产过程中正确使用香精？

2. 食用香精的分类有哪些？

第一节 食品香料与香精概述 ⓔ微课

PPT

随着人民生活水平的提高，消费者不仅追求食品的健康、营养、卫生，而且看重时尚口味，于以往市场需要更多的新口味来不断满足人们的味觉。因此食用香料和香精在食品配料中所占的比例虽然很小，但对食品风味起着举足轻重的作用。它可以给食品原料赋香、增香，矫正食品中的不良气味，也可以补充食品中原有香气的不足，稳定和辅助食品中的固有香气，从而满足人们对香味不断增长的要求。

一、香料与香精的概念与分类

(一) 香料和香精的概念

1. 香料 是指能够刺激人们嗅觉器官而引起快感的纯天然或人工合成物质。食用香料，也称"增香剂"，是一种人类嗅觉器官能感受出气味的物质。正因为有些物质同时具有刺激味觉器官的能力，故有时常将凡能刺激味觉器官或嗅觉器官物质统称为"风味物质"。也有一些称为香料前驱物质，这些物质可在食品烹调或加工过程中因受热等作用而产生香味。但就食品添加剂而言，食用香料是指以能赋予食品香气为主的物质，个别尚兼有赋予特殊滋味的能力。

《食品安全国家标准　食品添加剂使用标准》（GB 2760—2024）规定，在食品中使用食品用香料、香精的目的是使食品产生、改变或提高食品的风味。食品用香料一般配制成食品用香精后用于食品加香，部分也可直接用于食品加香。食品用香料、香精不包括只产生甜味、酸味或咸味的物质，也不包括增味剂。食品用香料包括食品用天然香料、食品用合成香料、天然等同香料。

2. 香精 大多数天然香料与单体香料的香气、香味相对较为单调，多数都不能单独直接使用，而是将香料调配成香精以后，才用于加香食品中。

食用香精是由各种食用香料和许可使用的附加物调配与加工而成。附加剂包括载体、溶剂、防腐剂等食品添加剂。载体有蔗糖、糊精、阿拉伯树胶等。食用香精的调配主要是模仿食品天然的香气和香味，注重于香气和味觉的仿真性。

应注意要严格区分食品用香精和调味品，调味品是食品中的一类，一般可直接食用。食品用香精可以是调味品很小的组成部分。另外，食品用香精按生产需要适量使用。

(二) 香料和香精的分类

1. 香料的分类 食用香料按来源不同可分为天然和人工合成两大类。

天然香料成分复杂，是由多种化合物组成的。天然香料又分为动物性香料和植物性香料。食品中使用的香料主要是植物性香料。天然香料依照制取方法不同而形态多样，如精油、浸膏、压榨油、香脂、净油、单离香料等，此外，某些香料如香辛料往往还加工成粉状。

人工合成香料分为合成香料和单离香料，合成香料包括全合成香料和半合成香料，如以工业原料愈创木酚合成的香兰素为全合成香料，而以木质素合成的香兰素则为半合成香料。此外，从天然香料中人工分离出来的单体香料称为单离香料，如以蒸馏法从柠檬草油中分离出的柠檬醛即属单离香料。在食品加工制作中，除少数几种香料如橘子油、香兰素等外，多数香料由于它们的香气比较单调而不单独使用，通常是将数种乃至数十种香料调和起来制成香精，以适应食品生产的需要。

2. 香精的分类 食用香精可以从不同的角度采取不同的分类方法。按香精的剂型可分为液体香精、膏状香精和固体香精。按香型分可分为花香型、果香型、坚果香型、酒香型、乳香型、薄荷型、豆香型、肉香型、蔬菜香型和焙烤香型等。按用途分可分为饮料用、糖果用、焙烤食品用、肉制品用、奶制品用、酒用、调味品用和方便食品用等。

二、香味的分类和香气的强度

食品的香味主要有以下几种。

1. 青草香型，是指刚割下的青草或落叶的绿色植物材料的气味。

2. 水果香型，是成熟的水果如香蕉、梨、瓜类等甜气味为特征的香味。

3. 柑橘香类。

4. 薄荷樟脑香味，具有甜、新鲜、清凉的感觉。

5. 甜蜜花香味，可以定义为由花散发出的气味，含有甜味、青草味、水果味和药草味的特征。

6. 辛香药草香味，是药草类植物和辛香料共有的，彼此间差异甚微。

7. 木熏香味，是特有的温热、木材味，甜味和烟熏的气味。

8. 烧烤香味。

9. 焦糖化坚果香味，是指焙烤坚果轻微的苦味和焙烤香气。

10. 乳品奶油香味和蘑菇泥土香气等。

香气强度可以用香气活力值（OAV）来表示，以此描述各香气物质对黄酒香气的贡献程度。香气阈值是指嗅觉器官感觉到气味时，嗅感物质的最低浓度。使用阈值的概念可以评价嗅感的强度。如果香气活力值（OAV）<1，说明嗅觉器官对该香气物质无感觉或嗅不到该香气物质的气味。香气活力值越大，说明该香气物质越有可能成为某一食品的特征香气成分。

> **知识链接**
>
> ### 食品风味
>
> 　　风味是食品品质的重要特征，是人们选择和接受食品的重要因素。风味物质一般成分繁多而含量甚微，且挥发性极高，多数为易破坏的热不稳定性物质，除了少数成分以外，大多数是非营养性物质。风味物质能刺激人的食欲，因而对人的摄食、消化有积极而重要的影响。食品风味的差别很大程度决定了产品的等级和价值。目前，食品风味优劣及产品等级的评定主要由感官评价完成，气体的成分和浓度则主要借助于化学分析仪器来完成。现在较为先进的食品风味仪器分析技术有气相、液相色谱法，色（气、液）谱–质谱联用测定法、顶空分析（headspace analysis）、气相色谱–吸闻检测技术（GC–O）、电子鼻检测技术（electronic nose）等。其中，电子鼻检测技术是在20世纪90年代发展起来的一种分析、识别和检测复杂气体的新技术。电子鼻作为一种新型人工智能嗅觉装置，具有价格适中、操作简单、携带方便等优点，更为突出的是它灵敏度高、测量数据与人类的感官评价相关性好，因此，在食品风味分析领域受到越来越多的重视，并具有广阔的发展前景。

第二节　食用香料

PPT

食用香料按其来源和制造方法的差异分为天然香料、天然等同香料和人造香料。《食品安全国家标准　食品添加剂使用标准》（GB 2760—2024）规定，允许使用的食品用天然香料有404种，合成香料有1506种，并规定凡列入合成香料目录的香料，其对应的天然物（即结构完全相同的对应物）应视作已批准使用的香料。

一、食用香料的分类

（一）天然香料

天然香料成分复杂，是由多种化合物组成的。天然香料又分为动物性香料和植物性香料。食品中所用的香料主要是植物性香料。

根据天然香料产品和产品形态可分为香辛料、精油、浸膏、压榨油、净油、酊剂、油树脂以及单离香料制品等。

1. 香辛料 主要是指在食品调香调味中使用的芳香植物或干燥粉末。此类产品中的精油含量较高，具有强烈的呈味、呈香作用，不仅能促进食欲、改善食品风味，而且还有杀菌防腐功能。包括具有热感和辛辣感的香料，如辣椒、姜、胡椒、花椒、番椒等；具有辛辣作用的香料，如大蒜、葱、洋葱、韭菜、辣根等；具有芳香性的香料如月桂、肉桂、丁香、孜然、众香子、香荚兰豆、肉豆蔻等；香草类香料，如茴香、葛缕子（姬茴香）、甘草、百里香等。这些香辛料大部分在我国都有种植，资源丰富，有的享有很高的国际声誉，如八角茴香、桂皮、桂花等。

2. 精油 又称香精油、挥发油或芳香油，是植物性天然香料的主要品种。植物精油是取自草本植物的花、叶、根、树皮、果实、种子、树脂等，以蒸馏、压榨方式提炼出来的植物特有的芳香物质。例如玫瑰油、薄荷油、八角茴香油等均是用水蒸气蒸馏法抽取的精油。对于柑橘类原料，则主要用压榨法抽取精油。液态精油是我国目前天然香料的最主要的应用形式。

近年来，压缩丁烷和超临界二氧化碳萃取技术用来提取新鲜香花精油和辛香料等取得了新发展，使所得萃取物具有天然原料逼真的香气和香味。另外，精油的深加工采用了分子蒸馏技术，使那些沸点较高、色泽较深、黏度大、香气粗糙的精油和一些净油类产品得到精制、提纯和脱色，使香料植物的应用更加方便有效。

3. 浸膏 是一种含有精油及植物蜡等呈膏状浓缩的非水溶剂萃取物。用挥发性有机溶剂浸提香料植物原料，然后蒸馏回收有机溶剂，蒸馏残留物为浸膏。在浸膏中除含有精油外，尚含有相当量的植物蜡、色素等杂质，所以在室温下多数浸膏呈深色膏状或蜡状。例如，大花茉莉浸膏、桂花浸膏、香荚兰豆浸膏等。

4. 油树脂 一般是指用溶剂萃取天然香辛料，然后蒸除溶剂后而得到的具有特征香气或香味的浓缩萃取物，通常为黏稠液体，色泽较深，呈不均匀状态。例如辣椒油树脂、胡椒油树脂、姜黄油树脂等。

5. 酊剂 又称乙醇溶液，是以乙醇为溶剂，在室温或加热条件下浸提植物原料、天然树脂或动物分泌物所得到的乙醇浸出液，经冷却、澄清、过滤而得到的产品。例如枣酊、咖啡酊、可可酊、黑香豆酊、香荚兰酊、麝香酊等。

6. 净油 是指用乙醇萃取浸膏、香脂或树脂所得到的萃取液，经过冷冻处理，滤去不溶的蜡质等杂质，再经减压蒸馏蒸去乙醇，所得到的流动或半流动的液体。如玫瑰净油、小花茉莉净油、鸢尾净油等。

（二）合成香料

合成香料是采用天然原料或化工原料，通过化学合成制取的香料化合物。合成香料根据其合成所用原料的来源不同以及是否在天然产品中有所发现可分为天然级香料、天然等同香料和人造香料。合成香料的制备包括了对各种类型香料中主体物质（化合物）的合成，从化学结构上合成香料可按照其中的官能团和碳原子骨架进行分类。

1. 按官能团分类 可分为烃类香料、醇类香料、酚类香料、醚类香料、醛类香料、酮类香料、缩基类香料、酸类香料、酯类香料、内酯类香料、腈类香料、硫醇香料、硫醚类香料等。

2. 按碳原子骨架分类 可分类为萜烯类（萜烯、萜醇、萜醛、萜酮、萜酯）、芳香族类（芳香族醇、醛、酮、酸、酯、内酯、酚、醚）、脂肪族类（脂肪族醇、醛、酮、酸、酯、内酯、酚、醚）、杂环和稠环类（呋喃类、噻唑类、吡咯类、噻吩类、吡啶类、吡嗪类、喹啉类）。

二、常见的食品香料

1. 香辛料 属于天然香料，是指各种具有特殊香气、香味和滋味的植物全草、叶、根、茎、树皮、果实或种子，如月桂叶、桂皮、茴香和胡椒等，用以提高食品风味。因其中大部分用于烹调，故又称"调味香料"。一般香辛料均含有一定量的挥发性精油，常为提取精油、酊剂、油树脂、浸膏等的原料，或用以配制五香粉、咖喱粉等调味料。

2. 香兰素和乙基香兰素 香兰素是白色至微黄色针状结晶或晶体粉末，具有类似香荚兰豆香气，味微甜。香兰素是食品香料中应用最广的香料之一，是香荚兰豆提取物的主要香味成分，但含量很低，大约只有2%。香兰素和香荚兰豆提取物广泛用于巧克力、烘焙食品和冰淇淋中。乙基香兰素具有浓郁香荚兰豆的香气，纯品的香气是香兰素的3~4倍。可作为食品赋香剂；可单独使用，也可与香兰素、甘油等混用。适用于乳制品赋香。

3. 苯甲醛 纯品为无色液体，普通品为无色至淡黄色液体，有苦杏仁味的特殊芳香气体。性质不稳定，遇空气逐渐氧化成苯甲酸，还原可变成苯甲醇。微溶于水，与乙醇混溶。广泛用于配制杏仁、樱桃等食用香精。

4. 麦芽酚 为白色或微黄色结晶或结晶粉末，有焦甜香气。易溶于热水，室温下冷水溶解度为1.5%。有缓和其他香料的性质，也可作为香味改良剂和定香剂使用。

5. 柠檬醛 纯品为无色或淡黄色液体，有强烈柠檬样香气。不溶于水，与大多数天然或合成香料互溶。用于配制柠檬油、白柠檬油、橘子油、香橙、苹果等各种果香型香精。广泛应用于清凉饮料、糖果、冰淇淋、焙烤制品等食品的赋香。

第三节　食用香精的调配与常见种类

PPT

情境导入

情境 在冰棒和冰淇淋生产中，使用最多的是香荚兰、草莓、巧克力、柠檬、橘子等香精。

生产冰棒时，应在料液冷却时添加香精，一般用量0.02%~0.1%。料液打入冷却罐后，待料液温度降到10~16 ℃时，再加入柠檬酸香精等。

生产冰淇淋时，应在凝冻前添加香精。当凝冻机内的料液在搅拌下开始凝冻时，可加入香精、色素等，凝冻完毕即可成型。冰淇淋中使用香精种类不同，用量一般在0.05%~0.1%。

问题 1. 冰棒和冰淇淋生产过程中使用的香精属于什么分类？

　　　 2. 香精的添加时间是怎么确定的？

随着消费者对食品嗜好需求的提高，现代食品加工中已经不再单纯依靠食品物料和添加少量的食用香料，而是恰当地通过添加适量的香精，使食品具有连续饱满、持久延长的香气以满足消费者的需求。这也是前面介绍的许多香料所无法达到的特征。在食用香料中可直接添加的只有柠檬油、橙油、麦芽酚、香兰素等少数几种，而香精则是根据不同需求，有目的地选用几种或几十种香料调配加工制成的混合香料。

一、香精的分类

（一）按剂型分类

1. 液体香精

（1）水溶性香精　是将各种食用香料调配成的香基溶解在蒸馏水或40%～60%稀乙醇中，或需要时再加入酊剂等香料萃取物制成的产品。该类香精能溶解或分散在水中，有轻快的香气，使用量一般为0.1%～1%，但因耐热性差，水溶性香精适用于碳酸饮料、冰淇淋、其他冷饮品、酒等加香温度较低，加香后无需经高温操作工艺的产品。

（2）油溶性香精　是将各种食用香料用油溶性溶剂稀释，并经调香等工序制成。该类香精香味浓，难以在水中分散溶解，耐热，留香性能好，通常用于焙烤食品和糖果食品等食品的赋香。

（3）乳化香精　是将由食用香精、食用油、相对密度调节剂、抗氧化剂、脂溶性防腐剂等组成的油相（内相）和由乳化剂、着色剂、水溶性防腐剂、增调剂、酸味剂和蒸馏水等组成的水相（外相），经乳化、高压均质等工序制成稳定的乳化体。乳化的效果可以抑制香精的挥发；可使油溶性香味剂溶于水中，降低成本。特点是加入水溶液中能迅速分散并使之呈浑浊状态。

该类香精主要用于软饮料和冷饮等产品的加香、增味、着色或使之浑浊。乳化香精不宜久藏，受冻后会导致破乳而产生两相分离。

（4）水油两用型香精　是丙二醇作溶剂，由水溶、油溶两种香精调制而成。香气沉着持久、风味柔和自然。这类香精可溶于水或油中，且具有一定的耐热能力，因此适用范围较广，可用于碳酸饮料、果汁饮料、乳饮料、冰淇淋、软糖、果酱等产品。

2. 固体香精　
也称粉末香精，这类香精适用于粉状食品加香，如固体饮料粉、果冻粉、方便汤料等，也可用于饼干、糕点、膨化食品等产品。

（1）粉末香精　是将食用香料和乳糖等载体简单混合，使香料吸附在载体上制成。特点是香味物质吸附在载体的表面，所以香气浓郁，且贮运方便；但易吸潮结块，香气容易散失和氧化变质。因此仅适用于不易挥发和氧化的香味物质。常用于熟肉食品、罐头食品、方便食品或饼干、糕点等食品中。

（2）微胶囊香精　是主要的一种粉末香精，由香精基制成乳化香精后再经喷雾干燥而成。特点是香料被赋形剂包围覆盖，因此，稳定性、分散性较好；对香精中易氧化、挥发的芳香物质可起到很好的保护作用。适用于粉末状食品如固体饮料、果冻粉等。

（二）按香型分类

类型多，主要有果香型、酒用香型、坚果香型、肉味香型、乳香型、辛香型等。

1. 果香型香精　大多是模仿果实的香气调配而成，如橘子、香蕉、苹果、葡萄、草莓、柠檬、甜瓜等。这类香精大多用于食品、洁齿用品中。

2. 酒用香型香精　如清香型、浓香型、酱香型、米香型、朗姆酒香、杜松酒香、白兰地酒香、威士忌酒香等。

3. 坚果香型香精　如咖啡香精、杏仁香精、椰子香精、糖炒栗子香精、核桃香精、榛子香精、花生香精、可可香精等。

4. 肉味香精　如牛肉香精、鸡肉香精、海鲜香精、羊肉香精等。

5. 乳香型香精　如奶用香精、奶油香精、白脱香精、奶酪香精等。

6. 辛香型香精　如生姜香精、大蒜香精、芫荽香精、丁香香精、肉桂香精、八角茴香香精、辣椒香精等。

7. 凉香型香精　如薄荷香精、留兰香香精、桉叶香精等。

8. 蔬菜香型香精　蘑菇香精、番茄香精、黄瓜香精、芹菜香精等。

9. 其他香型食品香精　如可乐香精、粽子香精、泡菜香精、巧克力香精、香草香精、蜂蜜香精、香油香精、爆玉米花香精等。

（三）按用途分类

类型多，主要有饮料用、糖果用、焙烤食品用、肉制品用、奶制品用、酒用、调味品用、方便食品用等。还可细分，如乳制品用香精可分为牛乳香精、酸乳香精、奶油香精、奶酪香精等。

二、与香精有关的常用术语

（一）天然原料术语

1. 天然原料　来自植物、动物或微生物的原料，包括从这类原料经物理方法、酶法、微生物法加工或传统的制备工艺（例如提取、蒸馏、加热、焙烤、发酵）所得的产物。

2. 渗出物　由植物分泌出的天然原料。主要包括天然渗出的油树脂（如松脂、古芸脂）、树胶、胶性树脂〔如紫（虫）胶〕、胶性油树脂（如没药、乳香、防风）。

3. 辛香料　具有芳香和（或）辛辣味的植物性调味赋香原料。这类物质多为植物的全草、叶、根、茎、树皮、果、籽、花等，加于食品中以增加香气、香味。如胡椒、肉桂皮、姜、辣椒、芫荽、罗勒、百里香等。

（二）香精术语

1. 香精　由香料和（或）香精辅料调配而成的具有特定香气和（或）香味的复杂混合物。

2. 食用香精　加到食品、饲料及食品相关产品中以赋予、修饰改变或提高加香产品香味的产品，包括食品用香精、饲料用香精、接触口腔和嘴唇用香精。不包括只有甜味、酸味或咸味的物质，也不包括香味增效剂。

3. 液体香精　以液体形态出现的各类香精，包括油溶性液体香精和水溶性液体香精。

4. 固体香精　以固体（含粉末）形态出现的各类香精，包括拌和型固体香精、胶囊型固体香精和乳化香精。

5. 浆膏状香精　以浆膏状形态出现的各类香精。

6. 香精辅料　为发挥香精作用和（或）提高其稳定性所必需的任何基础物质（例如抗氧化剂、防腐剂、稀释剂、溶剂等）。

（三）调香术语

1. 气味　通过人们的嗅觉器官感觉到的气息的总称。

2. 香味/风味　对进入口中的任何材料各种特征的感觉总和。

3. 评味　人们利用本身的味觉器官对食用香料、食用香精或加香产品的口味质量进行的感官评价。

4. 阈值　某一香料在一定介质中能被人们感觉器官感知的最低浓度。同一香料在不同介质中有不同的阈值，它可以分为嗅觉阈值和味觉阈值。

三、香精的基本组成

（一）四种成分组成法

该方法是将食用香精中各种呈香、呈味成分，按它们在香精中的不同作用划分为四类：主香剂、协调剂、变调剂和定香剂。

1. 主香剂 又称头香剂或香基，是香精的特征性香料，构成香精的主体香味，决定着香精的类型。主香剂可以是精油、浸膏、合成香料或它们的混合物，可以是一种或多种。其作用是确定香精的香型，确定香精配方时首先要根据所调配香精的香型确定与其香型一直的主合成香料或它们的混合香剂。其用量不一定最多，例如菠萝香精中，菠萝主香体仅占7%。

2. 协调剂 又称合香剂、调香剂。香气与主香剂属于同一类型，其作用是协调各种成分的香气，使主香剂香气更加明显突出。协调剂可以是精油、浸膏、合成香料或它们的混合物。橙子香精常用乙醛作协调剂，可以增加天然感、果香和果汁味；草莓、葡萄香精常用乙酸乙酯作协调剂，以增加天然感。

3. 变调剂 又称矫香剂，香型与主香剂不属于同一类型，其作用是使香精变化格调，能使香味更为美妙，别具风格。在薄荷香精中常用香兰素作变调香料；在调配香草香精时常用乙酸丙酯作变调香料；在草莓香精中常用茉莉油作变调香料。

4. 定香剂 又称保香剂，它的作用是调节香料中各组分的挥发度，使各种香料成分挥发均匀，防止快速蒸发，使香精香气更加持久，保持其香气和香味。一般分为两类：①特征定香香料，其特点是沸点较高，在香精中的浓度大，远高于它们的阈值，当香精稀释后它们仍能保持其特征香味，如香兰素、乙基香兰素、麦芽酚、乙基麦芽酚、胡椒醛等；②物理定香香料，其特点是沸点较高，不一定有香味，在香精配方中的作用是降低蒸气压，提高沸点，从而增加香精的热稳定性。当香精用于加工温度超过100 ℃的热加工食品时，一般要添加物理定香香料，如植物油、硬脂酸丁酯等。

（二）三种成分组成法

该方法是按香料在香精中的挥发性不同划分为三类，即头香香料、体香香料和底香香料。

1. 头香香料 属于挥发度高，扩散力强的香料，在评香纸上留香时间小于2小时，头香赋予人最初的优美感，作为对香精的第一印象很重要，一般占20%～30%。

2. 体香香料 具有中等挥发度，在评香纸上留香时间为2～6小时，构成香精香气特征，是香精香气最重要的组成部分，占35%～45%。

3. 底香香料 亦称尾香，挥发度低，富有保留性，在评香纸上残留时间6小时以上，是构成香精香气特征的一部分，占25%～35%。

（三）其他成分

食用香精中除了香料以外还有很多添加物，包括溶剂、载体、抗氧剂、螯合剂、防腐剂、乳化剂、稳定剂、增重剂、抗结剂、酸、碱、盐等。

四、常见香精的调配步骤

（一）调香的概念

调香不是按分析出的全部呈味物质按比例和含量机械地勾兑，因为一种食品的一些特殊风味，往往是一种或几种关键物质在起决定性作用。调香是在分析的基础上，根据风味变化的规律和调香师的经验，在一些仪器的配合下，以几种呈味关键物质与一些辅助剂，对天然风味进行最大限度的模拟。

（二）调香的一般步骤

1. 确定主体香 任何物质都有决定它特有香气的气味关键成分——主香体，主香体加入量不一定很大，但不可缺少，首先通过分析手段和调香师的经验来确定主体香。

2. 合香 与主香体类似，克服主香体香气的偏异。在主香体的香韵基础上，给予丰满而又宽广的香调。选择原则为与主香体是同类的香料都可试用。

3. 选择适宜的助香剂　主香与合香产生的香味，往往缺乏天然香味所具有的自然香气，加入助香剂，调节香味使其更加圆润，强烈或柔和，或绵软或醇厚。

4. 定香剂的选择　香料存在不同程度的挥发性，为使各组分挥发度、保留度尽量均匀，保持原味，故选择一种黏度高、不易挥发、与香精亲和力强的一类物质作为定香剂。

5. 配比的确定　配比依据调香师的个人感觉而定，一般助香剂、定香剂少量多次加入主香体，边加边品，直到满意为止。

6. 成熟　配比确定之后，最后要在一定的温度环境等条件下久置储存，使其达到天然香气的芬芳。

7. 应用　最后进行应用实验，检验香精的实际使用效果。

五、常见香精种类的制作与应用

（一）香精的制作方法

香精的配制过程是复杂的，因为任何两种呈味物质混合都可发生四种现象：两种呈味物质主要特征被同时抑制；其中一种被抑制；二者共同形成新的风味；发生部分混合而形成一定风味仍保留原来的特征。所以，香料的调配经过拟方—调配—修饰—加香等多次反复实践才能确定。

1. 香精配方的确定　①明确所配香精的香型、香韵、用途和档次；②考虑香精组成，即哪些香料可以作主香剂、协调剂、变调剂和定香剂；③根据香料的挥发度，确定香精组成的比例，一般头香香料占20%~30%，体香香料占35%~45%，基香香料占25%~35%；④提出香精配方初步方案；⑤正式调配。

各种主要香料按比例调配在一起，当作香精的主香剂，并加入相应的头香剂，使香味在幅度和浓度上得到扩散，再加矫香剂、补助剂调制整理。为了得到一定的保留性和挥发性，再加上定时剂和乙醇等有机溶剂，并经过一定时间的成熟，就可制成食用香精的基本类型，称为香基，然后再进一步将香基经过加工制成各种剂型的成品香精。

2. 水溶剂香精的配制　水溶性香精是将各种香精和稀释剂按一定比例以适当顺序互相混溶，经充分搅拌，再经过过滤而成。香精若经一定成熟期储存，其香气往往更为圆熟。一种香精可以有几个配方，香型相同，香料组分、含量可以有很大差别。

10%~20%的香基 + 不同比例的乙醇、水等添加剂→混合→溶解→冷却或搅拌→过滤→着色→陈化→加热→成品。

水溶性香精一般分为柑橘型香精和酯型水溶性香精。

（1）柑橘型香精的配制　取40%~60%乙醇100份和植物精油10~20份，装入带有搅拌装置的浸提釜中，在60~80℃下搅拌2~3小时温浸，也可在常温下搅拌一段时间冷浸。浸提物密闭保存2~3天后进行分离，将乙醇溶液部分在-5℃左右冷却数日，加入适当的助滤剂，趁冷滤去析出的不溶物质，经成熟后即为成品。生产中冷却时为了除萜，已改善其水溶性，否则香精会发生浑浊，分离出的萜类可用于调配油溶性香精或作为日化用品的香料。用作柑橘类精油原料的有柑橘、柠檬和柚子等。

（2）酯型水溶性香精（水果香精）的配制　将香基、醇和蒸馏水一起混合溶解，然后冷却、过滤、着色即得成品。

3. 油溶性香精的配制　油溶性香精通常是取10%~20%香基，以85%~90%植物油、丙二醇等作为溶剂调和得到的成品。油溶性香精以商品出售，一般食品厂家不用自制。

10%~20%的香基 +80%~90%的植物油、丙二醇、丁二酮等作溶剂→调和→成品。

4. 乳化香精的配制　乳化香精一般是用食用香料、食用油、密度调节剂、抗氧化剂、防腐剂等混合制成油相，用乳化剂、防腐剂、酸味剂、着色剂等溶于水制成水相。然后将油相和水相混合，用高压均质器乳化、均质制成乳状液。通过乳化可抑制挥发，但若配制不当可能造成食品变质与细菌污染。

5. 粉末香精的配制　粉末香精可分四种方法配制。①载体与香料混合：将香料与乳糖一类的载体进行简单的混合，使香料附着在载体上，即得该种香精。②喷雾干燥法：即采用与乳化香精同样的方法制成乳化液，然后进行喷雾干燥，获得被食用胶等赋形剂包裹的球状粉末香精。可防止氧化和挥发，香精的稳定性和分散性较好。③薄膜干燥法：将香料分散于糊精、天然树胶或糖类溶液中，然后在减压下用薄膜干燥机干燥成粉末。缺点是除水分需要较长时间，香料易挥发变质。④微胶囊技术：主要是以β-环糊精等为包结材料，从分子水平上进行微胶囊化包埋。采取微胶囊化技术时，根据香精的使用范围、浓度及效果不同，选择相应的技术实现其控制释放。

（二）香精在食品工业中的应用

随着食品工业的发展和消费者对食品口味的增多，食用香精的应用范围也在不断扩大，香精的品种也有所增加。由于不同食品的风味特征不同，应该选择适宜的食用香精来满足消费者对食品香味的需求。

食用香精一般是在以下3种情况时使用：①产品本身无香味，需要依靠香精使食品产生香味；②食品本身的香味在加工过程中部分丧失，为了增强和改善产品的香味，使加工食品具有特征性香味，需要添加香精；③使用香精来修饰或掩盖产品本身所具有的不良风味。

1. 碳酸饮料　碳酸饮料的香味完全来自香精。根据其产品类型，澄清型碳酸饮料使用最多的是水溶性香精；混浊型则多使用乳化香精。利用乳化香精制成的碳酸饮料其外观很接近于天然果汁。在碳酸饮料生产中添加香精时，添加前最好用滤纸过滤。在配制糖浆时，一般在加热过滤后的糖浆中先添加防腐剂、酸味剂、色素、乳化剂、稳定剂等，最后添加香精，因为香精受热易挥发。

2. 雪糕与冰淇淋　在雪糕与冰淇淋生产中使用最多的是香草型香精，以及草莓、巧克力、柠檬、橘子等水果香型香精。其用量依据产品种类与香精种类不同，一般在0.02%~0.1%。在料液温度降低到10~15℃时，或者是在料液在凝冻机中搅拌开始凝冻时添加。

3. 糖果与巧克力制品　糖果制品的香味一般都是由添加香精所赋予。糖果生产中使用的多数是油溶性水果香型香精，如柠檬、橘子、菠萝、草莓、葡萄、水蜜桃等香精，有时也使用咖啡、巧克力、薄荷等香精。在硬糖生产时，香精要在糖膏冷却过程中，温度降到105~110℃时，按顺序加入酸味剂、香精。软糖生产中，产品使用的增稠剂会影响加香的效果，使用果胶的产品效果最好，琼脂次之，动物胶最差。香精与酸味剂一般要在糖浆温度降到80℃以下时添加。

口香糖要求香味在口腔中有持续性，所以一般使用香精浓度较高，约1%，多使用微胶囊型香精使产品留香效果良好。

巧克力及其制品是由可可豆加工制成的，产品本身具有一定的巧克力香味，为了增加巧克力的花色品种，也常常使用香草香精、香兰素等。近年由于巧克力等制品加工中代可可脂的用量增加，所以同时还要使用乙基香兰素，以增加巧克力香味。

4. 肉制品及焙烤制品　肉类由于本身的组成成分不同，产生的香味就不同，即使同一种肉由于加工方法、烹调方法不同所产生的香味亦不相同，因此肉类的香味非常复杂。在肉制品与仿肉制品加工中，常常使用肉类香精。肉制品与仿肉制品加工中其添加方法多数是将香精的3/4与其他调味料先混入到原料中，剩余的1/4在加工后喷涂在成品表面。

焙烤制品中使用的主要是油溶性香精，常用的有奶油、杏、香草等香精及香兰素，也有用牛肉、火腿等肉类香精的。其添加方法：①将香料、香精添加在面团中；②将香料、香精喷洒在刚出炉的制品表面；③制品涂油后再喷洒香料、香精；④将香料、香精添加在夹心或包衣中。香精在面包中的用量为0.01%~0.1%，在饼干、糕点中为0.05%~0.15%。

总之，在食品生产中，香精的使用量要适当，使用过少，影响增香效果；使用过多，也会带来不良效果。这就要求使用量要准确，并且要使之尽可能在食品中分布均匀，还要注意香精多数易挥发，使用时应该注意掌握合适的添加时机与正确的添加顺序，这样才能获得良好的增香效果。

✓ 实训13　食用香精对冰淇淋调香效果的影响

一、实训目的

通过对冰淇淋的调香，了解香精的使用方法和添加时机，进一步认识到香精对食品生产的重要作用。

二、实训原理

香精对增加食品的花色品种和提高食品的质量起着至关重要的作用，可以通过调香使食品产生香味，增加食欲。

三、设备与材料

1. 设备　天平、烧杯、玻璃棒、不锈钢盆、冰箱、水浴锅、均质机、压力式灭菌锅、冰淇淋机。

2. 材料　牛乳300 g、奶油15 g、白砂糖90 g、鸡蛋60 g、复合稳定剂0.6 g。

四、实训步骤

原料预处理→混合搅打→均质→杀菌→冷却→老化→加香精→凝冻→硬化→成型→成品冷藏→评价。

1. 混合料的配制　先将牛乳和人造奶油混合，加入砂糖，加水溶解，混合溶解的温度为40～50 ℃，混合后用两层纱布过滤；鸡蛋充分搅拌发泡后与水按照1∶4的比例混合，充分搅拌后与混合料混合均匀；复合稳定剂先加少许水溶胀，再加入混合料中溶解。

2. 均质　将上述混合料放入均质机，进行均质处理。经20 MPa高压均质处理，使脂肪球微细化，混合料黏度增加，同时稳定剂、蛋白质通过均质处理，得以均匀分布。由于均质过程提高了料液的黏稠度和起泡性，故均质后成品的细腻感、膨胀率和润滑性会增加。

3. 杀菌　将混合料放入耐高温高压的容器中，采用压力式灭菌锅，在0.105 MPa条件下灭菌20分钟，以保证混合原料中的细菌总数符合冰淇淋卫生指标的规定。

4. 冷却老化　混合原料杀菌后，及时冷却到0～4 ℃，防止细菌在中温范围内迅速繁殖，在该温度条件下存放12小时左右，以使其充分老化成熟。

5. 凝冻搅拌　在2～4 ℃，将老化后的料液加入香精倒入冰淇淋机中凝冻，出料温度控制在-4 ℃，高速搅拌15～20分钟，此时混合料程半固态、及时调整搅拌转速、保持较高的膨胀率，由于混入空气，体积膨胀至原来的一倍。

6. 硬化冷藏　将凝冻后的冰淇淋立即降温到-28 ℃左右，增加硬度，固定冰淇淋的组织状态即为成品。在冷藏过程中须保持恒温，避免因温度变化引起大冰晶的产生，影响冰淇淋的口感。

7. 冰淇淋调香效果的评价　香精的作用直接影响冰淇淋的调味效果。就冰淇淋的气味方面进行评价冰淇淋的调味效果，满分10分。将数据填入表10-1。

表 10 - 1　冰淇淋调香效果的感官评价表

样品	感官评价	气味
空白		
1		
2		
3		
4		
5		

8. 食用香精应用方案参考　根据资料，在冰淇淋调香试验中选择相同含量的 0.1% 的香草、哈密瓜、巧克力三种香精和不同含量（0.05%、0.10%、0.15%）的香草香精来比较冰淇淋的调香效果，香草香精参考用量见表 10 - 2。

表 10 - 2　香草香精参考用量表

编号	香精种类	添加浓度（g/100 g）	香精质量（g）
1	香草	0.05	0.25
2	香草	0.10	0.5
3	香草	0.15	0.75
4	哈密瓜	0.10	0.5
5	巧克力	0.10	0.5

五、思考题

1. 冰淇淋中常用的食用香精有哪些？
2. 常用食用香精添加到冰淇淋中的方法是什么？
3. 食用香精对冰淇淋的质量有什么影响？

实训 14　食用香精对戚风蛋糕调香效果的影响

一、实训目的

通过对冰淇淋的调香，了解香精的使用方法和添加时机，进一步认识到香精对食品生产的重要作用。

二、实训原理

香精对增加食品的花色品种和提高食品的质量起着至关重要的作用，可以通过调香是食品产生香味，增加食欲。用不同的加香方法，制作出来的产品气味效果可能会有所不同。

三、设备与材料

1. 设备　天平、玻璃棒、不锈钢盆、搅拌机、面粉筛、模具、刮刀、烤箱。

2. 材料　鸡蛋 300 g、低筋面粉 90 g、细砂糖 80 g、牛乳 50 mL、色拉油 50 mL。

四、实训步骤

称料→蛋白蛋黄分离→蛋黄调制→蛋白调制→混合搅拌→装模→烘烤→冷却→评价。

1. 蛋白蛋黄分离　先把鸡蛋的蛋白和蛋黄分开，盛蛋黄的碗需要无油无水。

2. 蛋黄调制　把蛋黄和细砂糖混合后用搅拌器打发到体积膨大，状态浓稠，颜色变浅。分三次加入色拉油，每加一次都要用搅拌器混合均匀再加下一次。加入完色拉油的蛋黄仍呈浓稠状态。加入牛乳，轻轻搅拌均匀。低筋面粉筛入蛋黄里。用橡皮刮刀搅拌均匀，成为蛋黄面糊。将拌好的蛋黄面糊放在一旁静置备用。（蛋黄调制过程中可以加入食用香精）

3. 蛋白调制　将搅拌器洗干净并擦干以后，开始打发蛋白。将蛋白打到鱼眼泡状态时，加入1/3的细砂糖，继续搅打，并分两次加入剩下的糖。将蛋白打发到湿性发泡的状态（提起搅拌器后，蛋白拉出弯曲的尖角）。盛1/3蛋白到蛋黄碗里，翻拌均匀（从底部网上翻拌，不要画圈搅拌）。（蛋白调制过程中可以加入食用香精）

4. 混合搅拌　将翻匀的面糊倒入剩余的蛋白里，再次翻拌均匀即可成为戚风蛋糕面糊。（混合搅拌过程中可以加入食用香精）

5. 装模　将面糊装入模具，轻轻震荡排出气泡。

6. 烘烤和冷却　将装模后的面糊放入烤箱烘烤，后冷却。

7. 戚风蛋糕调香效果的评价　香精的作用直接影响戚风蛋糕的调味效果。就戚风蛋糕的气味方面进行评价戚风蛋糕的调味效果，满分10分。将数据填入下表10－3。

表10－3　戚风蛋糕调香效果的感官评价表

样品	感官评价	气味
空白		
1		
2		
3		
4		

8. 食用香精应用方案参考　根据资料，在戚风蛋糕调香试验中选择相同含量的0.1%的香草香精，用不同的添加方法来比较戚风蛋糕的调香效果，食用香精参考方案见表10－4。

表10－4　戚风蛋糕香草香精使用参考方案表

编号	香精种类	添加浓度（g/100 g）	香精添加方法
1	香草	0.1	蛋黄调制时加入
2	香草	0.1	蛋白调制时加入
3	香草	0.1	混合搅拌时加入
4	香草	0.1	喷洒在成品上

五、思考题

1. 蛋糕中常用的食用香精有哪些？

2. 常用食用香精添加到蛋糕中有哪些方法？

3. 怎样通过感官来判断香精的加入对蛋糕的影响？

答案解析

练习题

一、选择题

（一）单选题

1. 香精中和主香剂香型类似的是（　　）。

    A. 合香剂　　　　　　　B. 修饰剂　　　　　　　C. 定香剂　　　　　　　D. 变调剂

2. 能调节香料挥发速度的是（　　）。

    A. 主香剂　　　　　　　B. 溶剂　　　　　　　　C. 定香剂　　　　　　　D. 修饰剂

3. 天然香料产品和产品形态可分为香辛料、精油、浸膏、压榨油、净油、酊剂、油树脂以及（　　）制品等。

    A. 单离香料　　　　　　B. 单体香料　　　　　　C. 合成香料　　　　　　D. 天然等同香料

（二）多选题

4. 天然香料一般将其加工成（　　）。

    A. 精油　　　　　　　　B. 浸膏　　　　　　　　C. 香膏　　　　　　　　D. 酊

5. 香精一般包括（　　）。

    A. 主香剂　　　　　　　B. 合香剂　　　　　　　C. 修饰剂　　　　　　　D. 定香剂

6. 以下为香料的是（　　）。

    A. 苯甲酸　　　　　　　B. 苯甲醛　　　　　　　C. 麦芽酚　　　　　　　D. 乙基麦芽酚

7. 香精主要分为（　　）。

    A. 水溶性香精　　　　　B. 油溶性香精　　　　　C. 乳化香精　　　　　　D. 粉末香精

二、简述题

1. 简述食用香精、香料在食品中的作用。

2. 香精的组成有哪些？

3. 简述香精、香料在食品工业中的应用。

4. 食品香精、香料的使用要求有哪些？

书网融合……

本章小结　　　　　　　　微课　　　　　　　　题库

第十一章

食品酶制剂

学习目标

〈知识目标〉

1. **掌握** 常见的酶的概念与作用特点、分类及应用。
2. **熟悉** 酶制剂的应用方法。
3. **了解** 酶制剂的作用机制。

〈能力目标〉

能运用常见食品酶制剂的性能特点进行食品加工、保藏等；具备食品酶制剂的应用、检测能力。

〈素质目标〉

通过本章的学习，帮助学生树立科学的工作态度，在食品酶制剂的应用和检测等工作中体现出严谨细致的专业作风。

第一节 食品酶制剂概述

PPT

一、酶的概念与作用特点

酶制剂是由动物或植物的可食或非可食部分直接提取，或由传统或通过基因修饰的微生物（包括但不限于细菌、放线菌、真菌菌种）发酵、提取制得，用于食品加工，具有特殊催化功能的生物制品，其中专用于食品加工的酶制剂称为食品酶制剂。我国列入《食品安全国家标准　食品添加剂使用标准》（GB 2760—2024）的酶制剂品种已有66种，另外，还有溶菌酶作为防腐剂可应用于干酪等食品中。酶制剂在食品工业的许多领域得到了广泛的应用。食品工业用酶制剂在生产使用时必须符合《食品安全国家标准　食品添加剂　食品工业用酶制剂》（GB 1886.174—2024）的规定。食品酶制剂按照产品形态可分为固体剂型和液体剂型。

（一）酶的概念

酶是一类具有专一性生物催化能力的蛋白质，是一种生物催化剂。具有催化反应温和、作用高度专一和催化效率高的特性。酶在食品科学中相当重要，通过酶的作用能引起食品原料的品质发生变化，也能在比较温和的条件下加工和改良食品。酶在食品保藏中也起着非常重要的作用。酶不仅影响着食品的感观功能而且也影响着食品的营养功能。不同的酶在不同的产品中发挥着不同的作用。酶在一定条件下催化某一特定反应的能力即为酶活力，是表达酶制剂产品的一个特征性专属指标。影响酶活力的因素主要有温度、酸碱度、金属离子浓度等。在酶的生产及应用过程中经常要进行酶活力测定，以确定酶的用量及其变化情况。

（二）酶的作用特点

1. 条件温和 催化反应一般都在温和的 pH、温度条件下进行，不需要高温、高压、强酸、强碱、高速搅拌等剧烈条件，对生产容器和设备材料的要求低。

2. 反应专一 具有高度的专一性和选择性。一种酶只能用于一种反应物、一类化合物、一定的化学键、一种异构体，催化一定的化学反应并生成一定的产物，所以其反应选择性好、副产物少，便于产物提纯和工艺简化。

3. 高效性能 催化效率高，比一般化学催化剂要高出 $10^7 \sim 10^{13}$ 倍。

（三）酶制剂在食品工业中的作用

1. 改进食品加工方法 甜酱和酱油生产以往一直采用曲霉酿造法，如今酶制法可以大大缩短发酵时间，简化工艺。过去用化学方法制葡萄糖，如今用酶法不仅提高了葡萄糖的产率，而且极大地降低了能量消耗和原料损失。

2. 创立食品加工的新技术 固定化酶技术以及应用可连续生产果葡糖浆、低乳糖甜味牛奶、L－氨基酸等产品。

3. 改善了食品加工条件 生产条件相对温和，有利于保留产品的风味和营养价值，在果蔬加工方面尤其突出。

4. 提高食品质量 可作为品质改良剂，直接在食品中添加。

5. 有助于降低食品加工成本 不仅避免了高温耗能问题，由于副产物减少使生产工艺和操作条件得到简化和改善，从而能源、原料和设备等方面降低了成本和投入。

（四）酶制剂应用于食品工业时的注意事项

酶是一类具有高效性、专一性生物催化能力的蛋白质，在实际运用中，需要注意以下事项。

1. 要针对使用目的选择合适的酶品种和剂型，实际生产时常常需要使用复合酶制剂。

2. 根据酶与作用底物的特性，创造尽可能发挥酶的最佳效能的条件，如适宜的酶添加量、作用温度、pH 环境、反应时间等。

3. 使用的酶制剂要达到食品添加剂的安全性要求，其种类和品质符合 GB 2760 和 GB 1886.147 的要求，使用微生物来源的酶制剂时要特别注意，不得使用致病菌来源的酶制剂，微生物来源的酶制剂不得检出抗菌活性。

生产酶制剂的原料要求如下。

（1）用于生产酶制剂的原料必须符合良好生产规范或相关要求，在正常使用条件下不应对最终食品产生有害健康的残留污染。

（2）来源于动物的酶制剂，其动物组织必须符合肉类检疫要求。

（3）来源于植物的酶制剂，其植物组织不得霉变。

（4）对微生物生产菌种应进行分类学和（或）遗传学的鉴定，并应符合有关规定。菌种的保藏方法和条件应保证发酵批次之间的稳定性和可重复性。

二、常见酶制剂的类别

（一）酶制剂分类

1. 按来源分类 ①动物：凝乳酶、胃蛋白酶。②植物：木瓜蛋白酶、菠萝蛋白酶。③微生物：淀粉酶、蛋白酶、溶菌酶、果胶酶。

2. 按催化反应类型　①氧化还原酶；②转移酶；③水解酶；④裂解酶；⑤异构酶；⑥合成酶。

（二）多种酶在食品加工中的应用

1. 淀粉酶　在食品工业上应用很广泛。淀粉酶制剂是最早实现工业化生产和产量最大的酶制剂品种，约占整个酶制剂总产量的50%以上，被广泛应用于食品、发酵及其他工业中。

淀粉酶用于酿酒、味精等发酵工业中水解淀粉；在面包制造中为酵母提供发酵糖，改进面包的质构；用于啤酒除去其中的淀粉浑浊；利用葡萄糖淀粉酶可直接将低黏度麦芽糊精转化成葡萄糖，然后再用葡萄糖异构酶将其转变成果糖，提高甜度等。目前商品淀粉酶制剂最重要的应用是利用其制备麦芽糊精、淀粉糖浆和果葡糖浆等。

淀粉酶的作用方式主要有四类：α-淀粉酶、β-淀粉酶、葡萄糖淀粉酶和脱支酶。在淀粉类原料的加工中，应用较多的酶是淀粉酶、糖化酶和葡萄糖异构酶等。这些酶主要来源于细菌、霉菌和种子的发芽，在食品工业中用于制造葡萄糖、果糖、麦芽糖、糊精和糖浆等。

2. 蛋白酶　随着酶科学和食品科学研究的深入发展，微生物蛋白酶在食品工业中的用途将越来越广泛。在肉类的嫩化，尤其是牛肉的嫩化上应用微生物蛋白酶代替价格较贵的木瓜蛋白酶，可达到更好的效果。微生物蛋白酶还被运用于啤酒制造以节约麦芽用量。但啤酒的澄清仍以木瓜蛋白酶较好，因为它有很高的耐热性，经巴氏杀菌后，酶活力仍还存在，可以继续作用于杀菌后形成的沉淀物，以保证啤酒的澄清。在酱油的酿制中添加微生物蛋白酶，既能提高产量，又可改善质量。除此之外，还常用微生物蛋白酶制造水解蛋白胨用于医药，以及制造蛋白胨、酵母浸膏、牛肉膏等。细菌性蛋白酶还常用于日化工业，添加到洗涤剂中，以增强去污效果，这种加酶洗涤剂对去除衣物上的奶斑、血斑等蛋白质类污迹的效果很好。

3. 果胶酶　以作用底物的不同分为果胶酯酶、聚半乳糖醛酸酶和果胶裂解酶3种类型。

果胶酯酶对食品工业的影响：在一些果蔬的加工中，若果胶酯酶在环境因素下被激活，将导致大量的果胶脱去甲酯基，从而影响果蔬的质构。生成的甲醇也是一种对人体有毒害作用的物质，尤其对视神经特别敏感。在葡萄酒、苹果酒等果酒的酿造中，由于果胶酯酶的作用，可能会引起酒中甲醇的含量超标，因此，果酒的酿造，应先对水果进行预热处理，使果胶酯酶失活以控制酒中甲醇的含量。

水果中含有大量的果胶。为了达到利于压榨，提高出汁率，使果汁澄清的目的，在果汁的生产过程中广泛使用果胶酶。如在苹果汁的提取中，应用果胶酶处理方法生产的汁液具有澄清和淡棕色外观，如果用直接压榨法生产的苹果汁不经果胶酶处理，则表现为浑浊，感官性状差，商品价值受到较大影响；经果胶酶处理生产葡萄汁，不但感官质量好，而且能大大提高葡萄的出汁率。

4. 脂肪酶　含脂食品如牛奶、奶油、干果等产生的不良风味，主要来自脂肪酶的水解产物（水解酸败），水解酸败又能促进氧化酸败。脂肪酶在食品工业中有广泛用途时如在奶酪的生产中加入脂肪酶可以水解脂肪，释放出大量脂肪酸，可以增强奶酪的香气。

（三）酶在食品贮藏中的应用

食品在加工、运输、和贮藏过程中，常常由于受到微生物、氧气、温度、湿度等各种因素的影响，而使食品的色、香、味及营养发生变化，甚至导致食品腐败变质，不能食用。因此，在食品领域内各类食品防腐保鲜始终是一个需要解决的重要问题。在现有的食品生产和加工中，可采用添加防腐剂、保鲜剂或热杀菌等方法，达到食品的防腐保鲜、延长保质期的目的。加热杀菌因其高效方便等特点被广泛应用于食品工业，但是，过度的加热会导致蛋白质变性、非酶褐变、维生素的流失以及食品风味改变等不良后果。而食品防腐剂或保鲜剂的使用有非常严格的规定，必须严格按照规定的使用范围和使用量来添加，故其使用存在一定的局限性。

酶法保鲜技术就是利用酶的高效专一的催化作用，防止、降低或消除各种外界因素对食品产生的不良影响，进而达到保持食品的优良品质和风味特色，以及延长食品保藏期的技术。由于酶具有专一性强、催化效率高、作用条件温和等特点，可广泛用于各种食品的保鲜，目前，葡萄糖氧化酶、溶菌酶等已应用于罐装果汁、果酒、水果罐头、脱水蔬菜、肉类及虾类食品、低度酒、香肠、糕点、饮料、干酪、水产品、啤酒、清酒、鲜奶、奶粉、奶油、生面条等各种食品的防腐保鲜。

PPT

第二节　淀粉酶

一、淀粉酶的概念

淀粉酶是一种能水解淀粉、糖原及其降解中间产物的一类酶，它属于水解酶类，是催化淀粉（包括糖原、糊精）中糖苷键水解的一类酶的统称。淀粉酶广泛分布于自然界，几乎所有植物、动物和微生物都含有淀粉酶。它是研究较多、生产最早、产量最大和应用最广泛的一种酶，几乎占整个总产量的 50% 以上。按其来源可分为细菌淀粉酶、霉菌淀粉酶和麦芽糖淀粉酶。根据淀粉酶对淀粉的作用方式不同，淀粉酶可分为四类，即 α – 淀粉酶、β – 淀粉酶、葡萄糖淀粉酶和异淀粉酶（又称脱支酶）。此外，还有一些应用不是很广泛、生产量不大的淀粉酶，如环状糊精生成酶及 α – 葡萄糖苷酶等。淀粉酶有四种主要类型如下。

（1）α – 淀粉酶　它从底物分子内部将糖苷键裂开。

（2）β – 淀粉酶　它从底物的非还原性末端将麦芽糖单位水解下来。

（3）葡萄糖淀粉酶　它从底物的非还原性末端将葡萄糖单位水解下来。

（4）脱支酶　只对支链淀粉、糖原等分支点的 α – 1,6 糖苷键有专一性。

淀粉酶的种类不同，对直链淀粉和支链淀粉的作用方式也不一样。各种不同的淀粉酶对淀粉的作用有各自的专一性（表 11 – 1）。

表 11 – 1　淀粉酶的种类

名称	常用名	作用特性	存在
α – 1,4 葡聚糖 – 4 – 葡聚糖水解酶	α – 淀粉酶、液化酶、淀粉 – 1,4 – 糊精酶、内断型淀粉酶	不规则地分解淀粉糖原类物质的 α – 1,4 糖苷键	唾液、胰脏、麦芽、霉菌、细菌
α – 1,4 葡聚糖 – 4 – 麦芽糖水解酶	β – 淀粉酶、淀粉 – 1,4 – 麦芽糖苷酶、外断型淀粉酶	从非还原性末端以麦芽糖为单位顺次分解淀粉，糖原类物质的 α – 1,4 糖苷键	甘薯、大豆、大麦、麦芽等高等植物以及细菌等微生物
α – 1,4 葡聚糖葡萄糖水解酶	糖化型淀粉酶、糖化酶、葡萄糖淀粉酶、淀粉 – 1,4 – 葡萄糖苷酶、淀粉葡萄糖苷酶	从非还原性末端以葡萄糖为单位顺次分解淀粉，糖原类物质的 α – 1,4 糖苷键	霉菌、细菌、酵母等
支链淀粉 6 – 葡聚糖水解酶	异淀粉酶、淀粉 – 1,6 – 糊精酶、R 酶、茁酶多糖酶、脱支酶	分解支链淀粉，糖原类物质的 α – 1,6 糖苷键	植物、酵母、细菌

淀粉是自然界中分布极广的碳水化合物，它是由葡萄糖基相连接聚合而成的，根据连接方式不同一般可将其分为直链淀粉和支链淀粉两种。直链淀粉的葡萄糖基几乎都是以 α – 1,4 键相互连接成的直连，聚合度为 100 ~ 6000 个葡萄糖单位不等，最近研究认为直链淀粉分子中也有极少量的分支结构存在。支

链淀粉则较复杂，除有较多的 α-1,4 键连接外，还在分子内有 α-1,6 键连接成树枝状，聚合度也比直链淀粉高（表 11-2）。

表 11-2　常见淀粉中直链与支链淀粉含量

淀粉品种	直链淀粉（%）	支链淀粉（%）
玉米	27	73
马铃薯	23	77
甘薯	20	80
木薯	17	83
大米	17	83
糯玉米	0	100
糯高粱	0	100
糯米	0	100

二、常见的淀粉酶

（一）α-淀粉酶

α-淀粉酶广泛存在于动物、植物和微生物中。在发芽的种子、人的唾液、动物的胰脏内含量甚多。现在工业上已经能利用枯草杆菌、米曲霉、黑曲霉等微生物制备高纯度的 α-淀粉酶。天然的 α-淀粉酶分子中都含有一个结合得很牢固的 Ca^{2+}，Ca^{2+} 起着维持酶蛋白最适宜构象的作用，从而使酶具有高的稳定性和最大的活力。α-淀粉酶是一种内切酶，以随机方式在淀粉分子内部水解 α-1,4 糖苷键，但不能水解 α-1,6 糖苷键。在作用于淀粉时有两种情况：①水解直链淀粉，首先将直链淀粉随机迅速降解成低聚糖，然后把低聚糖分解成终产物麦芽糖和葡萄糖；②水解支链淀粉，作用于这类淀粉时终产物是葡萄糖、麦芽糖和一系列含有 α-1,6 糖苷键的极限糊精或异麦芽糖。由于 α-淀粉酶能快速地降低淀粉溶液的黏度，使其流动性加强，故又称为液化酶。

1. 作用机制　α-淀粉酶作用于淀粉时，可以随机的方式从分子内部切开 α-1,4 葡萄糖苷键而生成糊精和还原糖。由于水解产物的还原性末端葡萄糖残基 C1 碳原子为 α 构型，故称 α-淀粉酶。生产 α-淀粉酶所采用的菌种主要有细菌和霉菌两大类，典型的有芽孢杆菌和米曲霉。米曲霉常用固态曲法培养，其产品主要用作消化剂，产量较小，芽孢杆菌则主要采用液体深层通风培养法大规模地生产 α-淀粉酶。

2. 性状与性能　为米黄色、灰褐色粉末。α-淀粉酶可越过 α-1,6 糖苷键水解 α-1,4-糖苷键，作用开始阶段，α-淀粉酶迅速地将淀粉分子切断成短链的寡糖，使淀粉液的黏度迅速下降，碘反应由蓝变紫，再转变成红色、棕色以至无色，此作用称液化作用，故又称之为液化型淀粉酶。其水解产物为麦芽糖、葡萄糖和糊精。

不同来源的 α-淀粉酶有不同的最适温度和最适 pH。最适温度一般在 55~70 ℃，但也有少数细菌 α-淀粉酶最适温度很高，达 80 ℃以上。最适 pH 一般在 4.5~7.0，细菌中 α-淀粉酶的最适 pH 略低。钙离子可提高 α-淀粉酶的稳定性。

3. 安全性　小鼠口服 LD_{50} 为 7375 mg/kg（体重），致突变作用。ADI 不作特殊规定（FAO/WHO，1994）。

4. 影响酶活性的因素

（1）pH 对酶活性的影响　一般 α - 淀粉酶 pH 在 5.5 ~ 8 稳定，pH 在 4 以下易失活，酶活性的最适 pH 为 5 ~ 6，即在此 pH 条件下酶的催化反应速度最快，另外酶的催化活性和酶的稳定性是有区别的，前者指酶催化反应速度的快慢，活性高反应速度快，反之则反应速度慢，而后者表示酶具有催化活性而不失活。酶最稳定的 pH 不一定是酶活性的最适 pH，反之，酶活性的最适 pH 不一定使酶最稳定。各种不同的酶的最适 pH 可以通过实验测定，由于最适 pH 受底物种类、浓度、缓冲液成分、温度和时间等因素的影响，测定时必须控制一定的条件，条件改变可能会影响最适 pH。

（2）温度对酶活性的影响　温度对酶活性有很大的影响。纯化的 α - 淀粉酶在 50 ℃ 以上容易失活，但是有大量 Ca^{2+} 存在下，酶的热稳定性增加。芽孢杆菌的 α - 淀粉酶耐热性增加。芽孢杆菌的 α - 淀粉酶耐热性较强。α - 淀粉酶在各种酶中是耐热性较好的酶，其耐热程度一般是按动物 α - 淀粉酶、麦芽 α - 淀粉酶、丝状菌 α - 淀粉酶、细菌 α - 淀粉酶的顺序增强。α - 淀粉酶的耐热性还受底物的影响，在高浓度的淀粉浆中，最适温度为 70 ℃ 的枯草杆菌 α - 淀粉酶，在 85 ~ 90 ℃ 时活性最高。

（3）钙与 α - 淀粉酶活性的关系　α - 淀粉酶是单成分酶，大多数 α - 淀粉酶活性需要钙离子，钙离子对酶的稳定性起重要作用。Ca^{2+} 使酶分子保持适当的构象，从而维持其最大的活性与稳定性。钙和酶的结合牢度依次是：霉菌 > 细菌 > 哺乳动物 > 植物。

除 Ca^{2+} 外，其他二价碱土金属 Sr^{2+}、Ba^{2+}、Mg^{2+} 等也有使无 Ca^{2+} 的 α - 淀粉酶恢复活性的能力。添加 Ca^{2+} 有助于增加酶的热稳定性，但实际上淀粉中所含微量 Ca^{2+} 已足够酶的充分活化所需。

5. 应用

（1）在焙烤工业中的应用　传统的用于抑制老化，提高焙烤食品质地和风味的添加剂主要有化学试剂、食糖、奶粉、糖脂、卵磷脂和抗氧化剂等，近几年，酶制剂越来越多地作为面团改良剂和抗老化剂用在焙烤工业中，α - 淀粉酶用于面包加工中可以使面包体积增大，纹理疏松；提高面团的发酵速度；改善面包心的组织结构，增加内部组织的柔软度；产生良好而稳定的面包外表色泽；提高入炉的急胀性；抗老化，改善面包心的弹性和口感；延长面包心储存过程中的保鲜期。

（2）在淀粉工业中的应用　α - 淀粉酶用于淀粉工业，可用来生产变性淀粉、淀粉糖等。由于 α - 淀粉酶在适宜条件下对淀粉具有较强的水解能力，控制反应的条件，可以控制淀粉的水解率，从而将淀粉水解成多孔状的多孔淀粉。多孔淀粉可以作为微胶囊芯材和吸附剂，作为香精香料、风味物质、色素、药剂及保健食品中功能成分的吸附载体，成本低，可自然降解，现已广泛应用于食品、医药、化工、农业、保健品等领域。淀粉在高温条件下发生糊化，因此生产多孔淀粉多采用中温 α - 淀粉酶。

（3）在啤酒酿造中的应用　啤酒是最早用酶的酿造产品之一，在啤酒酿造中添加 α - 淀粉酶使其较快液化以取代一部分麦芽，使辅料增加，成本降低，特别在麦芽糖化力低，辅助原料使用比例较大的场合，使用 α - 淀粉酶和 β - 淀粉酶协同麦芽糖化，可以弥补麦芽酶系不足，增加可发酵糖含量，提高麦汁率，麦汁色泽降低，过滤速度加快，提高了浸出物得率，同时又缩短了整体糊化时间。

（4）在乙醇工业中的应用　在玉米为原料生产乙醇中添加 α - 淀粉酶低温蒸煮的新工艺，每生产 1000 kg 乙醇可节煤 224.42 kg。又可减少冷却用水，提高出酒率 8.8%，乙醇成品质量也有显著提高。乙醇生产应用耐高温 α - 淀粉酶，采用中温 95 ~ 105 ℃ 蒸煮，既可有效地杀死原料中带入的杂菌，降低入池酸度和染菌概率，又可保护原材料中的淀粉组织不被破坏，形成焦糖或其他物质而损失，从而提高原料利用率。

（二）β - 淀粉酶

β - 淀粉酶（β - Amylase）又称为麦芽糖苷酶，是一种外切酶。系统名称为 1,4 - α - D - 葡聚糖麦

芽糖水解酶。它作用于淀粉时从淀粉链的非还原端开始，作用于 $\alpha-1,4$ 糖苷键，顺次切下麦芽糖单位，由于该酶作用于底物时发生沃尔登转位反应，使生成的麦芽糖由 $\alpha-$ 型转为 $\beta-$ 型，故称 $\beta-$ 淀粉酶。$\beta-$ 淀粉酶不能裂开支链淀粉中的 $\alpha-1,6$ 糖苷键，也不能绕过支链淀粉的分支点继续作用于 $\alpha-1,4$ 糖苷键，故遇到分支点就停止作用，并在分支点残留 $1\sim3$ 个葡萄糖残基。因此，$\beta-$ 淀粉酶对支链淀粉的作用是不完全的。

1. 作用机制 $\beta-$ 淀粉酶只能水解淀粉分子中的 $\alpha-1,4$ 糖苷键，不能水解 $\alpha-1,6$ 糖苷键。$\beta-$ 淀粉酶在催化淀粉水解时，是从淀粉分子的非还原性末端开始，依次切下一个个麦芽糖单位，并将切下的 $\alpha-$ 麦芽糖转变成 $\beta-$ 麦芽糖。$\beta-$ 淀粉酶在催化支链淀粉水解时，因为它不能断裂 $\alpha-1,6$ 糖苷键，也不能绕过支点继续作用于 $\alpha-1,4$ 糖苷键，因此，$\beta-$ 淀粉酶分解淀粉是不完全的。$\beta-$ 淀粉酶作用的终产物是 $\beta-$ 麦芽糖和分解不完全的极限糊精。$\beta-$ 淀粉酶的热稳定性普遍低于 $\alpha-$ 淀粉酶，但比较耐酸。

2. 性状与性能 能将直链淀粉分解成麦芽糖的淀粉酶。广布于植物界如未发芽的大麦、小麦、燕麦、大豆、甘薯等中，可耐酸。将麦芽汁调节 pH 为 3.6，在 0 ℃下可使 $\alpha-$ 淀粉酶失去活力，而留下 $\beta-$ 淀粉酶。$\beta-$ 淀粉酶的唯一产物是麦芽糖，不是葡萄糖。$\beta-$ 淀粉酶水解淀粉产生麦芽糖、大分子糊精，最适条件：pH $5\sim7$、$50\sim60$ ℃（表 11-3）。

表 11-3 不同来源 $\beta-$ 淀粉酶的最适条件

	最适 pH	最适温度
植物 $\beta-$ 淀粉酶	$5.0\sim6.0$	$50\sim60$ ℃
细菌 $\beta-$ 淀粉酶	$6.0\sim7.0$	50 ℃

3. 安全性 ADI 不作特殊规定（FAO/WHO，1981）。

4. 应用 $\beta-$ 淀粉酶作为糖化剂，可应用于啤酒、饴糖、饮料等工业生产，是食品加工与酿造行业的重要酶源。

（三）葡萄糖淀粉酶

葡萄糖淀粉酶亦称糖化淀粉酶、淀粉葡萄糖苷酶、糖化型淀粉酶。系统名为 $\alpha-1,4-$ 葡聚糖 - 葡萄糖水解酶，它能将淀粉全部水解为葡萄糖，通常用作淀粉的糖化剂，故习惯上称之为糖化酶。葡萄糖淀粉酶只存在于微生物界，许多霉菌都可以生产葡萄糖淀粉酶。葡萄糖淀粉酶主要由微生物的根霉、曲霉等产生。

1. 作用机制 葡萄糖淀粉酶是一种外切酶，它不仅能水解淀粉分子的 $\alpha-1,4$ 糖苷键，而且能水解 $\alpha-1,6$ 糖苷键和 $\alpha-1,3$ 糖苷键，但对后两种键的水解速度较慢。葡萄糖淀粉酶水解淀粉时，是从非还原性末端开始逐次切下一个个葡萄糖单位，当作用于淀粉支点时，速度减慢，但可切割支点。因此，葡萄糖淀粉酶作用于直链淀粉或支链淀粉时，终产物均是葡萄糖。工业上用葡萄糖淀粉酶来生产葡萄糖，所以也称此酶为糖化酶。

2. 性状与性能 葡萄糖淀粉酶为黄褐色粉末或棕黄色液体，最适 pH 为 $4\sim5$，最适温度为 $50\sim60$ ℃。水解产物为葡萄糖（能将直链淀粉和支链淀粉全部分解为葡萄糖）。

作用于淀粉时，能从淀粉分子的非还原性末端逐一地将葡萄糖分子切下，将葡萄糖分子的构型由 $\alpha-$ 型转变为 $\beta-$ 型。既可分解 $\alpha-1,4$ 糖苷键，也分解 $\alpha-1,6$ 糖苷键。因此，糖化酶作用于直链淀粉和支链淀粉时，能将它们全部分解为葡萄糖。亦可加速逆反应，即葡萄糖分子的缩合作用。逆反应的产物主要是麦芽糖和异麦芽糖。如果底物的浓度高，反应时间长，也会形成其他的二糖和低聚糖。

3. 安全性 小鼠经口 LD_{50} 为 11700 mg/kg（体重）。致突变试验本品在体内无明显蓄积作用，无致突变作用。ADI 不作特殊规定（FAO/WHO，1994）。

4. 应用　应用于乙醇、淀粉糖、味精、抗生素、柠檬酸、啤酒等工业以及白酒、黄酒。还用于曲酒等其他酿造工业。

（四）异淀粉酶

异淀粉酶又称支链淀粉酶、脱支酶，在许多动植物和微生物中都有分布，是水解淀粉和糖原分子中 $\alpha-1,6$ 糖苷键的一类酶，有普鲁兰酶和异淀粉酶之分。其系统命名为支链淀粉 $\alpha-1,6-$ 葡聚糖水解酶，只对支链淀粉、糖原等分支点有专一性。

1. 异淀粉酶的作用机制　异淀粉酶是一种内切型淀粉酶，与普鲁兰酶、寡 $-1,6-$ 葡萄糖苷酶和支链淀粉 $-6-$ 葡聚糖水解酶等同属淀粉脱支酶。异淀粉酶能专一性地切开支链淀粉分支点的 $\alpha-1,6$ 糖苷键，可剪下整个侧支，形成直链淀粉，只能水解构成分支点的 $\alpha-1,6$ 糖苷键，而不能水解直链分子中的 $\alpha-1,6$ 糖苷键。由于异淀粉酶对底物中 $\alpha-1,6$ 糖苷键位置的特异性强，因而早期被应用于淀粉、糖原及其水解产物和其他有关化合物分子结构的理论研究。

2. 性状与性能　微生物来源的异淀粉酶为诱导型胞外酶。酵母、细菌和某些放线菌均能产生异淀粉酶，但不同来源的异淀粉酶对于底物作用的专一性有所不同，对于各种不同聚合度的支链淀粉具有不同的分解能力。酶作用的最适温度和最适 pH 环境及金属离子对酶的影响都有差异。一般而言，酵母异淀粉酶最适 pH 为 6~6.8，最适温度为 20~25 ℃；产气杆菌 10016 菌株异淀粉酶最适 pH 为 5.6~7.2，最适温度为 45~50 ℃；放线菌异淀粉酶最适温度较高，如链霉菌 NO.28 的异淀粉酶最适 pH 为 5，最适温度为 60 ℃，在 pH 5.5~5.7 时酶最稳定。金属离子对异淀粉酶活性有影响，一般受 Mg^{2+} 和 Ca^{2+} 轻微激活，但受到 Hg^{2+}、Cu^{2+}、Fe^{3+} 和 Al^{3+} 等的抑制；而 Ca^{2+} 能提高异淀粉酶 pH 稳定性和热稳定性。

3. 应用　应用于淀粉糖浆、啤酒和乙醇等生产中。

（五）环麦芽糊精葡萄糖基转移酶

环糊精（通常简称为 CD），是一类由淀粉或多糖在环糊精葡萄糖基转移酶作用下生成的由 D - 吡喃葡萄糖单元通过 $\alpha-1,4$ 糖苷键首尾相连的环状化合物的总称。

实际上，通过催化分子内转葡萄糖基反应可转化淀粉成为环糊精（CD）。在有适当受体存在时，还可通过分子内葡萄糖基转移反应将葡萄糖基从一个 $\alpha-1,4-$ 葡聚糖或 CD 转移到受体分子上，同时也可以水解 $\alpha-1,4-$ 葡聚糖成 CD。

1. 作用机制　通过催化分子内转葡萄糖基反应可转化淀粉成为环糊精（CD），在淀粉与蔗糖共存时，通过葡萄糖基转移反应将分子内葡萄糖基从 $\alpha-1,4-$ 葡聚糖或 CD 转移到受体分子上（偶联反应或歧化反应）水解 $\alpha-1,4-$ 葡聚糖成 CD，产物是环糊精与偶联糖（环糊精是良好的稳定剂、缓释剂、除臭剂）。

2. 应用　主要用途是生产环糊精与偶联糖，而以环糊精的用处最大。环糊精是由 6~8 个葡萄糖单位通过 $\alpha-1,4$ 糖苷键连接而成的环状化合物。

聚合度为 6 的称 $\alpha-CD$；聚合度为 7 的称 $\beta-CD$；聚合度为 8 的称 $\gamma-CD$。三者理化性质不同，其中 $\beta-CD$ 在水中溶解度最小，可从水中析出而易提取。

3. $\beta-$ 环糊精　呈筒状结构，其两端与外部为亲水性，而筒的内部为疏水性，借范德华力将一些大小和形状合适的药物分子（如卤素、挥发油等）包含于环状结构中，形成超微囊状包合物外层的大分子。

环糊精在食品工业上的应用

利用环糊精的疏水空腔生成包络物的能力，可使食品工业上许多活性成分与环糊精生成复合物，来达到稳定被包络物物化性质，减少氧化、钝化光敏性及热敏性，降低挥发性的目的，因此环糊精可以用来保护芳香物质和保持色素稳定。环糊精还可以脱除异味、去除有害成分，如去除蛋黄、稀奶油等食品中的大部分胆固醇；它可以改善食品工艺和品质，如在茶叶饮料的加工中，使用 β - 环糊精转溶法既能有效抑制茶汤低温浑浊物的形成，又不会破坏茶多酚、氨基酸等赋型物质，对茶汤的色度、滋味影响最小。此外，环糊精还可以用来乳化增泡、防潮保湿、使脱水蔬菜复原等。

第三节 蛋白酶

PPT

情境导入

情境 酱油是传统的发酵调味品，深受消费者喜爱。酱油酿造主要是利用蛋白酶和淀粉酶等酶类对原料进行酶解，将大豆蛋白和淀粉分解为多肽、游离氨基酸和小分子糖等更容易被微生物利用的物质。纤维素酶可使大豆等原料的细胞膜膨胀、软化、被破坏，使包藏在细胞中的蛋白质、碳水化合物释放，这样就可以缩短酿造时间，提高产率和产品的品质。

问题 1. 酱油生产过程中酶的来源主要有哪些途径？
2. 酱油生产中蛋白酶的作用是什么？

一、蛋白酶的概念、作用及分类

（一）蛋白酶的概念

蛋白酶从动物、植物和微生物中都可以提取得到，是水解蛋白质肽链的一类酶的总称，也是食品工业中重要的一类酶。

（二）蛋白酶的作用

以来源为例。

1. 动物蛋白酶 在人和哺乳动物的消化道中存在各种蛋白酶。如胃黏膜细胞分泌的胃蛋白酶，可将各种水溶性蛋白质分解成多肽；胰腺分泌的胰蛋白酶、胰凝乳蛋白酶、弹性蛋白酶和羧肽酶等内肽酶和外肽酶，可将多肽链水解成寡肽和氨基酸；小肠黏膜能分泌氨肽酶、羧肽酶和二肽酶等，将小分子肽分解成氨基酸。人体摄取的蛋白质就是在消化道中这些酶的综合作用下被消化吸收的。胃蛋白酶、胰蛋白酶、胰凝乳蛋白酶等分别以无活性前体的酶原形式存在，在消化道经激活后才具有活性。

2. 植物蛋白酶 蛋白酶在植物中存在比较广泛。最主要的 3 种植物蛋白酶，即木瓜蛋白酶、无花果蛋白酶和菠萝蛋白酶，已被大量应用于食品工业。这 3 种酶都属巯基蛋白酶，也都为内肽酶，对底物的特异性都较宽，在食品工业上常用于肉的嫩化和啤酒的澄清。

3. 微生物蛋白酶 细菌、酵母菌、霉菌等微生物中都含有多种蛋白酶，是生产蛋白酶制剂的重要来源。生产用于食品和药品的微生物蛋白酶的菌种主要是枯草杆菌、黑曲霉、米曲霉三种。随着酶科学和食品科学研究的深入发展，微生物蛋白酶在食品工业中的用途非常广泛。

（三）蛋白酶分类

1. 按来源分类　①动物脏器：胃蛋白酶、胰蛋白酶。②植物果实：木瓜蛋白酶、菠萝蛋白酶。③微生物：细菌或霉菌蛋白酶等。

2. 按作用最适 pH 分类　①碱性蛋白酶；②中性蛋白酶；③酸性蛋白酶。

3. 按作用方式分类

（1）内肽酶　从蛋白质或多肽的内部切开肽键生成分子质量较小的胨和多肽，是真正的蛋白酶。

（2）外肽酶（端肽酶）　只能从蛋白质或多肽分子的氨基或羧基末端水解肽键而游离出氨基酸。

4. 按活性部位的性质分类

（1）丝氨酸蛋白酶　活性中心在丝氨酸（碱）。

（2）金属蛋白酶　活性中心含金属离子（中、碱）。

（3）天冬氨酸蛋白酶　活性中心含天门冬氨酸等酸性氨基酸残基（酸）。

（4）半胱氨酸蛋白酶（巯基蛋白酶）　活性中心含巯基（—SH）。

二、常见的蛋白酶

（一）木瓜蛋白酶

木瓜蛋白酶简称木瓜酶，又称为木瓜酵素。是利用未成熟的番木瓜果实中的乳汁，采用现代生物工程技术提炼而成的纯天然生物酶制品。它是一种含巯基（—SH）肽链内切酶，具有蛋白酶和酯酶的活性，有较广泛的特异性，对动植物蛋白、多肽、酯、酰胺等有较强的水解能力，同时，还具有合成功能，能把蛋白水解物合成为类蛋白质。溶于水和甘油，水溶液无色或淡黄色，有时呈乳白色；几乎不溶于乙醇、三氯甲烷和乙醚等有机溶剂。最适 pH 为 6~7，在中性或偏酸性时亦有作用。等电点（pI）为 8.75；最适温度为 55~65 ℃，耐热性强，在 90 ℃时也不会完全失活；受氧化剂抑制，还原性物质激活。

（二）胃蛋白酶

胃蛋白酶是一种消化性蛋白酶，由胃部中的胃黏膜主细胞所分泌，功能是将食物中的蛋白质分解为小的肽片段。胃蛋白酶原由胃底主细胞分泌，在 pH 1.5~5.0 条件下，被活化成胃蛋白酶，将蛋白质分解为胨，而且一部分被分解为酪氨酸、苯丙氨酸等氨基酸。可分解蛋白质中苯丙氨酸或酪氨酸与其他氨基酸形成的肽键，产物为蛋白胨及少量的多肽和氨基酸，该酶的最适 pH 为 2 左右。

（三）中性蛋白酶

中性蛋白酶是由枯草芽孢杆菌经发酵提取而得的，属于一种内切酶，可用于各种蛋白质水解处理。在一定温度、pH 下，本品能将大分子蛋白质水解为氨基酸等产物。可广泛应用于动植物蛋白的水解，制取生产高级调味品和食品营养强化剂，此外还可用于皮革脱毛、软化、羊毛丝绸脱胶等加工。

（四）胰凝乳蛋白酶

胰凝乳蛋白酶，又叫糜蛋白酶，是一种典型的丝氨酸蛋白酶，脊椎动物的消化酶。属于肽链内切酶，主要切断多肽链中的芳香族氨基酸残基的羧基一侧。

（五）胰蛋白酶

胰蛋白酶为蛋白酶的一种，是肽链内切酶，它能把多肽链中赖氨酸和精氨酸残基中的羧基侧切断。

它不仅起消化酶的作用，而且还能限制分解糜蛋白酶原、羧肽酶原、磷脂酶原等其他酶的前体，起活化作用。是特异性最强的蛋白酶，在决定蛋白质的氨基酸排列中，它成为不可缺少的工具。

（六）羧肽酶

一类肽链端解酶，作用于肽链的游离羧基末端释放单个氨基酸。羧肽酶是催化水解多肽链含羧基末端氨基酸的酶。酶活性与锌有关。

（七）弹性蛋白酶

催化弹性蛋白的肽键或由中性氨基酸形成的其他肽键水解的一种酶。别名：胰酞酶 E、胰肽酶 I、弹性蛋白酶（猪胰）、胰弹性蛋白酶（猪胰）。其外观呈淡黄色至深黄色粉末，也可是浅褐至深褐色液体。可溶于水，不溶于乙醇，有吸湿性。纯胰弹性蛋白酶，由 240 个氨基酸残基组成的单一肽链，相对分子质量约为 25000，等电点为 9.5。弹性蛋白酶可使结缔组织蛋白质中的弹性蛋白消化分解。作用的最适 pH 为 7.8，最适作用温度为 25 ℃。弹性蛋白酶具有明显的 β - 脂蛋白酶作用，能活化磷脂酶 A，降低血清胆固醇，改善血清脂质，降低血浆胆固醇及低密度脂蛋白、甘油三酯，升高高密度脂蛋白、阻止脂质向动脉壁沉积和增大动脉的弹性，具有抗动脉粥样硬化及抗脂肪肝作用。用于肉类和水产加工中的嫩化。

第四节　其他酶制剂

PPT

一、果胶酶

果胶酶是世界四大酶制剂之一，是指能够分解果胶物质的多种酶的总称。它能将复杂的果胶分解为半乳糖醛酸等小分子。主要包括原果胶酶、果胶酯酶、多聚半乳糖醛酸酶和果胶裂解酶四大类。天然来源的果胶酶广泛存在于动植物和微生物中，但动、植物来源的果胶酶产量低难以大规模提取制备，微生物则是生产果胶酶的优良生物资源，在微生物中，细菌、放线菌、酵母和霉菌都能代谢合成果胶酶。果胶酶以作用底物的不同分为果胶酯酶、聚半乳糖醛酸酶和果胶裂解酶 3 种类型。

（一）作用机制

从生产、应用领域和最适用 pH 来划分，果胶酶通常可以分为酸性果胶酶和碱性果胶酶。酸性果胶酶通常是指内聚半乳糖醛酸酶，原因是大多数的聚半乳糖醛酸酶的最适 pH 为 3.5～5.5。它是以水解的作用方式无规则切断果胶酸分子的 α - 1,4 糖苷键，主要应用于食品加工业中果蔬汁和果酒的提取及澄清。碱性果胶酶一般多指聚半乳糖醛酸裂解酶，它是以反式消去的作用方式裂解果胶酸分子的 α - 1,4 糖苷键，将复杂的果胶分解成小分子，如半乳糖醛酸。

（二）性状与性能

一般为灰白色粉末，或棕黄色液体。作用 pH 为 3.0～6.0，最适作用 pH 为 3.0。作用温度为 15～55 ℃，最适作用温度为 50 ℃。

（三）安全性

ADI 不作特殊规定（FAO/WHO，2001）。

（四）应用

果胶酶能提高果蔬汁的出汁率，能使果蔬饮料澄清，能提高超滤时的膜通量、能改善果蔬饮料的营养成分，能改善浓缩果汁品质，还可用于果实脱皮及净化果皮。

二、纤维素酶

纤维素类物质是地球上产量巨大而又未得到充分利用的可再生资源。纤维素酶是一组能够降解纤维素生成葡萄糖的酶的总称，从酶的作用特性出发可分成碱性纤维素酶和酸性纤维素酶两大类。纤维素酶的组成比较复杂，通常所说的碱性纤维素酶是具有 $3 \sim 10$ 种或更多组分构成的多组分酶。根据其作用方式一般又可将纤维素酶分为 3 类：外切 $\beta - 1,4 -$ 葡聚糖苷酶（简称 CBH）、内切 $\beta - 1,4 -$ 葡聚糖苷酶（简称 EG）和 $\beta - 1,4 -$ 葡萄糖苷酶（简称 BG）。在这 3 种酶的协同作用下，纤维素最终被分解成葡萄糖。

（一）作用机制

纤维素酶多为糖蛋白，酶分子的一级结构由核心催化域、纤维素结合域和将这两部分相连的链接区三部分组成，也有仅含核心催化区而无 CBD 区的纤维素酶，这类酶主要是水解水溶性纤维素。天然纤维素酶解过程大致可分为 3 个阶段：①纤维素对纤维素酶的可接触性；②纤维素酶的被吸附与扩散过程；③由 CBH – CMCase 和 $\beta -$ Gase 自组织复合体（C1）协同作用降解纤维素的结晶。

（二）性状与性能

灰白色无定形粉末或液体。溶于水，几乎不溶于乙醇、三氯甲烷和乙醚。对热较稳定，即使在 100 ℃下保持 10 分钟，仍可保持原活性的 20%。一般最适作用温度为 $50 \sim 60$ ℃，最适 pH 为 $4.5 \sim 5.5$。

（三）安全性

ADI 不作特殊规定（FAO/WHO，1994）。

（四）应用

大多数果蔬材料中不同程度地含有纤维素，在果蔬加工过程中采用纤维素酶作适当处理，可以使植物组织软化，改善口感，简化工艺。

可用于果实和蔬菜的加工，酿酒，酱油酿造，谷类、豆类等植物性食品的软化、脱皮，降低咖啡提物的黏度，酿造原料的预处理，脱脂大豆粉和分离大豆蛋白制造中的抽提，淀粉、琼脂和海藻类食品的制造，消除果汁、葡萄酒、啤酒等中由纤维类所引起的浑浊，绿茶、红茶等的速溶化等。

三、脂肪酶

脂肪酶（又称甘油酯水解酶）属于羧基酯水解酶类，能够逐步地将甘油三酯水解成甘油和脂肪酸。脂肪酶存在于含有脂肪的动、植物和微生物（如霉菌、细菌等）组织中。包括磷酸酯酶、固醇酶和羧酸酯酶。植物中含脂肪酶较多的是油料作物的种子，如蓖麻籽、油菜籽，当油料种子发芽时，脂肪酶能与其他的酶协同发挥作用催化分解油脂类物质生成糖类，提供种子生根发芽所必需的养料和能量；动物体内含脂肪酶较多的是高等动物的胰脏和脂肪组织，在肠液中含有少量的脂肪酶，用于补充胰脂肪酶对脂肪消化的不足，在肉食动物的胃液中含有少量的丁酸甘油酯酶。

（一）作用机制

脂肪酶是一种特殊的酯键水解酶，它可作用于甘油三酯的酯键，使甘油三酯降解为甘油二酯、单甘油酯、甘油和脂肪酸。脂肪酶是一类具有多种催化能力的酶，可以催化三酰甘油酯及其他一些水不溶性酯类的水解、醇解、酯化、转酯化及酯类的逆向合成反应，除此之外还表现出其他一些酶的活性，如磷脂酶、溶血磷脂酶、胆固醇酯酶、酰肽水解酶的活性等。脂肪酶不同活性的发挥依赖于反应体系的特点，如在油水界面促进酯水解，而在有机相中可以酶促合成和酯交换。

（二）性状与性能

近白色冻干粉末或乳黄色粉末，溶于水，最适温度为35~37 ℃。

（三）安全性

ADI 不作特殊规定（FAO/WHO，2001）。

（四）应用

广泛应用于焙烤食品、乳品、药品、皮革、日用化工等工业中。

四、谷氨酰胺转氨酶

谷氨酰胺转氨酶又称转谷氨酰胺酶（TG 酶），是一种催化蛋白质间（或内）酰基转移反应，从而导致蛋白质（或多肽）之间发生共价交联的酶。其最适合 pH 为 6.0，但在 pH5.0~8.0 具有较高的活性。

（一）作用机制

谷氨酰胺转氨酶的催化反应，根据酰基受体不同可分为以下三种：交联反应、连接反应和脱酰胺反应。通过这三种反应使蛋白质分子结构发生变化，从而改善蛋白质的结构和功能，如提高蛋白质的发泡性、黏接性、乳化性、凝胶性、增稠性和乳化稳定特性等，进而改善富含蛋白质食品的外观、风味、口感和质构等。

（二）性状与性能

白色固体粉末，溶于水，最适温度为45~55 ℃。

（三）安全性

ADI 不作特殊规定（FAO/WHO，2001）。

（四）应用

广泛应用于肉制品、乳制品、鱼制品、豆制品和面制品中。

实训 15　果胶酶在澄清果汁中的应用

一、实训目的

掌握果胶酶澄清果汁的原理，并了解影响果胶酶对果汁澄清效果的各种因素。

二、实验原理

果胶质是存在于高等植物细胞壁内及壁间的结构性多糖，是一种杂多糖。果胶质黏度大，能够阻止果汁中的大分子和固体物质沉降，从而使果汁浑浊。果胶酶是分解果胶的多种酶的总称，包括半乳糖醛酸酶、果胶分解酶、果胶酯酶。果胶酶可以分解果胶质成可溶性小分子物质，在果蔬加工工艺中添加果胶酶可增强果汁澄清效果、提高果汁产率。

果汁澄清度的测定采用分光光度法，在波长 660 nm 下测量果汁的透光率，用透光率表示果汁的澄清度，透光率越高，果汁的澄清度越高。

三、设备与材料

1. 设备 榨汁机、酸度计、分光光度仪、恒温水浴锅。

2. 材料 果胶酶、新鲜水果、0.1% 抗坏血酸溶液、0.1 mol/L 柠檬酸溶液（食品级）、0.1 mol/L 碳酸氢钠溶液（食品级）。

四、实训步骤

1. 果汁制备 选取新鲜水果，清洗后切小块，去核，加入水果同样重量的 0.1% 抗坏血酸溶液后于榨汁机中榨汁，用三层纱布过滤得后到果汁。测量果汁 pH，确定其 pH 是否在合适范围（pH3.0 ~ 5.0），如果不在合适范围，可用柠檬酸或碳酸氢钠溶液将 pH 调至合适范围。每小组准备约 1000 mL 果汁。

2. 酶解澄清处理 分别分装 100 mL 果汁至 7 个烧杯中，在果汁中分别添加 0%、0.02%、0.05%、0.1%、0.15%、0.2%、0.4% 的果胶酶（可以提前将果胶酶配置成 1% 的果胶酶溶液），然后置于 45 ℃ 水浴锅中酶解 60 分钟，期间要适当搅拌。结束后将果汁冷却、过滤。

3. 测定透光率 用分光光度计测量每个过滤后的果汁在 660 nm 处的透光率（以蒸馏水为参照比，比色皿厚度 1 cm）。将剩余果汁放至 50 mL 比色管中，静置 30 分钟后，观察果汁的澄清程度。

4. 结果分析 对结果进行分析，并绘制酶添加量与果汁透光率关系曲线图。分析在一定条件（pH、温度、酶解时间）下，果汁的澄清度与果胶酶添加量之间的关系。

表 11-4　实验结果

测量值	果胶酶添加量（%）						
	0	0.02	0.05	0.1	0.15	0.2	0.4
透光率 T（%）							
澄清效果（观察比色管）							

澄清效果以果胶酶添加量为 0% 的样品为参照，观察各比色管中样品的澄清情况，用 +、+ +、+ + + 等表示，+ 越多，澄清效果越好。

五、思考题

1. 加入果胶酶对果汁的澄清有什么作用？
2. 为什么要将果汁的 pH 调至 3.0 ~ 5.0？

实训 16　测定 α - 淀粉酶活力

一、实训目的

（1）掌握淀粉酶的性质及作用。
（2）熟悉 α - 淀粉酶活力的测定方法。

二、实验原理

酶在一定条件下催化某一特定反应的能力，即为酶活力，是表达酶制剂产品的一个特征性专属指标。α - 淀粉酶制剂能将淀粉分子链中的 α - 1,4 糖苷键随机切断成长短不一的短链糊精、少量麦芽糖和葡萄糖，而使淀粉对碘呈蓝紫色的特性反应逐渐消失，呈现棕红色，其颜色消失的速度与酶活性有关，据此可通过反应后的吸光度计算酶活力。中温 α-淀粉酶活力单位：1 g 固体酶粉（或 1 mL 液体酶），于 60 ℃、pH6.0 条件下，1 小时液化 1 g 可溶性淀粉，即为 1 个酶活力单位，以 U/g（U/mL）表示。高温 α-淀粉酶活力单位：1 g 固体酶粉（或 1 mL 液体酶），于 70 ℃、pH 6.0 条件下，1 小时液化 1 g 可溶性淀粉，即为 1 个酶活力单位，以 U/g（U/mL）表示。

三、设备与材料

1. 仪器设备　分光光度计、恒温水浴锅、移液管、秒表、试管（25 mm×200 mm）。

2. 试剂与材料　碘、碘化钾、淀粉、磷酸缓冲液（pH6.0）、盐酸溶液（0.1 mol/L）。

四、实训步骤

1. 试剂配制

（1）原碘液　称取 11.0 g 碘和 22.0 g 碘化钾，用少量水使碘完全溶解，定容至 500 mL，贮存于棕色瓶中。

（2）稀碘液　吸取原碘液 2.00 mL，加 20.0 g 碘化钾用水溶解并定容至 500 mL，贮存于棕色瓶中。

（3）可溶性淀粉溶液（20 g/L）　称取 2.000 g（精确至 0.001 g）可溶性淀粉于烧杯中，用少量水调成浆状物，边搅拌边缓缓加入 70 mL 沸水中，然后用水分次冲洗装淀粉的烧杯，洗液倒入其中，搅拌加热至完全透明，冷却定容至 100 mL。溶液现配现用。

（4）磷酸缓冲液（pH 6.0）　称取 45.23 g 磷酸氢二钠和 8.07 g 柠檬酸，用水溶解并定容至 1000 mL。用 pH 计校正后使用。

2. 待测酶液制备　称取试样 1~2 g（精确至 0.0001 g）或准确吸取 1.00 mL，用少量磷酸缓冲液充分溶解，将上清液小心倾入容量瓶中，若有剩余残渣，再加少量磷酸缓冲液充分研磨，最终样品全部移入容量瓶中，用磷酸缓冲液定容至刻度，摇匀。用四层纱布过滤，滤液待用。

3. 测定

（1）吸取 20.0 mL 可溶性淀粉溶液于试管中，加入磷酸缓冲液 5.00 mL，摇匀后，置于 60 ℃ ± 0.2 ℃（耐高温 α-淀粉酶制剂置于 70 ℃ ±0.2 ℃）恒温水浴中预热 8 分钟。

（2）加入 1.00 mL 稀释好的待测酶液，立即计时，摇匀，准确反应 5 分钟。

（3）立即用自动移液器吸取 1.00 mL 反应液，加到预先盛有 0.5 mL 盐酸溶液和 5.00 mL 稀碘液的试管中，摇匀，并以 0.5 mL 盐酸溶液和 5.00 mL 稀碘液为空白，于 660 nm 波长下，用 10 mm 比色皿迅速测定其吸光度（A）。根据吸光度值查《食品安全国家标准　食品添加剂　食品工业用酶制剂》（GB 1886.174—2024）中的附录 B，求得测试酶液的浓度。

4. 结果计算

（1）中温 α-淀粉酶制剂的酶活力　淀粉酶制剂的酶活力中温 α-淀粉酶制剂的酶活力 X_1，单位为 U/mL 或 U/g，计算公式为：

$$X_1 = c \times n$$

式中，c 为测试酶样浓度，U/mL 或 U/g，根据吸光度值查 GB 1886.174—2024 中的附录 B 可得；n 为样品的稀释倍数。

（2）耐高温 α-淀粉酶制剂的酶活力　耐高温 α-淀粉酶制剂的酶活力 X_2，以 U/mL 或 U/g 计，计算公式为：

$$X_2 = c \times n \times 16.67$$

式中，c 为测试酶样的浓度，U/mL 或 U/g，根据吸光度值查 GB 1886.174—2024 中的附录 B 可得；n 为样品的稀释倍数；16.67 为根据酶活力定义计算的换算系数。

注：所得结果表示至整数，试验结果以平行测定结果的算术平均值为准。在重复性条件下获得的两次独立测定结果的相对误差不得超过 5%。

五、思考题

1. 影响 α–淀粉酶活性的因素有哪些？
2. 测定酶活应注意哪些条件？

答案解析

一、单项选择题

1. 只对支链淀粉、糖原等分支点的 α–1,6 糖苷键有专一性的酶是（   ）。

    A. α–淀粉酶　　　　B. β–淀粉酶　　　　C. 糖化酶　　　　D. 脱支酶

2. 从底物的非还原性末端将葡萄糖单位水解下来的酶是（   ）。

    A. α–淀粉酶　　　　B. β–淀粉酶　　　　C. 糖化酶　　　　D. 脱支酶

3. 在果蔬汁加工中能大幅度降低果浆黏度、加速过滤、提高出汁率的酶是（   ）。

    A. 果胶酶　　　　B. 淀粉酶　　　　C. 纤维素酶　　　　D. 蛋白酶

4. 可分解 α–1,4 糖苷键，也分解 α–1,6 糖苷键的酶是（   ）。

    A. α–淀粉酶　　　　B. β–淀粉酶　　　　C. 葡萄糖淀粉酶　　　　D. 脱支酶

5. 异淀粉酶水解淀粉的产物是（   ）。

    A. 葡萄糖　　　　B. 麦芽糖　　　　C. 糊精　　　　D. 大小不同的直链淀粉

二、简答题

1. 简述酶制剂在食品工业中的应用。
2. 简述 α–淀粉酶的作用特性及应用。

书网融合……

本章小结　　　　题库

第十二章

食品营养强化剂

 学习目标

知识目标

1. **掌握** 营养强化的概念、方法和意义。
2. **熟悉** 营养强化剂的种类和典型物种、各类强化剂的性能与使用。
3. **了解** 营养强化剂的管理和相关法规。

能力目标

能够正确合理地应用营养强化剂制作强化食品，并开展相关营养素的检测。

素质目标

树立科学营养强化的意识，培养严谨细致的专业作风。

PPT

第一节　食品营养强化剂概述

 情境导入

情境 中国曾是世界上碘缺乏病流行最严重的国家之一。1994 年，为消除碘缺乏危害，国务院公布《食盐加碘消除碘缺乏危害管理条例》，在全国范围推行普遍食盐加碘为主的综合防治措施。2000 年，中国实现基本消除碘缺乏病目标，至今持续保持消除碘缺乏病状态。2008 年 5 月，国家卫生部对"食盐加碘"条例进行修订，并在官方网站公布了《食盐加碘消除碘缺乏危害管理条例（征求意见稿）》。此番修订，因地制宜、科学补碘被放在了重要位置。征求意见稿第三条明确提出，消除碘缺乏危害遵循"因地制宜、分类指导和差异化干预、科学与精准补碘"的原则。

问题 1. 为什么需要对"食盐加碘"条例进行修正？
2. 如何合理实施碘的强化？

人类为了维持正常的生命活动和新陈代谢，必须从外界摄取食品或食物作为营养来源。但食物的种类不同，其营养物质的构成和含量也不同。因此，单一的自然食物或熟化食品难以满足人体健康所需要的全部营养素。另外，许多食品经过加工、储藏、运输和销售等工序，各种营养成分均有不同程度的损失，为了保证营养供给，往往需要在食品中添加营养强化剂以提高其营养价值。

一、食品营养强化剂的概念与作用

食品营养强化剂是指为了增加食品的营养成分（价值）而加入食品中的天然或人工合成的营养素和其他营养成分。食品营养强化最初是作为一种公众健康问题的解决方案提出，其目的是保证人群在各生长发育阶段及各种劳动条件下获得全面、合理的营养，满足人体生理、生活和劳动的正常需要，以维持和提高人类的健康水平。常用的食品营养强化剂主要有氨基酸类、维生素类、矿物质和微量元素类等。

营养强化的主要目的是：①弥补食品在正常加工、储存时造成的营养素损失；②在一定的地域范围内，有相当规模的人群出现某些营养素摄入水平低或缺乏，通过强化可以改善其摄入水平低或缺乏导致的健康影响；③某些人群由于饮食习惯和（或）其他原因可能出现某些营养素摄入量水平低或缺乏，通过强化可以改善其摄入水平低或缺乏导致的健康影响；④补充和调整特殊膳食用食品中营养素和（或）其他营养成分的含量。

二、营养强化剂的使用要求和强化方法

（一）营养强化剂的使用要求

营养强化的理论基础是营养素平衡，滥加强化剂不仅不能达到增加营养的目的，反而会造成营养失调而有害健康。因此，使用时应按《食品安全国家标准 食品营养强化剂使用标准》（GB 14880—2012）确定出各营养素的合理使用量，同时营养强化时应对食品原有的色、香、味、形没有影响，成本能够接受，并能够在生产工艺中正确使用。通常，营养强化剂的使用应符合以下几个要求。

（1）营养强化剂的使用不应导致人群食用后营养素及其他营养物质摄入过量或不均衡，不应导致任何营养素和其他营养成分的代谢异常。

（2）添加到食品中的营养强化剂应能在特定的储存、运输和食用条件下保持质量的稳定。

（3）添加的营养强化剂不应导致食品一般特性，如色泽、滋味、气味、烹调特性等发生明显不良改变。

（4）不应通过使用营养强化剂夸大食品中某一营养成分的含量或作用误导和欺骗消费者。

（5）营养强化剂的使用不应鼓励和引导与国家营养政策相悖的食品消费模式。

（二）营养强化剂的使用方法 📱微课

食品的营养强化，应根据食品种类的不同，采取不同的强化方法。

1. 在食品原料中添加 将需要强化的营养素按规定直接添加到食品原料之中的方法。如对大米和小麦面粉进行营养强化，预先将部分大米或少量面粉（淀粉）用强化剂制成强化米或强化面粉（淀粉），然后按一定比例放入普通大米或面粉（淀粉）进行混合，从而保证大米或面粉（淀粉）中含有所需的营养强化剂。这种方法操作简便，但强化剂在食品加工、储存期间易于损失。如在淘洗中易大量损失所强化的水溶性强化剂。因此，需对强化工艺加以改进，如对强化米涂膜，尽量减少其水洗时的损失。

2. 在加工过程中添加 将需要强化的营养素按规定在食品加工时添加到食品中的方法，这是强化食品最普遍采用的方法。如罐装粉状的强化婴儿食品、罐装果汁和果汁粉、人造奶油以及各类糖果、糕点等，在食品加工的过程中添加营养强化剂。这种方法使所添加的营养素分布均匀，但由于食品加工常与热、光和金属接触，不可避免地会使强化剂受到一定的损失，特别是那些对热敏感的强化剂，如维生素C等。故应该注意添加的时机及工艺，尽量降低其损失，并适当加大强化剂量，以保证成品中达到所需的强化剂量水平。

3. 在成品中添加 为了减少强化剂在加工过程中被破坏，对于某些产品可采用在加工的最后工序或在成品中混入的方法。例如，对强化麦乳精、调制乳粉、代乳粉等多种营养素的营养强化，可以在成品中最后混入，或者在喷雾干燥前添加，并使之在食品中均匀分布。这种方法对强化剂的保存最为有

效。但由于各种食品加工工艺不同，如罐装食品和某些糖果、糕点等，则只能在杀菌、焙烤之前加入，压缩饼干的营养强化则多在普通饼干粉碎后将所需要的营养强化剂加入、混匀，再压缩、包装，因而并非所有的强化食品均能采用此法。

4. 其他添加法　近年来也有用物理、化学或生物手段对食品营养进行优化，使之转变成相应的营养强化剂，从而达到提高食品营养价值的目的。如用物理方法将酵母中的麦角固醇在紫外线照射下转变成麦角钙化醇；用化学方法将食物蛋白质经初步水解后制成的一些氨基酸类食品；而利用生物作用可以将食品中原有成分转变成人体所需营养素，如将大豆发酵，可产生一定量的 B 族维生素，尤其是可以产生植物性食品中所缺少的维生素 B_{12} 等。

第二节　维生素类强化剂

维生素是维持机体正常生理功能及细胞内特异代谢反应所必需的一类微量有机化合物。维生素大多不能在体内合成或合成量甚微，在体内的储存量也很少，因此必须经常由食物供给。维生素种类很多，化学结构差异极大，通常根据维生素的溶解性可将其分成脂溶性维生素和水溶性维生素两类。脂溶性维生素主要有维生素 A、维生素 D、维生素 E、维生素 K 四种。其中，维生素 A 和维生素 D 是较常用的两种食品营养强化剂。水溶性维生素包括 B 族维生素（维生素 B_1、维生素 B_2、维生素 B_3、维生素 B_6、维生素 B_{12} 等）和维生素 C。通常 B 族维生素需要强化，但营养强化水溶性维生素最常用的仍是维生素 C，而且随着对维生素 C 认识和研究的不断深化，其营养强化的应用已不仅局限于防治坏血病，还涉及抗氧化、促进机体对钙和铁的吸收、增加机体抗体形成、解毒等多个方面。

维生素是食品中应用最早，也是目前国际上应用最广、最多的一类强化剂。我国目前允许使用的有维生素 A、维生素 B_1、维生素 B_2、维生素 B_6、叶酸、烟酸、维生素 C 和维生素 D 等。

一、维生素 A

维生素 A，又称视黄醇（其醛衍生物视黄醛）或抗干眼病因子，是含有 β - 白芷酮环的多烯基结构，并具有视黄醇生物活性的一大类物质的总称。狭义的维生素 A 指视黄醇，广义而言应包括已形成的维生素 A 和维生素 A 原。

1. 性状与性能　淡黄色油溶液，冷冻后可固化，几乎无臭或微有鱼腥味，极易溶于三氯甲烷或酯类中，溶于无水乙醇和植物油，不溶于甘油和水。维生素 A 在碱性条件下较稳定，酸性条件下不稳定，与维生素 C 共存时得到保护，受空气、氧、光和热的影响而逐渐降解，水分活度升高加速降解，通过降低湿度、隔绝氧气、添加抗氧化剂以及低温保存等措施可显著减缓维生素 A 的降解过程。

2. 安全性　大鼠经口 LD_{50} 为 10.75 g/kg（体重）。

3. 应用　《食品安全国家标准　食品营养强化剂使用标准》（GB 14880—2012）规定，维生素 A 的使用范围和使用量为：调制乳 600～1000 μg/kg；调制乳粉 1200～10 000 μg/kg；植物油、人造黄油等制品 4000～8000 μg/kg；大米和小麦粉 600～1200 μg/kg；西式糕点和饼干 2330～4000 μg/kg 等。维生素 A 的添加量可以用视黄醇当量计算，2.1 μg 视黄醇当量 = 3.33IU 维生素 A。β - 胡萝卜素强化可折算成维生素 A 表示，1 μg β - 胡萝卜素等于 0.167 μg 视黄醇。

二、B 族维生素

我国允许用于强化的 B 族维生素包括维生素 B_1、维生素 B_2、维生素 B_6 和维生素 B_{12}、烟酸、叶酸等。

（一）维生素 B_1

维生素 B_1 又称硫胺素，用于预防脚气病。我国允许用作维生素 B_1 营养强化剂的是盐酸硫胺素或硝酸硫胺素。

1. 性状与性能 盐酸硫胺素为白色针状结晶或结晶性粉末，有微弱米糠似的特殊臭味，味苦，干燥品在空气中易吸潮，极易溶于水。在酸性条件下对热比较稳定，pH 为 3 时，即使高压蒸煮至 140 ℃，1 小时后，其损失率亦很小，而在中性或碱性条件下则易分解；在 pH 高于 7 的情况下煮沸，可以使其大部分或全部破坏。甚至在室温下贮存亦可逐渐降解。氧化和还原作用均可使其失去活性，且可被亚硫酸盐与硫胺分解酶所破坏。硝酸硫胺素为白色或微黄色结晶或结晶性粉末，有微弱的特异臭，在水中略溶，在乙醇或三氯甲烷中微溶。对碱或在空气中的稳定性比盐酸硫胺素高，添加在面包等食品中的效果比盐酸硫胺素好。0.97 g 硝酸硫胺素与 1 g 的盐酸硫胺素的生理效果相等。

2. 安全性 盐酸硫胺素的 LD_{50} 为 7700～15000 g/kg（体重）（小鼠，经口）。硝酸硫胺素的 LD_{50} 为（387.3±1.65）mg/kg（体重）（小鼠，腹腔注射）。

3. 应用 GB 14880—2012 规定：维生素 B_1 可用于儿童用调制乳粉、孕产妇用调制乳粉、豆粉、豆浆粉、豆浆、胶基糖果、大米及其制品、小麦粉及其制品、杂粮粉及其制品、即食谷物（包括碾轧燕麦片）、面包、西式糕点、饼干、含乳饮料、风味饮料、固体饮料类和果冻中。具体用量可查《食品安全国家标准 食品营养强化剂使用标准》（GB 14880—2012）。使用时，如用于固体饮料则需按稀释倍数增加使用量；如用于面包、饼干时，可在和面时加入；如用于酱类食品时，可在制曲时添加，或混在盐中加入，也可溶于菌种水中加入。

（二）维生素 B_2

维生素 B_2 又称核黄素。我国允许使用的维生素 B_2 为核黄素和核黄素-5′-磷酸钠。

1. 性状与性能 橙黄色的结晶性粉末，微臭，味微苦，微溶于水，易溶于氢氧化钠稀溶液中，亦易溶于氯化钠溶液中。对热和酸比较稳定，在中性和酸性溶液中，即使短时间高压消毒也不致破坏，约在 280 ℃时熔融，同时分解。但在碱性溶液中则易被破坏，特别易受紫外线所破坏，对还原剂也不稳定。核黄素在水中溶解度低，而核黄素磷酸酯钠在水中溶解度比核黄素约高 100 倍，便于分散在液体食品中。近年来，国外多用核黄素磷酸酯钠代替核黄素强化液体食品。上述两种核黄素的衍生物均具有维生素 B_2 的功效，通常 1.745 g 核黄素丁酸酯相当于 1 g 核黄素，1.367 g 核黄素磷酸酯钠相当于 1 g 核黄素。

2. 安全性 ADI 为 0～0.5 mg/kg（体重）（FAO/WHO，2001）；小鼠给予需要量的 1000 倍（0.34 g/kg），未发现任何异常。

3. 应用 GB 14880—2012 规定：核黄素的使用范围与维生素 B_1 基本相同，但不可用于风味饮料中。具体用量可查《食品安全国家标准 食品营养强化剂使用标准》（GB 14880—2012）。

（三）维生素 B_6

维生素 B_6 有三种形式，即吡哆醇、吡哆醛及吡哆胺。我国规定用于食品强化的为盐酸吡哆醇和 5′-磷酸吡哆醛。

1. 性状与性能 盐酸吡哆醇为白色或类似白色的结晶或结晶性粉末，无臭，味微苦，易溶于水，耐酸、耐碱，但耐热性差。

2. 安全性 大鼠经口 LD_{50} 为 4000 mg/kg（体重）。

3. 应用 GB 14880—2012 规定：维生素 B_6 可用于调制乳粉、即食谷物（包括碾轧燕麦片）、饼干、其他焙烤食品、饮料类（包装饮用水类除外）和果冻中。具体用量可查《食品安全国家标准　食品营养强化剂使用标准》（GB 14880—2012）。

（四）烟酸、烟酰胺

烟酸又称维生素 PP、维生素 B_3 或尼克酸，因有防止癞皮病的作用，又称抗癞皮病维生素。烟酸及其酰胺－烟酰胺具有同样的生物效价，最初从肝脏中提取获得。

1. 性状　维生素 B_3 是维生素中最稳定的一种，为白色针状结晶，无臭，味微酸，易溶于热水，有升华性，无吸湿性。不受光、热、氧所破坏。烟酸在体内以烟酰胺的形式存在，故强化食品所用的维生素 B_3 多为烟酰胺。烟酸是 B 族维生素中唯一能在动物组织中合成的一种维生素（由色氨酸合成）。

2. 安全性　大鼠经口 LD_{50} 为 2.5~3.5 g/kg（体重），ADI 不作特殊规定。

3. 应用　GB 14880—2012 规定：烟酸及烟酰胺可用于儿童用调制乳粉、孕产妇用调制乳粉、豆粉、豆浆粉、豆浆、大米及其制品、小麦粉及其制品、杂粮粉及其制品、面包、即食谷物（包括碾轧燕麦片）、饼干、饮料类（包装饮用水类除外）和固体饮料类中。具体用量可查《食品安全国家标准　食品营养强化剂使用标准》（GB 14880—2012）。

三、维生素 C

维生素 C 又称抗坏血酸或 L－抗坏血酸。我国允许使用的维生素 C 为 L－抗坏血酸、L－抗坏血酸钙、维生素 C 磷酸酯镁、L－抗坏血酸钠、L－抗坏血酸钾和 L－抗坏血酸－6－棕榈酸盐（抗坏血酸棕榈酸酯）。

1. 性状　白色至浅黄色晶体或结晶性粉末，无臭，可赋予食品强烈酸味，在水中溶解度很高，也溶解于 95% 乙醇和甘油，不溶于油脂，熔点为 190~192 ℃。干燥空气中或 pH 3.4~4.5 时稳定，受光照可褐变，遇铜、铁等离子、氧化酶以及碱可加速氧化。维生素 C 磷酸酯镁（或维生素 C 磷酸酯钙）是一种优良的水溶性维生素 C 的衍生物，稳定性高，在金属离子（铜离子、铁离子）存在下煮沸 30 分钟基本无变化，而在同样情况下维生素 C 的损失为 70%~80%。而 L－抗坏血酸棕榈酸酯则是一种良好的脂溶性维生素 C 衍生物，可添加到高油脂食品中。

2. 安全性　毒性极小，大鼠经口 $LD_{50} \geqslant 5$ g/kg（体重），ADI 不作特殊规定（FAO/WHO，2001）。L－抗坏血酸棕榈酸酯安全性也很高，小鼠经口 LD_{50} 为 25070 mg/kg（体重），ADI 为 0~1.25 mg/kg（体重）。

3. 应用　GB 14880—2012 规定：L－抗坏血酸可用于强化风味发酵乳、含乳饮料、果冻、调制乳粉、水果罐头、果泥、豆粉、豆浆粉、胶基糖果、除胶基糖果以外的其他糖果、即食谷物（包括碾轧燕麦片）、果蔬汁（肉）饮料（包括发酵型产品等）、水基调味饮料和固体饮料类中。具体用量可查《食品安全国家标准　食品营养强化剂使用标准》（GB 14880—2012）。若是油脂含量比较高的食品，则应使用脂溶性的抗坏血酸棕榈酸酯，该酯还可耐高温，即使经过加热工艺，活性仍保持完好，在食品中强化这类维生素 C 衍生物优于维生素 C。

四、维生素 D

维生素 D 是一种脂溶性维生素，是所有具有胆钙化醇（维生素 D_3）生物活性类固醇的统称。这是一类可防治佝偻病的维生素，故又有抗佝偻病维生素之称。目前已知固醇类衍生物具有抗佝偻病作用的有多种，其中以麦角钙化醇（维生素 D_2）和胆钙化醇（维生素 D_3）较重要，亦用于强化食品。

1. 性状与性能　维生素 D_2 又名麦角钙化醇，为无色针状结晶或白色结晶性粉末，无臭、无味，不溶于水，微溶于植物油，易溶于乙醇。在空气中易氧化，对光不稳定，对热相当稳定，溶于植物油时亦相当稳定，但有无机盐存在时则迅速分解。维生素 D_3 又名胆钙化醇，为无色针状结晶或白色结晶性粉末，无臭、无味，不溶于水，微溶于油，易溶于乙醇。在耐热、酸、碱和氧方面均较维生素 D_2 稳定，但也受空气和光照的影响。

2. 安全性 维生素 D_2 成年人经口急性中毒量为 100 mg/d；小鼠致死量为 20 mg/kg（6 天间）；大鼠经口的 LD_{50} 为 42 mg/kg（体重）。维生素 D_3 大鼠经口 LD_{50} 为 42 mg/kg（体重）。我国维生素 D 的每日膳食量供给标准不论成年人还是儿童均为 10 μg。若儿童长期每日摄取 4 万 IU，成年人长期每日摄取 10 万 IU 以上，均可引起中毒，出现厌食、恶心、呕吐、腹泻头痛等症状。

3. 应用 维生素 D 的活性以维生素 D_3 为参考标准，1 μg 胆钙化醇等于 40IU 维生素 D。GB 14880—2012 规定：维生素 D 可以在调制乳、调制乳粉、人造黄油及其类似制品、冰淇淋类、雪糕类、豆粉、豆浆粉、豆浆、藕粉、即食谷物（包括碾轧燕麦片）、饼干、其他培烤食品果蔬汁（肉）饮料（包括发酵型产品等）、含乳饮料、风味饮料、固体饮料类、果冻和膨化食品中应用。具体用量可查《食品安全国家标准　食品营养强化剂使用标准》（GB 14880—2012）。

五、左旋肉碱

左旋肉碱，别称 L–肉碱、维生素 BT，是一种类维生素和类氨基酸物质，存在于各种组织中，以动物组织中较多。我国允许使用的为左旋肉碱（L–肉碱）和左旋肉碱酒石酸盐（L–肉碱酒石酸盐）。

1. 性状与性能 白色晶体或白色透明细粉，略有特殊腥味，极易溶于水（250 g/100 g），易溶于乙醇和碱，几乎不溶于丙酮和乙酸盐。L–肉碱酒石酸盐又名维生素 BT–L–酒石酸，为白色结晶性粉末，易溶于水（50 g 溶于 100 mL 水中），熔点为 169～175 ℃。

2. 安全性 左旋肉碱的安全性试验中，ADI 为 20 mg/kg（体重）；兔经口服 LD_{50} 为 2272～2444 mg/kg（体重）。

3. 应用 GB 14880—2012 规定：L–肉碱可用于调制乳粉、果蔬汁（肉）饮料（包装发展型产品等）、含乳饮料、风味饮料、特殊用途饮料（仅限运动饮科）和固体饮料类。具体用量可查《食品安全国家标准　食品营养强化剂使用标准》（GB 14880—2012）。

第三节　氨基酸类强化剂

PPT

氨基酸是蛋白质的基本构成单位。食物中的蛋白质不能直接被人体吸收利用，需要先经消化分解成氨基酸后才能被吸收，体内利用这些氨基酸再合成自身蛋白质，所以机体对蛋白质的需要实际上是对氨基酸的需要。组成人体蛋白质的氨基酸有 20 多种，其中大部分在体内可由其他物质合成，称为非必需氨基酸。但色氨酸、亮氨酸、异亮氨酸、缬氨酸、苯丙氨酸、赖氨酸、苏氨酸和蛋氨酸，在机体内不能合成或合成的速度满足不了机体的需求，必须由食物供给，这些氨基酸称为必需氨基酸。另外，组氨酸对婴儿也是一种必需氨基酸。当人体中某种必需氨基酸不足时，会影响蛋白质的有效合成，因此，必须提供一定比例的必需氨基酸。作为食品强化用的氨基酸主要是必需氨基酸或它们的盐类。

许多食品缺乏一种或多种必需氨基酸，例如谷物食品缺乏赖氨酸，玉米食品缺乏色氨酸，豆类缺乏蛋氨酸。我国人民多以谷物为主食，因而赖氨酸便是人们最常用的氨基酸类强化剂。此外，对于婴幼儿尚有必要适当强化牛磺酸。

一、赖氨酸

赖氨酸是谷物中的第一限制性氨基酸，因此在谷物类食品中强化赖氨酸是提高其蛋白质营养价值的有效途径。我国允许使用的赖氨酸强化剂为L-盐酸赖氨酸和L-赖氨酸天门冬氨酸盐。

1. 性状与性能　L-盐酸赖氨酸为白色结晶或结晶性粉末，无臭，易溶于水，极微溶于乙醇，不溶于乙醚。一般条件下较稳定，有时稍着色，与维生素C或维生素K_3共存时易着色，碱性时在还原糖的存在下加热则被分解，吸湿性强。L-赖氨酸天门冬氨酸盐为白色粉末，无臭或稍有臭气，有特异味，易溶于水，难溶于乙醇、乙醚。L-赖氨酸天门冬氨酸盐使用方便，可很好解决L-赖氨酸易吸潮的问题。

2. 安全性　L-盐酸赖氨酸大鼠经口的LD_{50}为10.75 g/kg（体重）。

3. 应用　GB 14880—2012规定：L-赖氨酸可应用于大米及其制品、小麦粉及其制品、杂粮粉及其制品、面包中。具体用量可查《食品安全国家标准　食品营养强化剂使用标准》（GB 14880—2012）。L-赖氨酸天门冬氨酸盐兼有强化和调味两种作用，用作L-赖氨酸的强化剂，也可用于清凉饮料及面包等的调味。

二、牛磺酸

牛磺酸，又称牛胆酸、牛胆碱、牛胆素，化学名为氨基乙基磺酸，系从牛胆汁中分离、发现而得名。

1. 性状与性能　白色结晶或结晶性粉末，无臭、微酸，对热稳定，可溶于水，极微溶于95%乙醇，不溶于无水乙醇，在稀溶液中呈中性。

2. 安全性　小鼠经口$LD_{50} > 10000$ mg/kg（体重）。作为一种天然成分，未发现牛磺酸有任何毒性作用。

3. 应用　GB 14880—2012规定：牛磺酸可用于调制乳粉、豆粉、豆浆粉、果冻、豆浆、含乳饮料、特殊用途饮料、风味饮料和固体饮料类。具体用量可查《食品安全国家标准　食品营养强化剂使用标准》（GB 14880—2012）。

第四节　矿物质类强化剂

PPT

无机盐又称为矿物质或灰分，是构成人体组织和维持机体正常生理活动所必需的成分，它既不能在体内合成，也不会在新陈代谢过程中消失。但是体内每天都有一定量的矿物质排出，故需从食品中补充。矿物质按其含量多少可分为常量元素和微量元素两类，前者含量较大，通常以百分比计，有钙、磷、钾、钠、硫、氯、镁等7种；后者含量甚微，通常以mg/kg计。目前所知的必需微量元素有14种，即铁、锌、铜、碘、锰、硒、镍、氟、钒、铬、钴、硅和锡等。

矿物质在食物中分布很广，一般均能满足机体需要，但是某些种类仍然容易缺乏，如钙、铁、锌、碘、硒等。特别是处于生长发育期的婴幼儿、青少年及妊娠期妇女、哺乳期妇女，钙和铁的缺乏较为常见，碘的缺乏依环境条件而异。此外，有人认为锌、硒对特定人群也有强化的必要。近年来应用较多的矿物质类营养强化剂主要有铁、锌、钙以及碘强化剂等。

一、钙盐

钙为骨骼正常生长和发育所必需，人体内 99.7% 的钙以钙盐的形式存在于骨骼和牙齿中。从化学组成上可将钙分为无机钙和有机钙两类。碳酸钙、磷酸钙等所含的钙为无机钙；动物骨骼中的钙、乳酸钙和葡萄糖酸钙中的钙为有机钙。有机钙可溶于水，无机钙难溶于水，是以微粒悬浮于溶液中。

食品中所用的钙质强化剂种类很多，使用最多的是碳酸钙，其次是磷酸氢钙、乳酸钙、葡萄糖酸钙等，也有将动物骨骼脱脂干燥所制得的骨粉作为钙质强化剂使用。

（一）碳酸钙

碳酸钙按生产方法分为重质碳酸钙（粒径为 30 ~ 50 μm）、轻质碳酸钙（粒径为 5 μm）和胶体碳酸钙（粒径 0.03 ~ 0.05 μm）三种。我国作为食品添加剂使用的多为轻质碳酸钙。但因胶体碳酸钙在人体内的消化吸收率高于其他两种碳酸钙，且可与水形成均匀的乳浊液，近年来也常作为食品添加剂使用。

1. 性状与性能 白色粉末，无定形结晶，无臭、无味，置于空气中不起化学变化，有轻微的吸湿性，几乎不溶于水，微溶于含有铵盐或二氧化碳的水中。

2. 安全性 ADI 不作特殊规定。

3. 应用 碳破钙作为钙强化剂使用时，可用于面包、饼干以及代乳粉等婴幼儿食品，具体用量可查《食品安全国家标准 食品营养强化剂使用标准》（GB 14880—2012）。碳酸钙用于强化面包中的钙时，可与维生素 D、磷脂等复配使用，效果更佳。维生素 D 等添加剂除能达到营养强化、促进钙质吸收的目的外，在面包发酵时还可作为酵母的营养物，促进酵母的繁殖，改进面筋的性质，有利于面包的加工。

（二）L - 乳酸钙

1. 性状与性能 白色颗粒或粉末，几乎无臭，在水中缓慢溶解成澄清或微浑浊的溶液，易溶于热水。水溶液 pH 为 6.0 ~ 7.0；于 120 ℃时可变为无水物；乳酸钙略有风化性或基本不潮解，吸收率较高。

2. 安全性 ADI 不作特殊规定。

3. 应用 在钙质强化剂中，人体对乳酸钙的吸收率最高，适于作婴幼儿及学龄前儿童食品的营养强化剂。因乳酸钙的水溶性比无机钙好，也适于强化各种饮料。乳酸钙除作为钙质强化剂外，还可作为发酵粉的缓冲剂。具体用量可查《食品安全国家标准 食品营养强化剂使用标准》（GB 14880—2012）。

（三）葡萄糖酸钙

1. 性状与性能 白色结晶性或颗粒性粉末，无臭、无味，在空气中稳定，在水中缓慢溶解，易溶于热水。但通常带一分子结晶水，称葡萄糖酸钙一水合物。

2. 安全性 ADI 不作特殊规定。

3. 应用 可作为一般食品的钙质强化剂，通常用量为 1% 以下，是婴儿补钙的常用钙源，还能降低毛细血管渗透性，增加毛细血管壁的致密度，改善组织细胞膜的通透性。制作油炸食品时，添加适量，除有营养强化作用外，还可防止油脂氧化变质，提高制品感官质量。具体用量可查《食品安全国家标准 食品营养强化剂使用标准》（GB 14880—2012）。

二、铁盐

铁是构成机体血液不可缺少的成分。铁营养强化剂经历了从无机铁到有机铁，再到络合铁的发展历程，蛋白质铁是铁营养强化剂研究和开发的新方向。目前我国允许使用的铁营养强化剂主要有硫酸亚铁、葡萄糖酸亚铁、柠檬酸铁铵、焦磷酸铁、乙二胺四乙酸铁钠（仅限用于辅食营养补充品）等。

有机盐类铁营养强化剂可以分为水溶性和水难溶－稀酸溶性两大类。水溶性的葡萄糖酸亚铁和乳酸亚铁等有机盐类铁营养强化剂的生物利用率和硫酸亚铁相当，但用于强化食品时，同样有降低食品品质的问题。难溶于水但可溶于稀酸的有机盐类铁营养强化剂，如富马酸亚铁、琥珀酸亚铁、蔗糖酸亚铁、柠檬酸亚铁和酒石酸铁等，由于水溶性差，对食品品质的影响较水溶性的铁盐小，而其有效性却因为在胃酸中的溶解性而下降较少，这类铁盐在成人铁营养强化食品中的生物利用率高于60%，而在婴儿食品中的有效性会因为婴儿的胃酸浓度较低而下降。水难溶－稀酸溶性的有机盐类铁营养强化剂的出现，促进了铁营养强化食品的发展。乙二胺四乙酸铁钠是络合铁类营养强化剂的代表，这是一种 EDTA 与三价铁的络合物，已经实现商品化的生产。络合物形式的铁源在安全性、有效性和稳定性方面均优于铁盐形式的铁源，且对铁强化食品本身影响也较小，但成本较高。铁化合物一般对光不稳定，抗氧化剂可与铁离子后应而着色。因此，凡使用抗氧化剂的食品最好不用铁强化剂。

（一）硫酸亚铁

1. 性状与性能　黄褐色结晶，有铁腥味，易溶于水，水溶液呈酸性，在空气和日光作用下易被氧化成硫酸铁。

2. 安全性　大鼠经口的 LD_{50} 为 279～558 g/kg（体重）（以铁计），ADI 为 0～0.8 mg/kg（体重）。

3. 应用　硫酸亚铁的吸收率较高，且因其价格低廉，可用于强化各种食品，如婴儿调制奶粉（母乳化奶粉）、面粉、饼干、糖果等。用于强化糖果时，一般多选择软糖、酥糖作为强化载体，因为这两种糖在口中停留时间较短，铁腥味不太明显。硫酸亚铁可以有效地改善人体铁缺乏的状况，但会刺激人体胃肠道，尤其是直接服用难以让人接受。另外，游离的亚铁离子会催化食品中的油脂发生氧化，从而改变食品的色泽和气味，不过可用微胶囊技术改善对食品基质的不良影响。近年来，我国使用硫酸亚铁的量逐渐减少，其渐渐被铁腥味仅为硫酸亚铁三分之一的乳酸亚铁所取代。

（二）乳酸亚铁

1. 性状与性能　淡黄绿色结晶粉末，含铁量（总铁）约19%，而其亚铁约为18%，稍有特异臭，有稍带甜味的铁味，溶解度在冷水中为 2.5%，在沸水中为 8.3%，水溶液为绿色的澄清溶液，在空气中被氧化后颜色逐渐加深变暗。

2. 安全性　大鼠经口的 LD_{50} 为 300～1000 mg/kg（体重）。

3. 应用　乳酸亚铁是种优质的铁强化剂，可用于调制乳、饮料类（包装饮用水除外）、果冻、调制乳粉、除胶基糖果以外的其他糖果、小麦粉及其制品、杂粮粉及其制品、面包、饼干、其他焙烤食品和酱油等食品中。小麦粉、乳粉可直接用乳酸亚铁粉末强化，面包、饼干、方便面需添加在原料的小麦粉中或溶解在原料的水溶液中。用于奶糖或酥糖的强化时，添加乳酸亚铁的温度不宜超过90 ℃，若添加适量的维生素 C 效果更佳。乳酸亚铁一般对光不稳定，最好密闭、避光保存，使用时应予注意。乳酸亚铁还是还原剂，应避免与氧化剂接触，否则会氧化着色，如在加铁食盐生产时，载体如果采用碘盐，其当中的碘酸钾（氧化剂）与乳酸亚铁接触，会发生氧化还原反应，使加铁盐变成黄色、红色、黑色等；同时碘酸钾被还原成游离碘，升华逸出，使碘含量大幅下降，变成不合格品。另外，乳酸亚铁在使用过程中还应避免与碱性原料接触，以免发生反应变色发黑。

（三）柠檬酸铁铵

1. 性状与性能　柠檬酸铁铵为柠檬酸铁和柠檬酸铵的复盐，呈棕色或绿色的碎片、颗粒或粉末。棕色品含铁量较高（16.5%～18.5%），绿色品较低（14.5%～16.0%）。无臭或稍有氨臭，微带铁味，极易溶于水，不溶于乙醇，有吸湿性，对光不稳定，遇碱性溶液可有沉淀析出。

2. 安全性　小鼠经口的 LD_{50} 为 1 g/kg（体重）（以铁计）。

3. 应用　柠檬酸铁铵作为铁强化剂，可用于饼干、调制乳粉等。因其有吸湿性，不宜用于乳粉等干燥食品的强化。此外，本品还可作为食盐的抗结剂使用，用量在 25 mg/kg 以下。

（四）葡萄糖酸亚铁

1. 性状与性能　浅黄色或浅黄绿色的粉末或颗粒，稍有类似焦糖的气味，可溶于水，几乎不溶于乙醇。5% 的样品溶液对石蕊试纸呈酸性。

2. 安全性　大鼠经口的 LD_{50} 为 2237 mg/kg（体重）（以铁计），ADI 不作特殊规定。

3. 应用　除可作铁强化剂外，还可用于食用橄榄油，以防止其氧化变黑，最大用量按食品总铁计为 0.15 g/kg。

三、锌盐

人体缺锌主要表现为食欲不振、生长停滞、味觉减退、性发育受阻、创伤愈合不良及皮炎等。妊娠期妇女缺锌甚至可出现胎儿畸形。至于妊娠期妇女缺锌所造成的胎儿神经系统发育不良，即使在出生后再补锌，效果亦不理想。解决人体缺锌的方法，除了多食含锌量高的海产品外，可口服含锌制剂及食用锌强化的食品。通常在食品中使用的锌强化剂有硫酸锌、氧化锌等无机锌，以及葡萄糖酸锌等有机锌。

1. 性状与性能　硫酸锌为无色透明的棱柱体、小针状体或呈粒状结晶性粉末，无臭，易失水及风化，可溶于水，不溶于乙醇。氧化锌又称锌氧粉或锌白，为白色无定形粉末，不溶于水和乙醇，可溶于稀酸和强碱，在空气中逐渐吸收二氧化碳，高温时呈黄色，冷却后变白。葡萄糖酸锌为白色或几乎白色的颗粒，或结晶性粉末，易溶于水，极微溶于乙醇。

2. 安全性　硫酸锌大鼠经口 LD_{50} 为 2949 mg/kg（体重）（以锌计）；小鼠经口 LD_{50} 为 1.18 g/kg（体重）（以锌计）。氧化锌大鼠腹腔注射 LD_{50} 为 240 mg/kg（体重）。葡萄糖酸锌小鼠经口 LD_{50} 为 3.06 g/kg（体重）（以锌计）。

3. 应用　GB 14880—2012 规定：可用于调制乳粉、豆粉、豆浆粉、大米及其制品、小麦粉及其制品、杂粮粉及其制品、面包、即食谷物（包括碾轧燕麦片）、西式糕点、饼干、饮料类（包装饮用水类除外）和果冻中。

四、碘盐

19 世纪末人们发现碘是甲状腺的正常成分，并认识到甲状腺肿是一种碘缺乏症，开始用碘防治甲状腺肿。我国允许使用的碘强化剂为碘酸钾、碘化钾和碘化钠。

1. 性状与性能　碘酸钾为无色透明或白色立方晶体，或颗粒性粉末，在干燥的空气中稳定，在潮湿的空气中略有吸湿，可溶于水、乙醇及甘油中。水溶液遇光变黄，并析出游离碘。

2. 安全性　碘酸钾小鼠腹注的 LD_{50} 为 136 mg/kg（体重）。

3. 应用　GB 26878—2011 规定：碘可加入食盐中供地方性甲状腺病地区居民食用，其用量为 20～30 mg/kg（以元素碘计），通常使用的多为碘酸钾（KIO_3）。为了避免碘酸钾的分解损失。最好向食盐中加入 4 倍于碘酸钾量的碳酸钠。

PPT

第五节 其他营养强化剂

一、脂肪酸类

脂肪酸分为非必需脂肪酸和必需脂肪酸。必需脂肪酸（EFAs）是指机体本身不能合成或合成速度满足不了机体的需要，必须依赖食物供应的脂肪酸。必需脂肪酸可增进神经系统功能、益智健脑、预防老年性痴呆、抑制血小板凝集、减少血栓的形成、预防心肌梗死和脑梗死、降血脂、预防和治疗动脉粥样硬化、抑制肿瘤生长、抑制过敏反应、保护视力。

我国允许使用的脂肪酸强化剂有：二十二碳六烯酸（DHA）、花生四烯酸（AA）、γ－亚麻酸和1,3－二油酸－2－棕榈酸甘油三酯。其中，DHA 和 AA 是两种主要的大脑多烯不饱和脂肪酸，局限于细胞膜的磷脂中，占构成人脑总磷脂的30%以上。

（一）二十二碳六烯酸（DHA）

1. 性状与性能 属 n－3 系列多不饱和脂肪酸。无色至淡黄色透明液体，纯品无臭、无味。

2. 安全性 避免与皮肤和眼睛接触。

3. 应用 GB 14880—2012 规定：可用于儿童用调制乳粉、孕产妇用调制乳粉和婴幼儿谷类辅助食品，用量分别为 0.5%（占总脂肪酸的百分比）、300～1000 mg/kg 和≤1150 mg/kg。

（二）花生四烯酸（AA）

1. 性状与性能 属于 n－6 多不饱和脂肪酸。AA 含量在40%以上的为淡黄色液体，25%以下一般为白色颗粒状结晶。AA 无氧条件下稳定性好（60 ℃，40 天，过氧化值1.5，无臭），溶于正己烷、乙醇等，少量溶于 37 ℃水中。AA 的乙酯为无色透明液体。

2. 安全性 AA 对动物的急性、亚急性和慢性毒性试验，均属实际无毒。

3. 应用 GB 14880—2012 规定：可用于儿童用调制乳粉和婴幼儿谷类辅助食品，用量分别为≤1%（占总脂肪酸的百分比）和≤2300 mg/kg。AA 营养强化剂的来源仅限于高山被孢霉。

（三）γ－亚麻酸（十八碳三烯酸）

1. 性状与性能 为 α－亚麻酸的异构体，属 n－6 系列不饱和脂肪酸，为无色或淡黄色油液。遇空气后可自动氧化而形成坚硬膜层。不溶于水，溶于许多有机溶剂。

2. 安全性 最小致死量 2 g/kg（体重）（以上）（大鼠，经口14日）。亚急性试验（500 mg/kg 体重，13 周），染色体异常试验、变异试验均呈阴性。成年人每日需要量约为 36 mg/kg（体重）。

3. 应用 GB 14880—2012 规定：可用于调制乳粉、植物油、饮料类（包装饮用水和固体饮料类涉及品种除外）中。

（四）1,3－二油酸－2－棕榈酸甘油三酯

1. 性状与性能 在 25 ℃条件下为白色固体，是由脂肪酶催化酯交换，使脂肪酸在丙三醇分子上的位置重新排列而得。

2. 安全性 与母乳脂肪结构相同，因其特有的 β 位脂肪酸组成，在消化时不会形成钙皂，因而不易产生便秘，可以让婴儿更好地吸收钙和能量。

3. 应用 GB 14880—2012 规定：仅限用于调制乳粉（仅限儿童用乳粉，液体按稀释倍数折算），用量为 24～96 g/kg。

二、碳水化合物类

碳水化合物是为人体提供热能的三种主要营养素中最廉价的营养素。食物中的碳水化合物分成两类：①人可以吸收利用的有效碳水化合物如单糖、双糖、多糖；②人不能消化的无效碳水化合物如纤维素，是人体必需的物质。膳食中缺乏有效碳水化合物将导致全身无力、疲乏、血糖含量降低，产生头晕、心悸脑功能障碍等，严重者会导致低血糖昏迷。

当膳食中有效碳水化合物过多时，就会转化成脂肪储存于体内，使人过于肥胖而导致各类疾病，如高脂血症、糖尿病等。一般来说，对碳水化合物没有特定的饮食要求，主要从碳水化合物中获得合理比例的热量摄入。另外，每天应至少摄入 50～100 g 可消化的碳水化合物以预防碳水化合物缺乏症。低聚糖则能有效地促进人体内有益细菌——双歧杆菌的生长繁殖，抑制腐败菌生长，长期食用可以减缓衰老、通便、抑菌、防癌，减轻肝脏负担，提高营养吸收率。目前允许使用的碳水化合物强化剂有低聚果糖（菊苣来源）、低聚半乳糖（乳糖来源）、多聚果糖（菊苣来源）、聚葡萄糖和棉子糖（甜菜来源）。

GB 14880—2012 规定：低聚半乳糖（乳糖来源）、低聚果糖（菊苣来源）、多聚果糖（菊苣来源）、棉子糖（甜菜来源）作为营养强化剂仅限应用于婴幼儿配方食品和婴幼儿谷类辅助食品中，单独使用或混合使用时，总量≤64.5 g/kg（仅限于粉状产品，液态产品按相应稀释倍数折算）。

三、其他类营养强化剂

目前我国法规规定的营养强化剂除了上述的氨基酸及蛋白质、维生素、矿物质、脂肪酸、碳水化合物之外，还包括叶黄素、核苷酸等营养强化剂。

（一）叶黄素

叶黄素是胡萝卜素家族一员，又名"植物黄体素"，在自然界中与玉米黄素共同存在，是构成玉米、蔬菜、水果、花卉等植物色素的主要色素。叶黄素一般以万寿菊油树脂为原料，经皂化提取精制而成，是构成人眼视网膜黄斑区域的主要色素。

1. 性状与性能　橘黄色至橘红色粉末，纯的为棱格状黄色晶体，有金属光泽，不溶于水，易溶于油脂和有机溶剂，对光和氧不稳定。

2. 安全性　小鼠经口 $LD_{50}>2000$ mg/kg（体重），其 ADI 为 0～2 mg/kg（体重）（FAO/WHO，2007）。

3. 应用　GB 14880—2012 规定：叶黄素（万寿菊来源）作为营养强化剂使用时，仅用于儿童用调制乳粉、婴儿配方食品、较大婴儿和幼儿配方食品和特殊医学用途婴儿配方食品中，具体用量可查《食品安全国家标准　食品营养强化剂使用标准》（GB 14880—2012）。而叶黄素还可作为着色剂使用，GB 2760—2024 规定，其可用于以乳为主要配料的即食风味食品或其预制产品（不包括冰淇淋和风味发酵）、冷冻饮品（食用用冰除外）、果酱、糖果、杂粮罐头等食品中。

（二）核苷酸

核苷酸是一类由嘌呤碱或嘧啶碱、核糖或脱氧核糖以及磷酸三种物质组成的化合物。核苷酸及其衍生物对人体具有多种特定的生理功能，它们都以游离状态存在于细胞和组织中，直接参与机体的物质代谢、能量代谢、生理活性物质的合成。一些特殊人群（如婴幼儿、老年人、病人）需加快新陈代谢和细胞的更新，对核苷酸需求量增加，而自身合成的核苷酸能力又不能满足机体需求，故需补充外源核苷酸。

GB 14880—2012 规定：仅限用于婴幼儿配方食品，使用量为 0.12～0.58 g/kg（以核苷酸总量计）。

知识链接

食品营养强化剂的使用

营养强化剂是指为了增加食品的营养成分（价值）而加入食品中的天然或人工合成的营养素和其他营养成分。营养强化剂的使用需要符合《食品安全国家标准 食品营养强化剂使用标准》（GB 14880—2012），该标准属于强制执行的标准。使用营养强化剂对食品进行营养强化，需要关注可以强化的食品类别、使用量和允许使用的化合物来源，并注意使用量的折算，避免超范围使用营养强化剂。同时，营养强化食品应真实正确地在营养成分表中标示所强化营养素含量值及营养素参考值百分比，以向消费者传达必要的营养成分信息，保障消费者的知情权。

实训 17 铁元素的营养调查与评价（询问法）

一、实训目的

掌握某一人群膳食中铁元素的摄取状况及其与营养推荐摄入量之间的差异。

二、实训原理

营养调查是指运用各种手段准确了解某一人群（个体）各种营养指标的水平，以判断其当前营养状况，采用的方法一般是膳食调查法。膳食调查是指通过调查了解、计算每人每日膳食中能量及各种营养素摄入量是否满足机体需要，借此评价正常营养素需要能被满足的程度。

1. 询问法 指通过问答方式回顾性地了解调查对象的膳食营养状况，由调查对象尽可能准确回顾调查前一日至数日或一段时间的食物消耗量。如果询问的是调查前 24 小时的食物消耗情形，则称为一日或 24 小时回顾法。询问法是目前比较常用的膳食调查方法，此方法适用于个体调查及特殊人群的调查（如妊娠期妇女、哺乳期妇女、老年人、居家儿童等）。获得信息的方式包括面对面询问和电话沟通等，但最典型的方法是通过开放性调查表进行面对面询问。

2. 查账法或记账法 对建有伙食账目及进餐人数登记的集体单位进行一段时间内食品消费量的调查，并根据同一时期内的进餐人数，计算出平均每日各种食品的进食量。进行回顾性调查时称为查账法，进行前瞻性调查时称为记账法。此法适用于有详细账目的机关、团体（如幼儿园），也适用于家庭的调查。

3. 称重法 通过对被调查对象所吃食物的原料和熟食分别进行称重，从而求出每人每日各类食物摄入量的方法。称重法可用于集体食堂单位、家庭及个人的膳食调查。

4. 化学分析法 将调查对象所食相同份量的全部熟食，在实验室中进行化学分析，测出其中各种营养素含量的方法。

5. 食物频率法 要求调查对象在食物频率表中标出过去一定时期内（几天、几周、几月、一年或数年）平均每种食物消费频率或每种食物的份量。

三、实训步骤

1. 膳食调查资料准备 ①每人每日铁营养素的推荐摄入量、平均需要量、适宜摄入量、可耐受最高摄入量；②铁的食物来源。

2. 膳食调查 记录填入表 12 – 1。

表 12 – 1　膳食调查记录表

	第一天 食物名称及摄入量（g）	第二天 食物名称及摄入量（g）	第三天 食物名称及摄入量（g）
早餐			
中餐			
晚餐			
加餐及零食			
调味品			

3. 铁摄入分析表 记录于表 12 – 2。

表 12 – 2　铁摄入分析表

铁食物来源及 食物摄入量（g）	第一天 铁摄入量（mg）	第二天 铁摄入量（mg）	第三天 铁摄入量（mg）
早餐			
中餐			
晚餐			
加餐及零食			
调味品			

4. 铁元素来源分布 记录于表 12 – 3。

表 12 – 3　铁元素来源分布表

来源	动物类	豆类	其他植物类	合计
摄入量（mg）				
占总摄入量比例（%）				

四、实训结论

根据膳食调查结果，完成铁元素摄入量情况分析，得出相应结论。

五、思考题

1. GB 2760—2024 允许使用的铁营养强化剂有哪些？

2. 若膳食调查结果发现饮食中铁摄入不足，如何开展铁的膳食补充与营养强化？

答案解析

一、单项选择题

1. 食品营养强化剂的使用标准是（　　）。

　　A．GB 2760—2024　　　　　　　　　　　　B．GB 14880—2012

  C. GB/T 2760—2024   D. GB/T 14880—2012

2. 下列属于维生素类强化剂的是 （   ）。

  A. 叶酸   B. 牛磺酸   C. 铁   D. 花生四烯酸

3. 下列不属于有机盐类铁营养强化剂的是 （   ）。

  A. 葡萄糖酸亚铁   B. 富马酸亚铁

  C. 硫酸亚铁   D. 乙二胺四乙酸铁

4. 属于水溶性维生素的是 （   ）。

  A. 维生素 A   B. 维生素 C   C. 维生素 D   D. 维生素 E

5. 食品中钙质强化剂使用最多的品种是 （   ）。

  A. 磷酸氢钙   B. 乳酸钙   C. 葡萄糖酸钙   D. 碳酸钙

6. 下列营养素中，缺乏时可能会造成食欲不振甚至异食癖的是 （   ）。

  A. 锌   B. 铁   C. 钙   D. 碘

二、简答题

营养强化剂的使用方法有哪些?

书网融合……

  本章小结   微课   题库

第十三章

其他食品添加剂

 学习目标

知识目标

1. **掌握** 膨松剂的特性与应用；常见的助滤剂、抗结剂；水分保持剂在食品加工的应用；消泡剂的作用机制。

2. **熟悉** 膨松剂的概念与分类；抗结剂的特点和用途；水分保持剂的概念、作用机制和常见的水分保持剂；化学消泡剂的必备条件；胶姆糖基础剂的分类。

3. **了解** 常见的膨松剂；助滤剂、抗结剂的概念；消泡剂的概念和常见的消泡剂；胶姆糖基础剂的概念。

能力目标

1. 熟练掌握膨松剂、助滤剂、抗结剂、水分保持剂、消泡剂的使用方法。

2. 掌握抗结剂、水分保持剂的制备方法。

素质目标

1. 培养互助合作的团队精神和创新精神。

2. 培养食品安全意识。

第一节 膨松剂 e 微课

PPT

 情境导入

情境 油条、面点、饼干和面包是人们所熟知和喜爱的食物，这类食物在加工时，会加入膨松剂，使得产品质地蓬松口感更好，我国准许使用的蓬松剂有碳酸氢钠、碳酸氢铵、磷酸氢钙、硫酸铝钾（钾明矾）、碳酸钾、沉淀碳酸钙、复合疏松剂等。近年来的研究表明，膨松剂中的铝对人体健康不利，因而人们正在研究减少硫酸铝钾和硫酸铝铵等在食品生产中的应用，并探索用新的物质和方法取代其应用，尤其是取代在油条中的应用。

问题 1. 过量食用膨松剂会有哪些危害？

2. 食品加工过程中如何正确使用膨松剂？

一、膨松剂的概念、作用

膨松剂又称膨胀剂、疏松剂或面团调节剂，是在饼干、面包、馒头、糕点等以小麦粉为主的焙烤食品及膨化食品制作过程中，使其体积膨胀与结构疏松的食品添加剂。当面坯在烘焙加工时，由膨松剂产生的气体受热膨胀，使面坯起发膨松，体积胀大，从而使制品的内部形成均匀致密海绵状、多孔状组织结构。膨松剂主要用于焙烤食品的生产，它不仅可以提高食品的感官质量，使食品具有酥脆、松软或柔软等特征，而且也有利于食品的水化吸收，在面包、苏打饼干、薄脆饼干制作时，面包和酵母是调制发酵面团必不可少的原料。膨松剂亦用于水产品、豆制品、羊奶和代乳品等。

膨松剂能使食品体积膨大，主要是因为它使食品产生了松软的海绵状多孔组织，使其口感饱满松软。这种海绵状多孔组组织能使咀嚼时唾液迅速渗入食品的海绵组织中，用唾液分解出食品内的可溶性物质，刺激味蕾，使人们能更迅速地品尝到该食品的风味。此后食品进入人体的胃器官，疏松柔软的海绵状的食品组织能使各种消化酶以最快的速度进入其中，食品就能够被人体很快的消化和吸收，从而避免了食品营养素在人体消化过程的损失。

二、膨松剂的分类

膨松剂可分为生物膨松剂（酵母）和化学膨松剂两大类。其中，化学膨松剂可分为碱性膨松剂、酸性膨松剂、复合膨松剂3类。生物膨松剂主要是指鲜酵母、活性干酵母、活性即发干酵母等。

（一）生物膨松剂的种类

1. 鲜酵母　是酵母液经除去一定量水分后压榨而成，含水量在72%～73%。主要特点是酵母活性和发酵力都较低；发酵速度慢，活性不稳定；储藏条件不当，储藏时间延长，活性迅速下降；保质期短，储存条件严格，鲜酵母的储藏期仅20～30天，保质期一般7天，需要放在−4～4℃的储藏环境。使用前需活化处理，用30～35℃的温水活化10～15分钟；价格便宜。

2. 活性干酵母　是由鲜酵母经低温干燥而成。比鲜干酵母使用更方便，活性较稳定，发酵力高；使用前需用30℃温水溶解并放置10分钟左右，使其活化。

3. 即发干酵母　是一种高温性新型干酵母。与鲜酵母、活性干酵母相比，活性特别高且活性稳定。在真空包装条件下可保质3～5年。不用低温储藏；发酵速度快，能大大缩短发酵时间，特别适合快速发酵工艺；使用前不需活化处理，使用更方便。即发干酵母有高糖型和低糖型之分，在选用时要根据产品配方和生产工艺进行选择。

（二）化学膨松剂

化学膨松剂也称合成膨胀剂，分为单一膨松剂和复合膨松剂两类。

1. 单一成分膨松剂　根据其水溶液成碱性可归类为碱性膨松剂。常用单一成分膨松剂（碱性）为碳酸氢钠（$NaHCO_3$）和碳酸氢铵（NH_4HCO_3）。

（1）碳酸氢钠　俗称"小苏打"、重碳酸钠、酸式碳酸钠，相对分子质量84.01。

1）性状与性能　白色结晶性粉末，无臭。在潮湿空气中或热空气中，碳酸氢钠开始逐渐分解，生成二氧化碳和水。熔点270℃，温度加热到50℃时开始分解并放出二氧化碳，至270～300℃时，成为碳酸钠。易溶于水（9.6%，20℃）在水中的溶解度小于碳酸钠，呈碱性（pH 7.9～8.4），不溶于乙醇。遇酸立即分解而释放二氧化碳气体。碳酸氢钠单独作用时，因受热分解而呈强碱性，使用不当时，会使成品表面呈黄色斑点。碳酸氢钠容易破坏面团中的维生素，最好与酸性膨松剂合用。

2）安全性　大鼠经口 LD_{50} 为4.3 g/kg（体重）。由于钠离子为人体正常需要，一般认为无毒，ADI不作特殊规定（FAO/WHO，1994）。

3）应用　《食品安全国家标准　食品添加剂使用标准》（GB 2760—2024）规定：大米（仅限发酵大米制品）和婴幼儿谷类辅助食品，按生产需要适量使用。

（2）碳酸氢铵　也称重碳酸铵、酸式碳酸铵、食臭粉。化学式 NH_4HCO_3，相对分子质量79.06。

1）性状与性能　无色至白色结晶或白色结晶性粉末，略带氨臭，相对密度1.586。在室温下稳定，在空气中易风化，稍吸湿，对热不稳定，60℃以上挥发，分解为氨、二氧化碳和水。易溶于水，水溶液呈碱性。可溶于甘油，不溶于乙醇。

2）安全性　小鼠静脉注射LD_{50}为245 mg/kg（体重），ADI不作特殊规定（FAO/WHO，1994）。

3）应用　《食品安全国家标准　食品添加剂使用标准》（GB 2760—2024）规定：婴幼儿谷类辅助食品，按生产需要适量使用。

2. 复合膨松剂　即俗称的发酵粉、泡打粉、发泡粉。复合膨松剂一般由3部分组成：碱性剂、酸性剂和填充剂。碱性剂主要成分是碳酸盐类，其用量占20%~40%，其作用是与酸反应产生二氧化碳。酸性物质用量占35%~50%，它与碳酸氢盐发生反应产生气体，并降低成品的碱性。填充剂主要是淀粉、脂肪酸等成分，共用量占10%~40%，作用在于增加膨松剂的保存性，防止吸潮结块和失效，也有调节气体产生的速度或使产生的气孔均匀等作用。

（1）碳酸氢钾　又名酸式碳酸钾，俗称重碳酸钾。化学式$KHCO_3$，相对分子质量100.12。

1）性状与性能　无色透明单斜晶系结构，相对密度2.17，在空气中稳定，可溶于水，因水解而呈弱碱性，难溶于乙醇。100℃时开始分解，200℃时完全分解，失去二氧化碳和水而成碳酸钾。

2）安全性　ADI不作特殊规定（FAO/WHO，1994）。

3）应用　用作酸度调节剂。《食品安全国家标准　食品添加剂使用标准》（GB 2760—2024）规定：婴幼儿配方食品，可按生产需要适量使用

（2）硫酸铝钾　也称钾明矾、烧明矾、明矾、钾矾。化学式$AIK(SO_4)_2·12H_2O$，相对分子质量474.3（含水），258.2（无水）。

1）性状与性能　无色透明结晶或白色结晶性粉末、片、块，无臭，相对密度1.757（20℃），熔点92.5℃，略有甜味和收敛涩味。在空气中可风化成不透明状、加热至200℃以上因失去结晶水而成为白色粉状的烧明矾。可溶于水，溶解度随水温升高而显著增大，在水中可水解生成氢氧化铝胶状沉淀。可缓慢溶于甘油，几乎不溶于乙醇。

2）安全性　猫经口LD_{50}为5~10 g/kg（体重），ADI不作特殊规定（FAO/WHO，1994）。

3）应用　用作膨松剂、稳定剂。《食品安全国家标准　食品添加剂使用标准》（GB 2760—2024）规定：豆类制品、粉丝、粉条、面糊（如用于鱼和禽肉的拖面糊）、裹粉、煎炸粉、油炸面制品、虾味片、焙烤食品、腌制水产品（仅限海蜇），按生产需要适量使用。

（3）硫酸铝铵　也称铵明矾、彼矾、铝彼矾。化学式$AINH(SO)_2·12H_2O$，相对分子质量453.32（十二水物）、237.15（无水物）。

1）性状与性能　无色至白色结晶，结晶性粉末、片、块。相对密度1.465，熔点945℃，加热至250℃时即脱水成为白色粉末，即烧明矾。超过280℃则分解，并释放出氢氯气。易溶于水（18 g/100 mL，25℃），水溶液酸性，不溶于乙醇。

2）安全性　猫经口LD_{50}为8~10 g/kg（体重），ADI为10~0.6 g/kg（体重）（FAO/WHO，1994）。

3）应用　用作膨松剂、稳定剂。《食品安全国家标准　食品添加剂使用标准》（GB 2760—2024）规定：豆类制品、粉丝、粉条、面糊（如用于鱼和禽肉的拖面糊）、裹粉、煎炸粉、油炸面制品、虾味片、焙烤食品、腌制水产品（仅限海蜇），按生产需要适量使用。

（4）酒石酸氢钾　也称酸式酒石酸钾、酒石，化学式$C_4H_5O_6K$，相对分子质量188.18。

1）性状与性能　无色结晶或白色结晶性粉末，无臭，有清凉的酸味。强热后炭化，且具有砂糖烧焦气味。相对密度1.956。难溶于冷水，可溶于热水，不溶于乙醇。饱和水溶液pH为3.66（17℃）。

2）安全性　小鼠经口LD_{50}为6.81 g/kg（体重）。

3）应用 用作膨松剂。《食品安全国家标准 食品添加剂使用标准》（GB 2760—2024）规定：可用于小麦粉及其制品［小麦粉、生湿面制品（如面条、饺子皮、馄饨皮、烧麦皮）、生干面制品除外］、焙烤食品，按生产需要适量使用。其他使用参考，用于焙烤食品的复合膨松剂，其含量为10%～25%。在果酱中作为酸度调节剂时，多与其他酸配合，使 pH 保持在 2.8～3.5。

（5）磷酸氢钙 也称磷酸一氢钙，化学式 $CaHPO_4 \cdot 2H_2O$，相对分子质量 172.09（含水）、136.06（无水）。

1）性状与性能 无水物或含两分子水的水合物，白色粉末，无臭、无味，在空气中稳定，几乎不溶于水（0.02%，25 ℃），易溶于稀盐酸、稀硝酸和乙酸，不溶于乙醇。

2）安全性 ADI 为 70 mg/kg（体重）（FAO/WHO，1994）。

3）应用 用作膨松剂。《食品安全国家标准 食品添加剂使用标准》（GB 2760—2024）规定：乳及乳制品、水油状脂肪乳化制品（黄油和浓缩黄油除外）、脂肪乳化制品，包括混合的或调味的脂肪乳化制品、冷冻饮品、蔬菜罐头、可可制品、巧克力和巧克力制品（包括代可可脂巧克力及制品）以及糖果、小麦粉及其制品（生面干制品除外）、面糊（如用于鱼和禽肉的拖面糊）、裹粉、煎炸粉、杂粮粉、食用淀粉、即食谷物包括碾轧燕麦（片）、方便米面制品、冷冻米面制品，最大使用量为 5.0 g/kg；油炸坚果与料类、膨化食品，最大使用量为 2.0 g/kg；米粉、八宝粥、罐头、谷类和淀粉类制品、婴幼儿配方食品、婴幼儿辅助食品、预制水产品（半产品）、水产品罐头，最大使用量为 1.0 g/kg；冷冻薯条、冷冻薯饼、杂粮甜品罐头，最大使用量为 1.5 g/kg。FAO/WHO 规定：可作为稳定剂用于乳制品；淡炼乳、甜炼乳、稀奶油，最大使用量为 2 g/kg；与其他稳定剂合用为 5 g/kg（以上均按无水物计）；加工干酪为 9 g/kg（总磷酸盐，以总磷计）。

（6）碳酸钙（包括轻质和重质碳酸钙） 轻质碳酸钙也称沉淀碳酸、轻质碳酸钙，化学式 $CaCO_3$，相对分子质量 100。

1）性状与性能 白色微晶粉末，无臭、无味。熔点 825 ℃，变成二氧化碳和氧化钙。在空气中稳定，溶于稀乙酸、稀盐酸和稀硝酸，并产生二氧化碳。难溶于稀硫酸，几乎不溶于水和乙醇。若有铵盐或二氧化碳存在，可增大其在水中的溶解度。任何碱金属氢氧化物的存在，均可降低其溶解度。

2）安全性 大鼠经口 LD_{50} 为 6450 mg/kg（体重），ADI 不作特殊规定（FAO/WHO，1994）。

3）应用 用作膨松剂、面粉处理剂。《食品安全国家标准 食品添加剂使用标准》（GB 2760—2024）规定：可按生产需要适量用于各类食品中。FAO/WHO（1983）规定：用于可可粉及含糖可可豆粉、可可块和可可油饼为 50 g/kg（单用或与氢氧化物、碳酸氢盐合用，以无脂可可为基础，按 K_2CO_3 计）；加工干酪为 40 g/kg（单用或与其他酸化剂、乳化剂合用，以无水物计）；淡炼乳、甜炼乳、稀奶油为 2 g/kg（单用或与其他稳定剂合用，以无水物计）；果酱和果冻为 200 mg/kg（单用或与其他凝固剂合用，以 Ca 计）。可与其他成分组成复合膨松剂使用，用于面包面条及婴幼儿食品等，使用量按钙计为 3 g/kg；强化固体饮料时，按钙计为 20 g/kg。

第二节 助滤剂

PPT

一、助滤剂的概念

在食品加工过程中，以帮助食品过滤为目的而加入食品中的添加物为助滤剂，它们亦具有吸附作用。助滤剂与滤浆中的固形物共同堆积在原有的预涂层或滤层表面形成新的滤层，从而使过滤能够保持相对稳定的过滤速度。助滤剂加入待滤的溶液中，能吸附凝聚微细的固体粒子，不仅使滤速加快，而且容易滤清。

二、常见的助滤剂

食品加工中常见的助滤剂有硅藻土、活性炭、高岭土、硅酸钙、食用单宁、聚丙烯酰胺、聚苯乙烯和植物活性炭（稻壳活性炭）等。

（一）活性炭

活性炭，又称活性碳。为黑色粉末状或块状、颗粒状、蜂窝状的无定形碳，也有排列规整的晶体碳。活性炭是以竹、木、果壳等有机物为原料，经炭化、活化、精制等工序制成。由少量氢、氧、硫等与碳原子化合而成，有多孔结构，对气体、蒸气或胶态固体有强大的吸附能力，无臭，无味，不溶于水和任何有机溶剂。

本品一般用于原糖、葡萄糖、饴糖等的脱色，也可用于油脂和脂类的脱色、脱臭。活性炭除去糖中的焦糖色素、单宁色素、皮渣色素等效果好。对糖液中分解的氨基酸等含氮色素，即离子型色素、金属类阳离子型色素，使用活性炭效果不好，可采用离子交换树脂脱色。

用活性炭对淀粉糖浆进行脱色和提纯，其方法是在用活性炭脱色之前，首先将糖液中的胶黏物滤去，然后将其蒸发至糖液浓度为48%～52%，再加入一定量的活性炭进行脱色，并压滤以便将残存糖液中的一些微量色素脱去，得到无色澄清的糖液，同时它也有助于过滤。活性炭脱色是由其吸附作用所致，影响其吸附作用的因素较多，使用时应注意以下几点。

1. 温度 温度高，糖液黏度小，使杂质容易渗透入炭的组织内部，杂质被吸附的速度和数量相应提高。但温度过高会使糖液炭化、分解，所以温度也不宜过高，一般以70～80 ℃为宜。

2. 搅拌 为了使糖液充分与活性炭接触，以发挥活性炭的脱色作用，必须有一定的搅拌速度，通常为100～120 r/min。

3. pH 脱色效率 一般在酸性条件下较好，适宜范围为 pH 4.0～4.8，不宜太低。

4. 时间 若使活性炭发挥其吸附作用，必须经一定的时间才能使杂质充分渗入碳粒内部，一般为30分钟。

5. 糖液浓度 一般浓度为48%～52%，浓度太低，效果不好；浓度过高，难以脱色。本品 ADI 不作特殊规定。

（二）硅藻土

由硅藻类的遗骸堆积海底而成的一种沉积岩，主要成分为二氧化硅的水合物。

本品为黄色或浅灰色粉末，多孔且轻，有强吸水性，能吸收自身重量1.5～4.0倍的水。硅藻土与高岭土等不溶性矿物质一样，除非常必要的情况外，不得用于食品加工，在成品中应将其去除。粉末糖浆的脱色，若采用硅藻土、高岭土等吸附糖液中的胶黏物质，可提高活性炭的脱色率。用于葡萄酒、啤酒等的过滤也有效。

（三）高岭土

别名白陶土、瓷土，其主要成分为含水硅酸铝，是由在江西景德镇附近的高岭地方发现、而得名的高岭石粉碎制得。纯净的高岭土为白色粉末，不溶于水、乙醇、稀酸和稀碱，但易分散在水中或其他液体中，有土味。

本品既有助滤、脱色作用，还可作抗结剂、沉降剂等。我国有些地区用高岭土作为沉淀剂，促进葡萄酒的澄清，每100 L酒中，用高岭土500 g，加水1000 mL，打成均匀泥浆，加入葡萄酒充分搅拌，使其自然澄清。其缺点是澄清很慢，需3～4周，且高岭土若含微量元素铁时，会使酒变黑，故必须使用纯净的高岭土。

（四）凹凸棒黏土

凹凸棒黏土是一种富镁黏土矿物。

1. 性状与性能　凹凸棒黏土呈青灰、灰白或鹅蛋清色纤维状、棒状，集合体呈束状、交织状。纤维长约 5 m，平行消光，有滑感。湿时具黏性与可塑性，浸入水中崩散成黏状。有较强的吸附能力和脱色能力，并有吸毒作用，能除去食油中黄曲霉毒素、农药等有害成分。

2. 毒性　大鼠口服 $LD_{50} > 24000$ mg/kg（体重），小鼠口服 $LD_{50} > 24700$ mg/kg（体重）。ADI 为 99.1 mg/kg。

3. 使用建议　《食品安全国家标准　食品添加剂使用标准》（GB 2760—2024）规定该产品用作助滤剂、吸附剂，主要用于油脂的加工，添加量按生产需要适量使用。

此外，我国列为加工助剂的一些产品如纤维素粉、珍珠岩也可作为助滤剂，如用于啤酒的净化等。

第三节　抗结剂

PPT

一、抗结剂的概念、特点

颗粒状和粉末状食品常因其颗粒细微、松散多孔、吸附力强，易吸附水分、油脂而形成结块，失去其松散、自由流动的性状，轻则降低食品质量，重则失去使用价值。为防止这种现象发生，保持食品的初始颗粒或粉末状态，需要在食品生产过程中添加抗结剂。

抗结剂亦称抗结块剂，用于防止颗粒或粉末状食品聚集结块，保持其松散或自由流动的物质。抗结剂的主要特点是颗粒细小，粒径为 2~9 μm；表面积大，比表面积为 310~675 m²/g，因此它具有微细多孔性。这种微细的孔隙能吸附引起结块的水分或液体油脂，水分或油脂进入孔隙后，被牢固地吸附于空隙的壁面，从而使颗粒或粉末食品的表面保持干爽、无油腻，达到防止食品结块的目的。

二、常见的抗结剂

GB 2760—2024 允许使用的抗结剂有亚铁氰化钾、磷酸三钙、二氧化硅和微晶纤维素等。抗结剂品种很多，除我国准许使用的以外，国外允许使用的还有硅酸铝、硅铝酸钙、硬脂酸钙、硬脂酸镁、碳酸镁、氧化镁、硅酸、磷酸镁、高岭土、滑石粉、亚铁氰化钠、硅铝酸钠镁等。

（一）亚铁氰化钾

亚铁氰化钾别名黄血盐，分子式 $K_4Fe(CN)_6 \cdot 3H_2O$，相对分子质量 422.42。

1. 性状与性能　浅黄色单斜体结晶或粉末，无臭，略有咸味，相对密度 1.85。常温下稳定，加热至 70 ℃开始失去结晶水，100 ℃时完全失去结晶水而变为具有吸湿性的白色粉末。高温下发生分解，放出氮气，生成氰化钾和碳化铁。溶于水，不溶于乙醇、乙醚、乙酸甲酯和液氨。其水溶液遇光分解为氢氧化铁，与过量 Fe^{3+} 反应，生成普鲁士蓝颜料。亚铁氰化钾具有抗结性能，可用于防止细粉、结晶性食品板结。食盐久置易发生板结成块，为防止板结可加入抗结剂亚铁氰化钾。亚铁氰化钾作为食盐的抗结剂，能使食盐的正六面体结晶转变为星状结晶，而不易发生结块。

2. 安全性　大鼠经口 LD_{50} 为 1.6~3.2 g/kg（体重），ADI 为 0~0.25mg/kg（FAO/WHO，1974）。

3. 应用　《食品安全国家标准　食品添加剂使用标准》（GB 2760—2024）规定：盐及代盐制品，最大使用量为 0.01 g/kg，以亚铁氰根计。

（二）磷酸三钙

磷酸三钙又称磷酸钙、沉淀磷酸钙，实际为几种磷酸钙的混合物，大致组成为 $10CaO \cdot 3P_2O_5 \cdot H_2O$，化学式 $Ca_3(PO_4)_2$，相对分子质量 310.18。

1. 性状与性能 白色粉末或白色晶体，无味无臭，在空气中稳定，存在多种晶型转变，主要分为低温 β 相（$\beta - TCP$）和高温 α 相（$\alpha - TCP$），相转变温度为 1120～1170 ℃，熔点 1670 ℃，相对密度 3.14。几乎不溶于水，当水中含有 CO_2 时溶解度较高，可溶于稀盐酸和稀硝酸。磷酸三钙具有良好的抗结块性能，还有缓冲、调节酸度等性能，亦有补钙的作用。在人的骨骼中普遍存在，是一种良好的骨骼修复材料。

2. 安全性 FAO/WHO（1994）规定 ADI 为 0～70 mg/kg（以每日摄入总磷计）。美国 FDA（1994）将磷酸三钙列为 GRAS 物质。

3. 应用 《食品安全国家标准 食品添加剂使用标准》（GB 2760—2024）规定 [以磷酸根（PO_4^{3-}）计]：预制水产品（半成品）、水产品罐头、婴幼儿配方食品、婴幼儿辅助食品、谷类和淀粉类甜品（如米布丁、木薯布丁）（仅限谷类甜品罐头）、米粉（包括汤圆粉等），最大使用量为 1.0 g/kg；杂粮罐头、其他杂粮制品（仅限冷冻薯类制品），最大使用量为 1.5 g/kg；膨化食品、熟制坚果与籽类（仅限油炸坚果与籽类），最大使用量为 2.0 g/kg；乳及乳制品、水油状脂肪乳化制品（黄油和浓缩黄油除外）、脂肪乳化制品包括混合的和（或）调味的脂肪乳化制品、冷冻饮品（食用冰除外）、蔬菜罐头、可可制品、巧克力和巧克力制品（包括代可可脂巧克力及制品）以及糖果、小麦粉及其制品（生干面制品除外）、面糊（如用于鱼和禽肉的拖面糊）、裹粉、煎炸粉、杂粮粉、食用淀粉、即食谷物包括碾轧燕麦（片）、方便米面制品、冷冻米面制品、预制肉制品、熟肉制品、冷冻水产品、冷冻水产糜及制品（包括冷冻丸类产品等）、热凝固蛋制品（如蛋黄酪、松花蛋肠）、饮料类 [包装饮用水、果蔬汁（浆）、浓缩果蔬汁（浆）除外]、果冻，最大使用量为 5.0 g/kg；乳粉和奶油粉、调味糖浆，最大使用量为 10.0 g/kg；再制干酪，最大使用量为 14.0 g/kg；焙烤食品，最大使用量为 15.0 g/kg；复合调味料、其他油脂或油脂制品（仅限植脂末），最大使用量为 20.0 g/kg；其他固体复合调味料（仅限方便湿面调味料包），最大使用量为 80.0 g/kg。

（三）二氧化硅

二氧化硅，纯二氧化硅无色，常温下为固体，化学式 SiO_2，相对分子质量 60.08。不溶于水，不溶于酸，但溶于氢氟酸及热浓磷酸，能和熔融碱类起作用。自然界中存在结晶二氧化硅和无定形二氧化硅两种。

1. 性状与性能 食品抗结剂用二氧化硅为无定形物质，有胶体硅和湿法硅两种。胶体硅为白色、蓬松、无砂的微细粉末。湿法硅为白色、蓬松粉末或白色微孔颗粒，无臭、无味，相对密度 2.2～2.6，熔点 1710 ℃。不溶于水、酸或有机溶剂，溶于氢酸和热浓碱液。二氧化硅能从环境中吸收水分，使食品表面保持干爽而起到抗结作用。

2. 安全性 大鼠经口 $LD_{50} > 5$ g/kg。

3. 应用 《食品安全国家标准 食品添加剂使用标准》（GB 2760—2024）规定：可用于乳粉（包括加糖乳粉）和奶油粉及其调制产品、其他油脂或油脂制品（仅限植脂末）、其他豆制品（仅限豆腐花粉、大豆蛋白粉和调配大豆蛋白粉）、可可制品（包括以可可为主要原料的脂、粉、浆、酱、馅等）、脱水蛋制品（如蛋白粉、蛋黄粉、蛋白片）、其他甜味料（仅限糖粉）和固体饮料，最大使用量为 15.0 g/kg；面糊（如用于鱼和禽肉的拖面糊）、裹粉、煎炸粉、盐及代盐制品、香辛料类和固体复合调味料，最大使用量为 20.0 g/kg；冷冻饮品（食用冰除外），最大使用量为 0.5 g/kg；原粮，最大使用量为 1.2 g/kg；其他特殊膳食用食品（仅限 1～10 岁特殊医学用途配方食品），最大使用量为 10 g/kg。

（四）微晶纤维素

微晶纤维素是一种纯化的、部分解聚的纤维素，白色、无臭、无味，由多孔微粒组成的结晶粉末。微晶纤维素广泛应用于制药、化妆品、食品等行业，不同的微粒大小和含水量有不同的特征和应用范围。微晶纤维素主要成分为以 $\beta-1,4$ 糖苷键结合的直链式多糖类物质。聚合度为 3000～10 000 个葡萄糖分子。在一般植物纤维中，微晶纤维素约占 73%，另 30% 为无定形纤维素。

1. 性状与性能　白色或近似白色的细微粉末，易流动，无臭无味，压制成小片状的微晶纤维素在水中能迅速分散。不溶于水、稀酸、稀碱及多种有机溶剂，能吸水膨胀。在食品加工中添加微晶纤维素能防止食品结块，使其松散、均匀分布并且无副作用。

2. 安全性　小鼠经口 $LD_{50} > 21.5$ g/kg。

3. 应用　《食品安全国家标准　食品添加剂使用标准》（GB 2760—2024）规定：稀奶油，按生产需要量使用。其他使用参考：在冰淇淋中使用可提高整体乳化效果，防止冰碴形成，改善口感。与羧甲基纤维素合用可增加乳饮料中可可粉的悬浮性。

PPT

第四节　水分保持剂

一、水分保持剂的概念、特点

水分保持剂主要用于保持食品的水分。水分保持剂是指在食品加工或生产中能提高和改善食品品质，维持食品中的水分稳定而加入的物质，主要用于肉类和水产品加工中保持水分稳定和有较高持水性的酸盐。水分保持剂能提高肉类的 pH，使其偏离肉蛋白质的等电点，解离肌肉蛋白质中肌动球蛋白。食品可通过保水、保湿、黏结、填充、增塑、稠化、增容、改善流变性能和螯合金属离子等来改良食品品质，即改进感官质量和理化质量。

二、常见的水分保持剂

（一）磷酸三钾

磷酸三钾又称磷酸钾，为白色的斜方晶系结晶，在空气中易潮解，对热很稳定，可溶于水，不溶于乙醇，其水溶液呈强碱性。磷酸钾是肉制品的品质改良剂，亦作为膨松剂的酸性盐使用。

磷酸钾也是碱水的成分，在福建、台湾用于面条，使用很广，它可使蛋白质更具弹性，而且可增加风味以及使面条颜色变黄等。

（二）磷酸三钠

磷酸三钠又称磷酸钠、正磷酸钠。

1. 性状与性能　白色均匀晶体粉末或结晶。密度为 1.62 g/cm³。熔点 73.3～76.7 ℃。在干燥空气中风化，并易吸收空气中的二氧化碳。易溶于水，不溶于乙醇。磷酸三钠在水中解离为磷酸氢二钠和氢氧化钠，为强碱性反应。用作水分保持剂，具有持水、结着、乳化、络合金属离子、改善色调和色泽、调整 pH 和组织结构等作用。此外，磷酸三钠还具有缓冲、乳化等作用，也是营养增补剂。

2. 安全性　土拨鼠经口 $LD_{50} > 2$ g/kg（体重），ADI 为 0～70 mg/kg（FAO/WHO，1985）。

3. 应用　《食品安全国家标准　食品添加剂使用标准》（GB 2760—2024）规定［以磷酸根

（PO_4^{3-}）计]：预制水产品（半成品）、水产品罐头、婴幼儿配方食品、婴幼儿辅助食品、谷类和淀粉类甜品（如米布丁、木薯布丁）（仅限谷类甜品罐头）、米粉（包括汤圆粉等），最大使用量为 1.0 g/kg；杂粮罐头、其他杂粮制品（仅限冷冻薯类制品），最大使用量为 1.5 g/kg；膨化食品、熟制坚果与籽类（仅限油炸坚果与籽类），最大使用量为 2.0 g/kg；乳及乳制品，水油状脂肪乳化制品（黄油和浓缩黄油除外），脂肪乳化制品包括混合的和（或）调味的脂肪乳化制品，冷冻饮品（食用冰除外），蔬菜罐头，可可制品、巧克力和巧克力制品（包括代可可脂巧克力及制品）以及糖果，小麦粉及其制品（生干面制品除外），面糊（如用于鱼和禽肉的拖面糊）、裹粉、煎炸粉、杂粮粉，食用淀粉，即食谷物包括碾轧燕麦（片），方便米面制品，冷冻米面制品，预制肉制品，熟肉制品，冷冻水产品，冷冻水产糜及制品（包括冷冻丸类产品等），热凝固蛋制品（如蛋黄酪、松花蛋肠），饮料类［包装饮用水、果蔬汁（浆）、浓缩果蔬汁（浆）除外］，果冻，最大使用量为 5.0 g/kg；乳粉和奶油粉、调味糖浆，最大使用量为 10.0 g/kg；再制干酪，最大使用量为 14.0 g/kg；焙烤食品，最大使用量为 15.0 g/kg；复合调味料、其他油脂或油脂制品（仅限植脂末），最大使用量为 20.0 g/kg；其他固体复合调味料（仅限方便湿面调味料包），最大使用量为 80.0 g/kg。

（三）六偏磷酸钠

六偏磷酸钠相对分子质量 611.17，吸湿性很强，置于空气中能逐渐吸收水分而呈黏胶状物。与钙、镁等金属离子能生成可溶性络合物。

1. 性状与性能 无色或白色玻璃状无定形固体，为片状、纤维状体或粉末。密度 2.5，熔点 616 ℃。易溶于水，在水溶液中与金属离子形成络合物，2 价金属离子的络合物较 1 价的稳定；不溶于乙醇、乙醚等有机溶剂。六偏磷酸钠具有较强的分散性和乳化性能，此外与金属离子的络合作用较其他缩合磷酸盐强，应用广泛。

2. 安全性 大鼠腹腔 LD_{50} 为 6200 mg/kg；小鼠经口 LD_{50} 为 4320 mg/kg；小鼠皮下 LD_{50} 为 1300 mg/kg；小鼠腹腔 LD_{50} 为 870 mg/kg；小鼠注射 LD_{50} 为 62 mg/kg；兔子注射 LD_{50} 为 140 mg/kg；误服六聚偏磷酸钠，能引起严重的中毒现象，甚至死亡。

3. 应用 《食品安全国家标准 食品添加剂使用标准》（GB 2760—2024）规定［以磷酸根（PO_4^{3-}）计]：预制水产品（半成品）、水产品罐头、婴幼儿配方食品、婴幼儿辅助食品、谷类和淀粉类甜品（如米布丁、木薯布丁）（仅限谷类甜品罐头）、米粉（包括汤圆粉等），最大使用量为 1.0 g/kg；杂粮罐头、其他杂粮制品（仅限冷冻薯类制品），最大使用量为 1.5 g/kg；膨化食品、熟制坚果与籽类（仅限油炸坚果与籽类），最大使用量为 2.0 g/kg；乳及乳制品，水油状脂肪乳化制品（黄油和浓缩黄油除外），脂肪乳化制品包括混合的和（或）调味的脂肪乳化制品，冷冻饮品（食用冰除外），蔬菜罐头，可可制品、巧克力和巧克力制品（包括代可可脂巧克力及制品）以及糖果，小麦粉及其制品（生干面制品除外），面糊（如用于鱼和禽肉的拖面糊）、裹粉、煎炸粉、杂粮粉，食用淀粉，即食谷物包括碾轧燕麦（片），方便米面制品，冷冻米面制品，预制肉制品，熟肉制品，冷冻水产品，冷冻水产糜及制品（包括冷冻丸类产品等），热凝固蛋制品（如蛋黄酪、松花蛋肠），饮料类［包装饮用水、果蔬汁（浆）、浓缩果蔬汁（浆）除外］，果冻，最大使用量为 5.0 g/kg；乳粉和奶油粉、调味糖浆，最大使用量为 10.0g/kg；再制干酪，最大使用量为 14.0 g/kg；焙烤食品，最大使用量为 15.0 g/kg；复合调味料、其他油脂或油脂制品（仅限植脂末），最大使用量为 20.0 g/kg；其他固体复合调味料（仅限方便湿面调味料包），最大使用量为 80.0 g/kg。

（四）三聚磷酸钠

三聚磷酸钠为一类无定形水溶性线状聚磷酸盐，两端以 Na_2PO_4 终止，化学式 $Na_5P_3O_{10}$，相对分子质量 367.86。常用于食品中，作水分保持剂、品质改良剂、pH 调节剂、金属螯合剂。

1. 性状与性能 白色晶体颗粒或晶体粉末，为链状结构。分无水物和六水合物两种，无水物的临界点为417 ℃，熔点622 ℃。易溶于水，溶解度13 g/100 mL（25 ℃），水溶液是碱性，1%水溶液的pH约9.5。三聚磷酸钠在水中发生水解，水解产物为焦磷酸根，磷酸根和钠等离子。三聚磷酸钠具有离子交换性能，可使悬浮液变成澄清溶液。

三聚磷酸钠能与铁、铜、镍重金属离子、碱土金属离子等形成稳定的水溶性络合物，对乳状液体系有稳定作用，对硬水有软化作用，对蛋白质有促进保水作用和结着作用，对脂肪有乳化作用。因此，肉类食品中加三聚磷酸钠有利于提高制品品质，如使外形规整、肉质鲜嫩、色泽光亮等。用于水果蔬菜，可使其外表的果胶酸钙、草酸钙分离，促进外皮软化。

2. 安全性 大鼠经口 LD_{50} 为 4 g/kg，大鼠腹腔注射 LD_{50} 为 134 mg/kg，小鼠经口 LD_{50} 为 3.21 g/kg。

3. 应用 《食品安全国家标准 食品添加剂使用标准》（GB 2760—2024）规定［以磷酸根（PO_4^{3-}）计］：预制水产品（半成品）、水产品罐头、婴幼儿配方食品、婴幼儿辅助食品、谷类和淀粉类甜品（如米布丁、木薯布丁）（仅限谷类甜品罐头）、米粉（包括汤圆粉等），最大使用量为 1.0 g/kg；杂粮罐头、其他杂粮制品（仅限冷冻薯类制品），最大使用量为 1.5 g/kg；膨化食品、熟制坚果与籽类（仅限油炸坚果与籽类），最大使用量为 2.0 g/kg；乳及乳制品，水油状脂肪乳化制品（黄油和浓缩黄油除外），脂肪乳化制品包括混合的和（或）调味的脂肪乳化制品，冷冻饮品（食用冰除外），蔬菜罐头，可可制品、巧克力和巧克力制品（包括代可可脂巧克力及制品）以及糖果，小麦粉及其制品（生干面制品除外），面糊（如用于鱼和禽肉的拖面糊）、裹粉、煎炸粉，杂粮粉，食用淀粉，即食谷物包括碾轧燕麦（片），方便米面制品，冷冻米面制品，预制肉制品，熟肉制品，冷冻水产品，冷冻水产糜及制品（包括冷冻丸类产品等），热凝固蛋制品（如蛋黄酪、松花蛋肠），饮料类［包装饮用水、果蔬汁（浆）、浓缩果蔬汁（浆）除外］，果冻，最大使用量为 5.0 g/kg；乳粉和奶油粉、调味糖浆，最大使用量为 10.0 g/kg；再制干酪，最大使用量为 14.0 g/kg；焙烤食品，最大使用量为 15.0 g/kg；复合调味料、其他油脂或油脂制品（仅限植脂末），最大使用量为 20.0 g/kg；其他固体复合调味料（仅限方便湿面调味料包），最大使用量为 80.0 g/kg。

第五节 消泡剂

PPT

一、消泡剂的概念、特点

在各类食品加工工艺中及以发酵方法制造食品时，起泡作用往往会造成危害。在加工植物性食品原料，如制糖工业中的甜菜时，一般先要洗涤根、茎、叶等；蔬菜在去皮、烹煮或煎炸前也要清洗。在这一过程中会产生大量泡沫，必须设法消除，以免物料随泡沫溢出浪费，并保证加工设备和车间地面清洁卫生。尤其是在加工高淀粉、高含量粉的植物性原料时，泡沫更多。此外，在罐头、饮料加工，调味品如油生产，葡萄酒、啤酒、味精等的生产发酵过程中都会产生有害的泡沫。为了消除上述这些有害泡沫的影响，应当使用消泡剂。消泡剂是在食品加工过程中降低表面张力，消除泡沫的物质。

二、常见的消泡剂

消泡剂多为液体复配产品，主要分为三类：矿物油类、有机硅类、聚醚类。①矿物油类消泡剂通常由载体、活性剂等组成。载体是低表面张力的物质，其作用是承载和稀释，常用载体为水、脂肪醇等；

活性剂的作用是抑制和消除泡沫，常用的有蜡、脂肪族酰胺、脂肪等。②有机硅类消泡剂一般包括聚二甲基硅氧烷等。有机硅类消泡剂溶解性较差，在常温下具有消泡速度很快、抑制泡沫较好，但在高温下发生分层、消泡速度较慢、抑制泡沫较差等特点。③聚醚类消泡剂包括聚氧丙烯、氧化乙烯甘油醚等。聚醚类消泡剂具有抑制泡沫时间长、效果好、消泡速度快、热稳定性好等特点。

（一）聚氧乙烯（20）山梨醇酐单油酸酯

聚氧乙烯（20）山梨醇酐单油酸酯，又名吐温80，分子式是 $C_{64}H_{124}O_{26}$。GB 25554—2010 规定适用于以山梨醇酐单油酸酯和环氧乙烷为原料，经加成反应制得的食品添加剂聚氧乙烯（20）山梨醇酐单油酸酯（吐温80）。

广泛用于制糖工艺、发酵工艺、提取工艺、果蔬汁（浆）饮料（最大使用量为 0.75 g/kg）、植物蛋白饮料（最大使用量为 2.0 g/kg）、豆类制品（最大使用量为 0.05 g/kg，以每千克豆类的使用量计）。

（二）聚氧乙烯聚氧丙烯季戊四醇醚

聚氧乙烯聚氧丙烯季戊四醇醚（PPE）。GB 30609—2014 规定聚氧乙烯聚氧丙烯季戊四醇醚用于以环氧丙烷、环氧乙烷、季戊四醇等多元醇为主原料，在催化剂存在下聚合而成的食品添加剂聚氧乙烯聚氧丙烯季戊四醇醚（PPE）。结构式 $C[CH_2O(C_3H_6O)_m(C_2H_4O)_nH]_4$，其中，氧化丙烯聚合度 m，10～20；氧化乙烯聚合度 n，0～5。平均相对分子质量 3000～5000。

1. 性状与性能　无色透明油状液体，难溶于水，能与低级脂肪醇、乙醚、丙酮、苯、甲苯、芳香族化合物等有机溶剂混溶，不溶于煤油等矿物油，与酸、碱不发生化学反应，热稳定性良好。

2. 安全性　大鼠口服 LD_{50} 为 10.8 g/kg（体重）（雌性）；14.7 g/kg（体重）（雄性）。小鼠口服 LD_{50} 12.6 g/kg（体重）（雌性）；17.1 g/kg（体重）（雄性）。

3. 应用　在味精生产中影响消泡效果的因素有其相对分子质量、HLB 值、使用浓度及温度等。相对分子质量在 3000 以上时，有良好的消泡效果，低于 3000，效果差。HLB 值在 3.5 以下，使用浓度为 40 mg/L，使用温度在 18 ℃时，其消泡效果最好。

（三）月桂酸

月桂酸，又称为十二烷酸，是一种饱和脂肪酸，分子式 $C_{12}H_{24}O_2$，相对分子质量 200.32。虽然名为月桂酸，但在月桂油含量中只占 1%～3%。天然品存在于椰子油及其他植物油中，目前发现月桂酸含量高的植物油有椰子油 45%～52%、油棕籽油 44%～52%、巴巴苏籽油 43%～44% 等。

1. 性状与性能　月桂酸为白色或淡黄色的结晶固体，稍有光泽，具有其特征气味。其熔点 44 ℃，沸点 229.8 ℃，相对密度 0.883。可溶于乙醇、乙醚和三氯甲烷，微溶于水。本品作为消泡剂性能良好，在食品中亦有抗结性。

2. 安全性　大鼠经口 LD_{50} 为 12 g/kg；小鼠静脉 LC_{50} 为 131 mg/kg。对眼睛、皮肤、黏膜和上呼吸道有刺激作用。

3. 应用　《食品安全国家标准　食品添加剂使用标准》（GB 2760—2024）规定：香辛料类，最大使用量为 5.0 g/kg；其他糖和糖浆［如红糖、赤砂糖、冰片糖、原糖、果糖（蔗糖来源）、糖蜜、部分转化糖、槭树糖浆等］，最大使用量为 6.0 g/kg；黄油和浓缩黄油，最大使用量为 20.0 g/kg；生干面制品，最大使用量为 30.0 g/kg；稀奶油、生湿面制品（如面条、饺子皮、馄饨皮、烧麦皮）、婴幼儿配方食品、婴幼儿辅助食品，按生产需要适量使用。

第六节　胶姆糖基础剂

一、胶姆糖基础剂的概念

《食品安全国家标准　食品添加剂使用标准》（GB 2760—2024）中其他食品添加剂不包括原有的胶姆糖基础剂，调整由其他相关标准进行规定。

根据《食品安全国家标准　食品添加剂　胶基及其配料》（GB 29987—2024），胶基（又名胶姆糖基础剂或胶基糖果中基础剂物质）是以橡胶、树脂、蜡等物质经过配合制成的用于胶基糖果生产的物质。胶基必须是惰性物质，不易溶于唾液。胶基分为泡泡胶、软性泡泡胶、酸味软性泡泡胶、香口胶、无糖泡泡胶、酸味香口胶、无糖香口胶等。

二、常见的胶姆糖基础剂

（一）紫胶

紫胶是紫胶虫吸取寄主树树液后分泌出的紫色天然树脂。又名虫胶、赤胶、紫草茸等。主要含有紫胶树脂、紫胶蜡和紫胶色素，原胶含树脂70%~80%、蜡质5%~6%、色素1%~3%、水分1%~3%，其余为虫尸、木屑、泥沙等杂质。虫尸和树脂中都含有色素。紫胶树脂是羟基脂肪酸和羟基倍半萜烯酸构成的脂和聚酯混合物。

1. 性状与性能　紫胶树脂中能溶于乙醚的称软树脂，约占30%；不溶于乙醚的称硬树脂，约占70%。紫胶色素是蒽醌类化合物，紫胶蜡主要由C_{28}到C_{34}的偶数碳原子脂肪醇和脂肪酸组成，其含量相应为77.2%和21%，说明其中有不少游离醇存在，蜡中的少量碳氢化合物主要是C_{27}和C_{29}烷。

2. 安全性　LD_{50}小鼠口服 >15 g/kg（体重）。

（二）硬脂酸

硬脂酸又名十八烷酸，化学式$C_{18}H_{36}O_2$，相对分子质量284.48。

1. 性状与性能　白色蜡状透明固体或微黄色蜡状固体。能分散成粉末，微带牛油气味。相对密度0.9408。不溶于水，稍溶于冷乙醇，加热时较易溶解。微溶于丙酮、苯，易溶于乙醚、三氯甲烷、热乙醇、四氯化碳、二硫化碳。

2. 安全性　小鼠、大鼠静脉注射LC_{50}为（23±0.7）mg/kg（体重）、（21.5±1.8）mg/kg（体重）。

（三）硬脂酸镁

硬脂酸镁主要成分为含不同比例的硬脂酸镁、棕榈酸镁的混合物。

1. 性状与性能　细小、白色的松散粉末，稍有特异气味，细腻无砂粒感，不得于水、醇、乙醚，溶于热乙醇。

2. 毒性　ADI 不作特殊规定（FAO/WHO，1994）。

（四）硬脂酸钙

硬脂酸钙主要成分为不同比例的硬脂酸钙与棕榈酸钙的混合物。

1. 性状与性能　白色至黄白色松散粉末，微有特异气味，细腻无砂粒感，不溶于水、乙醚，微溶于热乙醇。

2. 安全性　ADI 不作特殊规定（FAO/WHO，1994）。

（五）聚乙烯

聚乙烯（Polyethylene）相对分子质量 2000 ~ 210 000。

1. 性状与性能　白色或米黄色粉末，无味。

2. 安全性　小鼠经口 LD_{50} 为 14 270 mg/kg，大鼠经口 LD_{50} 为 23 854 mg/kg，豚鼠经口 LD_{50} 为 18 750 mg/kg。

（六）聚异丁烯

聚异丁烯相对分子质量 10 000 ~ 8000。

1. 性状与性能　无色至淡黄色黏稠状液体或具弹性的橡胶状半固体。低相对分子质量级产品柔软而黏，高相对分子质量级产品坚韧而有弹性。无臭、无味，溶于苯和二异丁烯，不溶于水、醇，可与聚乙酸乙烯酯、蜡等互溶。可使胶姆糖在低温下具有好的柔软性，在高温时，有一定的可塑性。

2. 安全性　小鼠经口 LD_{50} 为 29 g/kg（体重）。

（七）聚丁烯

聚丁烯相对分子质量 500 ~ 5500。

1. 性状与性能　为无色至微黄色黏稠性液体，无味或稍有特异气味，溶于苯、石油醚、三氯甲烷、正庚烷和正乙烷，几乎不溶于水、丙酮和乙醇，相对密度 0.8 ~ 0.9，软化点 60 ℃。

2. 安全性　大鼠经口 LD_{50} 为 54 g/kg（体重），小鼠经口 LD_{50} 为 21.576 g/kg（体重）。

知识链接

发展紫胶产业助农增收

紫胶是由紫胶虫生活在寄主植物上分泌的纯天然树脂，是由多羟基脂肪酸和倍半萜烯酸组成的一种聚酯混合物，在国民经济建设中具有重要价值。紫胶树脂具有良好的成膜、抗盐雾、抗盐渍等特性，广泛应用在食品、医药、化妆品等领域。

紫胶是云南特有的重要生物资源，近几年紫胶产业平均每年为云南山区胶农增加近 1 亿元的收入，每户胶农每年平均增收约 700 元。云南的紫胶产区主要分布在 25°N 以南的北热带和南亚热带山区，全省 41 个国家级贫困县中有 17 个是紫胶主产县。

实训 18　膨松剂在蛋糕加工中的应用

一、实训目的

熟练掌握膨松剂的使用方法，能正确测定膨松剂的质量。

二、实训原理

在和面时加入膨松剂经过加热，膨松剂因化学反应产生 CO_2，使面团变成有孔洞的海绵状组织，面团发酵后口感细腻，易于消化吸收，并有特殊的风味。

如碱性膨松剂在食品加工过程中因加热分解、中和或发酵，会产生大量 CO_2，使食品体积增大，内部形成孔洞的海绵状组织。

$$2NaHCO_3 \Longrightarrow Na_2CO_3 + CO_2 \uparrow + H_2O$$
$$NH_4HCO_3 \Longrightarrow NH_3 \uparrow + H_2O + CO_2 \uparrow$$

三、设备与材料

1. 设备　调粉机、温度计、台秤、天平、不锈钢切刀、烤模、醒发箱、调温调湿箱、烤箱、质构仪（TMS – PRO）、搅拌机。

2. 材料　蛋糕粉（低筋面粉）1 kg、盐 4 g、细蔗糖 200 g、乳粉 40 g、黄油 60 g、鸡蛋 150 g、水 600 g 左右、活性干酵母。

四、实训步骤

1. 制作流程　蛋糕的选料→搅拌打蛋→拌面粉→灌模成形→烘烤（或蒸）→冷却脱模→裱花装饰→包装储存。

2. 关键环节说明

（1）蛋糕的选料　制作时，应根据配方选择合适的原料准确配用。

（2）搅拌打蛋　将蛋液、砂糖、油脂等按照一定的次序，放入搅拌机中搅拌均匀，通过高速搅拌使砂糖融入蛋液中并使蛋液或油脂充入空气，形成大量的气泡，以达到膨胀的目的。

3. 操作要点

（1）膨松剂　溶液的制备活性干酵母先用 30 ℃ 左右的糖水溶解活化，复合膨松剂加水溶解搅拌均匀。

（2）调粉　将全部的面粉、盐、奶粉、鸡蛋等原料投入调粉机中，开动机器，慢速搅拌，慢慢加水，待形成面团时加糖，搅拌均匀后，一边搅拌一边倒入酵母液和复合膨松剂溶液，至水 15 分钟左右面筋完全析出时加入奶油或油脂，搅拌成面团后待用。

（3）发酵　面团置于 32～35 ℃、相对湿度为 80%～95% 的醒发箱中发酵，面团中心温度不超过 32 ℃。静止发酵 1.5～2.5 小时，观察发酵成熟即可取出。

（4）成形　发酵好的面团按要求切成每个 70 g 的面坯，用手搓圆，挤压除去面团内的气体，按产品形状制成不同形式，装入涂有一层油脂的烤模中。

（5）醒发　装有生坯的烤模，置于调温调湿箱内，箱内温度为 36～38 ℃，相对湿度为 80%～90%，醒发时间为 45～60 分钟，观察生坯发起的最高点略高出烤模上口即醒发成熟，立即取出。

（6）烘烤　取出的生坯应立即置于烤盘上，推入炉温已预热至 200 ℃ 左右的烘箱内烘烤，至面包烤熟立即取出。烘烤总时间一般为 15～20 分钟，注意烘烤温度在 180～200 ℃（面火 180 ℃，底火 205 ℃）。

（7）冷却　出炉的蛋糕待稍冷后脱出烤模，置于空气中自然冷却至室温。

4. 膨松剂配方比较

试验号	膨松剂应用方案
1	0
2	复合膨松剂 12 g（碳酸氢钠 3 g + 酒石酸氢钾 6 g + 淀粉 3 g）
3	活性干酵母 12 g
4	复合膨松剂 6 g（碳酸氢钠 1 g + 酒石酸氢钾 3 g + 淀粉 2 g）

5. 应用评价

（1）感官检验　感官检验指标主要有形态、表面色泽、组织、滋味和口感、杂质等。根据不同膨松剂配方所制作的面包进行感官检验并进行比较，并将试验结果记录下表中。

膨松剂配方试验号	形态	表面色泽	组织	滋味和口感	杂质
1					
2					
3					
4					

通过试验结果与面包不同感官指标具体要求进行比较，即可筛选出最佳的膨松剂剂配方。

面包不同感官指标具体要求

项目	感官要求
形态	完整、蓬松、无黑泡或明显焦斑，性状应与品种造型相符
表面色泽	淡黄色、淡棕色、色泽均匀、正常
组织	细腻、有弹性、气孔均匀、纹理清晰、呈海绵状、切片后不断裂
滋味和口感	具有发酵和烘烤后的蛋糕香味，松软适口，无异味
杂质	正常视力无可见的外来物

（2）质构测定　采用质构仪测定蛋糕的质构，将蛋糕平放于样品放置台，采用 CA – 1 单刀剪切探头沿底座滑槽向下移动将样品切开。起始速度为 100 mm/min，测试速度为 30 mm/min，测试后返回速度为 200 mm/min，并实时得到检测过程力——位移曲线。比较几种膨松剂在面包中的应用效果。

膨松剂配方试验号	硬度（g）	弹性（%）
1		
2		
3		
4		

五、思考题

1. 面包中加入膨松剂使产品蓬松的原理是什么？
2. 膨松剂加入面点除了能够使制品蓬松还有哪些优点？

答案解析

一、选择题

（一）单项选择题

1. 碳酸氢钠也叫（　　）。

    A. 小苏打　　　　　　B. 臭碱　　　　　　C. 焙粉　　　　　　D. 发酵粉

2. 产气速度最快的膨松剂是（　　）。

    A. 碳酸氢钠　　　　　B. 碳酸钠　　　　　C. 碳酸氢铵　　　　D. 酒石酸氢钾

3. 膨松剂能使食品内部（　　）。

    A. 形成致密多孔组织　B. 降低表面张力　　C. 形成均匀分散体　D. 结构稳定

4. 可用于淀粉糖浆脱色的是 （ ）。

    A. 丁苯橡胶   B. 硅酸铝钙   C. 微晶纤维素   D. 活性炭

5. 只能用在食盐及盐制品的抗结剂是 （ ）。

    A. 硅酸钙   B. 亚铁氰化钾   C. 二氧化硅   D. 硬脂酸钙

6. 碳酸氢铵也叫 （ ）。

    A. 小苏打   B. 臭粉   C. 发酵粉   D. 明矾

（二）多项选择题

7. 食用膨松剂包括 （ ）。

    A. 碳酸氢钠   B. 碳酸氢铵   C. 发酵粉   D. 硫酸钠

8. 使用膨松剂的食品包括 （ ）。

    A. 饼干   B. 面包   C. 馒头   D. 月饼

9. 碳酸氢铵是一种常用食品膨松剂，这是因为它受热后会产生 （ ）。

    A. 氨气   B. 二氧化碳   C. 气态碳酸   D. 碳酸钠

10. 发酵粉的组成包括 （ ）。

    A. 碳酸氢钠   B. 焦磷酸钠   C. 淀粉   D. 乳酸亚铁

二、简答题

影响活性炭对糖液脱色效果的因素有哪些？

书网融合……

    本章小结   微课   题库

参考文献

［1］高彦祥.食品添加剂［M］.2 版.北京：中国轻工业出版社，2019.

［2］孙宝国.食品添加剂［M］.3 版.北京：化学工业出版社，2021.

［3］孙平.食品添加剂［M］.2 版.北京：中国轻工业出版社，2020.

［4］彭珊珊，钟瑞敏.食品添加剂［M］.4 版.北京：中国轻工业出版社，2017.

［5］魏明英，翟培.食品添加剂应用技术［M］.3 版.北京：科学出版社，2020.

［6］顾立众，吴君艳.食品添加剂应用技术［M］.2 版.北京：化学工业出版社，2021.

［7］迟玉杰.食品添加剂［M］.2 版.北京：中国轻工业出版社，2022.

［8］周家春，周羽.实用食品添加剂及实验［M］.北京：化学工业出版社，2020.

［9］郝贵增，张雪.食品添加剂［M］.北京：中国农业大学出版社，2020.

［10］马汉军，田益玲.食品添加剂［M］.北京：科学出版社，2023.

［11］吴海燕.食品添加剂及检测技术［M］.北京：中国环境出版社，2017.

［12］秦东智.食品添加剂和非食用物质执法稽查手册［M］.北京：中国工商出版社，2021.

［13］孙宝国，陈海涛.食用调香术［M］.北京：化学工业出版社，2017.

［14］胡国华.复合食品添加剂［M］北京：化学工业出版社，2012.